昇降機工学

Elevator and Escalator Engineering

藤田聡／釜池宏／下秋元雄／皆川佳祐
（一財）日本建築設備・昇降機センター
（一社）日本エレベーター協会

著

TDU 東京電機大学出版局

まえがき

　昇降機は，「生活に密接」した工業製品であり，機械，電気，制御，情報といった工学的基礎技術によって具現化されています．また，「あって当たり前」，「ちゃんと機能して当たり前」，「安全で当たり前」の技術として広く認識されており，我々はその有益性，安全性，そしてこれらを実現するための技術を普段意識することはありません．

　都市への人口集中により建物の高層化が進むなか，人びとの縦方向の動線確保の観点から，昇降機は必要不可欠な建築設備となっています．現在，国内では約76万台のエレベーターが，エスカレーター，小荷物専用昇降機，段差解消機等を含む昇降機全体では約88万台が設置されており，一日に延べ約6億人が利用しているといわれています．簡単にいえば，少なくともビルの数だけエレベーターは設置されており，国民一人当たり一日5回は利用することになります．したがって，「安全」，「安心」，「快適」，「信頼」といったような事項が，人と触れる機会の多いエレベーター技術評価に対するキーワードとなります．平成17（2005）年7月に発生した千葉県北西部を震源とする地震では，都内においても多くのエレベーターが主に地震時管制運転により停止し，安全を確保しました．しかし，その一部で閉じ込め事故が発生したことが社会問題になったのも，こうした背景からです．耐震安全性も構造安全性の観点のみならず，このような観点から議論されることが多いことにも表れています．

　こうした昇降機の安全を確保していく上では，設計及び製造，保守又は保全がしっかりと行なわなければならないのはもちろんのこと，利用者の意識も重要となります．そこで，筆者らは，大学においても昇降機に関する教育を始めるべく本書を執筆した次第です．

　先にも述べましたように，昇降機は基本的に基盤工学分野の技術を基礎として設計及び製造されていますが，主に建物に設置されることから，建築学に関する知識も要求されます．特に，地震国である日本においては，耐震設計に関する知識も重要とな

ります。このように，昇降機設計，製造に携わる技術者，保守又は保全に携わる方々は上記の技術分野に関する幅広い知識が要求されることになります。さらには，大学等で勉強している学生諸君においては，これらの学問領域が有機的に組み合わされて，身近な技術として製品化されている昇降機技術に興味を持ってもらい，またその基礎を学んでほしいと思います。

　そのために，まずは本書によって昇降機の「基本」をきちんと理解し，「応用力」を育ててほしいと思います。ここで得た知識を駆使することで，多くの昇降機に関する問題解決が可能になるとともに，新たな昇降機技術の開発に役立つものと考えます。どのような新しい装置開発も，難しい問題解決もまずは基本的な事項を体得することから始まるのです。

　このような思いから，本書の内容は基礎的な部分に限定しましたが，興味を覚え，より具体的な知識を得たい方は『建築基準法及び同法施行令　昇降機技術基準の解説』（編集：一般財団法人日本建築設備・昇降機センター，一般社団法人日本エレベーター協会），定期検査資格者の資格取得のための『昇降機 遊戯施設 定期検査業務基準書』（編集：一般財団法人日本建築設備・昇降機センター）でより深い知識を得られればと思います。

　本書の基本を習得し，その昇降機技術を駆使して，将来，人々が安全に安心して暮らせる生活環境実現のために，有益な昇降機を設計及び開発できる技術者に，そしてそれを安全に利用するための保守又は保全技術者に育ってくれればと，筆者らは願っています。

2019 年 9 月

著者を代表して

藤田　聡

目　次

まえがき………………………………………………………………………… i

第 1 章　昇降機概論 ……………………………………………………… 1

1.1　昇降機に求められている事項 ………………………………………… 1

1.2　昇降機市場等 …………………………………………………………… 1

    1.2.1　世界及び日本の昇降機市場 ……………………………………… 2

    1.2.2　世界及び日本の昇降機製造会社，保守会社 …………………… 2

    1.2.3　日本の昇降機設置台数推移 ……………………………………… 3

    1.2.4　日本の昇降機保守台数推移 ……………………………………… 4

1.3　昇降機に関する法体系及び制度 ……………………………………… 5

    1.3.1　建築基準法 ………………………………………………………… 5

    1.3.2　建築基準法施行令 ………………………………………………… 7

    1.3.3　建築基準法令の関係告示 ………………………………………… 8

    1.3.4　制度 ………………………………………………………………… 8

第 2 章　エレベーター ……………………………………………………… 10

2.1　エレベーターの分類 …………………………………………………… 10

    2.1.1　エレベーターの用途による分類 ………………………………… 10

    2.1.2　エレベーターの速度による分類 ………………………………… 12

    2.1.3　エレベーターのかご構造等による分類 ………………………… 13

    2.1.4　建物以外に設置されるエレベーターの分類 …………………… 15

    2.1.5　エレベーターの使用形態による分類 …………………………… 16

2.2　エレベーターの要目 …………………………………………………… 17

2.3　エレベーターの構造 …………………………………………………… 19

    2.3.1　エレベーターの基本構造 ………………………………………… 19

    2.3.2　エレベーターの昇降路 …………………………………………… 24

    2.3.3　エレベーターの機械室 …………………………………………… 28

    2.3.4　エレベーターの電源系統，通信系統 …………………………… 29

2.4　エレベーターの構造技術（主要な支持部分等） …………………… 32

    2.4.1　エレベーターに掛かる荷重及び安全率 ………………………… 32

    2.4.2　ワイヤロープの構造 ……………………………………………… 35

    2.4.3　ワイヤロープの種類 ……………………………………………… 36

	2.4.4	主索に適用するワイヤロープ	39
	2.4.5	主索の端部	41
	2.4.6	主索の強度検証法	43
	2.4.7	ガイドレール	45
	2.4.8	ガイドレールの強度検証法	47
	2.4.9	かご床及びかご枠	56
	2.4.10	かご床及びかご枠の強度検証法	57

2.5 エレベーターのドア装置 …………………………………… 63
    2.5.1 ドア（戸の形式）の種類 …………………………………… 64
    2.5.2 ドア開閉装置 …………………………………………………… 67
    2.5.3 ドア機器 ………………………………………………………… 69

2.6 エレベーターの安全技術 ……………………………………… 73
    2.6.1 制動装置 ………………………………………………………… 75
    2.6.2 調速機（ガバナー） …………………………………………… 78
    2.6.3 非常止め装置 …………………………………………………… 79
    2.6.4 緩衝器 …………………………………………………………… 83
    2.6.5 終端階停止装置 ………………………………………………… 85
    2.6.6 終端階強制減速装置 …………………………………………… 86
    2.6.7 停止スイッチ …………………………………………………… 88
    2.6.8 戸開走行保護装置 ……………………………………………… 89

2.7 移動空間及びマンマシーンインターフェース技術 ………… 98
    2.7.1 エレベーターのかご室 ………………………………………… 98
    2.7.2 かご室の操作及び信号器具 ………………………………… 101
    2.7.3 エレベーターの乗場 ………………………………………… 106
    2.7.4 乗場の操作及び信号装置 …………………………………… 106

2.8 エレベーターの信頼性技術 ………………………………… 108
    2.8.1 故障率 ………………………………………………………… 108
    2.8.2 信頼性技術 …………………………………………………… 108

第3章 ロープ式エレベーター ……………………………… 112

3.1 ロープ式エレベーターの歴史 ……………………………… 112

3.2 ロープ式エレベーターの駆動技術 ………………………… 118
    3.2.1 トラクション式駆動 ………………………………………… 118
    3.2.2 巻胴式駆動 …………………………………………………… 131

3.3 ロープ式エレベーターの制御技術 ………………………… 133
    3.3.1 交流エレベーターの制御 …………………………………… 133
    3.3.2 直流エレベーターの制御 …………………………………… 138
    3.3.3 ロープ式エレベーターの制御理論 ………………………… 140

目　次　　**v**

　　　3.3.4　省エネルギー技術 ……………………………………………145
　3.4　ロープ式エレベーターの設置計画及び運行管理技術 …………147
　　　3.4.1　設置台数，エレベーター仕様計画 ……………………147
　　　3.4.2　運行管理技術 ………………………………………………150
　　　3.4.3　セキュリティシステム ……………………………………154
　3.5　ロープ式エレベーターの快適性技術 …………………………156
　　　3.5.1　乗心地及び運行効率の両立 ……………………………156
　　　3.5.2　かご室の揺れ ………………………………………………158
　　　3.5.3　騒音 …………………………………………………………159
　3.6　非常用の昇降機 …………………………………………………160
　　　3.6.1　建物の高層化及び関係法令 ……………………………161
　　　3.6.2　設置の義務及び目的 ………………………………………162
　　　3.6.3　一般のエレベーターとの相違点 ………………………162
　　　3.6.4　機械室なしの適用 …………………………………………167

第4章　油圧式エレベーター …………………………………… 172
　4.1　歴史及び関係法令 ………………………………………………172
　4.2　基本構造，特徴 …………………………………………………173
　　　4.2.1　共通事項 ……………………………………………………173
　　　4.2.2　各方式の特徴，構造 ………………………………………174
　4.3　油圧ジャッキ及び配管の関連機器 ……………………………178
　　　4.3.1　油圧ジャッキの構造及び動作 …………………………178
　　　4.3.2　シリンダーの構造 …………………………………………179
　　　4.3.3　プランジャーの構造 ………………………………………182
　　　4.3.4　配管関連部品 ………………………………………………183
　　　4.3.5　プランジャー，シリンダー及び圧力配管の強度検証法 ………186
　4.4　油圧パワーユニット ……………………………………………190
　　　4.4.1　油圧パワーユニットの構造 ……………………………190
　　　4.4.2　電動機 ………………………………………………………192
　　　4.4.3　油圧ポンプ …………………………………………………193
　　　4.4.4　油タンク ……………………………………………………194
　　　4.4.5　圧力計 ………………………………………………………196
　　　4.4.6　サイレンサー ………………………………………………196
　　　4.4.7　ストップバルブ ……………………………………………197
　　　4.4.8　冷却装置，保温装置 ………………………………………197
　4.5　流量制御 …………………………………………………………198
　　　4.5.1　流量制御装置 ………………………………………………198
　　　4.5.2　ブリードオフ回路による運転制御 ……………………200

目次

vi

	4.5.3	圧力補償弁を付加したブリードオフ回路による運転制御 ······205
	4.5.4	VVVF（インバータ）制御による運転制御 ················207

第5章　エスカレーター及び動く歩道 ················ 210

5.1　エスカレーターの歴史 ·········210
  5.1.1　特許から実用化へ ·········210
  5.1.2　輸入から国産へ ·········211
5.2　関係法令 ·········211
5.3　定格速度，積載荷重等 ·········215
5.4　エスカレーターの構造 ·········218
  5.4.1　機器構成 ·········218
  5.4.2　トラス ·········219
  5.4.3　踏段 ·········221
  5.4.4　踏段チェーン等 ·········223
  5.4.5　欄干 ·········224
5.5　エスカレーターの駆動 ·········227
  5.5.1　駆動機 ·········228
  5.5.2　電動機の出力 ·········230
5.6　エスカレーターの運転 ·········231
  5.6.1　運転方式 ·········231
  5.6.2　自動運転システム ·········231
5.7　エスカレーターの安全装置 ·········233
  5.7.1　エスカレーターに備えている安全装置 ·········233
  5.7.2　建物に備える安全装置 ·········238
5.8　多様な仕様のエスカレーター ·········245
  5.8.1　車いす用ステップ付きエスカレーター ·········245
  5.8.2　らせん形エスカレーター ·········247
  5.8.3　中間踊り場付きエスカレーター ·········248
  5.8.4　屋外設置のエスカレーター ·········249
  5.8.5　オーバーパス，アンダーパスエスカレーター ·········251
5.9　動く歩道 ·········252
  5.9.1　動く歩道の歴史 ·········252
  5.9.2　構造 ·········253
  5.9.3　駆動装置 ·········255
  5.9.4　勾配及び定格速度 ·········256
  5.9.5　安全装置 ·········257
  5.9.6　可変速式の動く歩道 ·········258
5.10　エスカレーターの設備計画 ·········260

目　次　　*vii*

	5.10.1	配置計画 ································· 260
	5.10.2	留意点 ···································· 263

第6章　小荷物専用昇降機等 ····················· 266

- 6.1　小荷物専用昇降機 ······························266
  - 6.1.1　小荷物専用昇降機とは ···············266
  - 6.1.2　法令及び標準 ······················268
  - 6.1.3　操作方式 ·························270
  - 6.1.4　駆動方式 ·························270
  - 6.1.5　出し入れ口 ······················272
  - 6.1.6　ガイドレール ····················275
  - 6.1.7　かご ···························276
  - 6.1.8　安全装置の強化 ···················277
- 6.2　段差解消機 ································277
  - 6.2.1　関係法令等 ······················277
  - 6.2.2　斜行型段差解消機の駆動方式 ··········280
  - 6.2.3　鉛直型段差解消機の駆動方式 ··········283
  - 6.2.4　かごの構造 ······················284
  - 6.2.5　昇降路の構造 ····················287
  - 6.2.6　乗場 ···························290
  - 6.2.7　安全装置 ·······················290
- 6.3　いす式階段昇降機 ························293
  - 6.3.1　関係法令等 ······················293
  - 6.3.2　構成機器 ·······················295
  - 6.3.3　安全装置 ·······················298
- 6.4　労働安全衛生法によるエレベーター，簡易リフト ·····299
  - 6.4.1　建築基準法との差異 ···············299
  - 6.4.2　機器の差異 ······················301
  - 6.4.3　違法設置エレベーター ··············301

第7章　耐　震 ································· 303

- 7.1　地　震 ··································303
  - 7.1.1　我が国における地震 ···············303
  - 7.1.2　地震動 ·························304
- 7.2　耐震指針等の変遷 ·························307
- 7.3　地震被害 ································308
  - 7.3.1　兵庫県南部地震 ···················308
  - 7.3.2　東北地方太平洋沖地震 ··············310

viii　目　次

	7.3.3	熊本地震 ……………………………………	313
7.4	耐震設計 …………………………………………………		315
	7.4.1	耐震設計の概念 …………………………………	315
	7.4.2	設計方法 …………………………………………	319
	7.4.3	地震時管制運転 …………………………………	323
7.5	エスカレーターの耐震 ………………………………		327
	7.5.1	経緯 ………………………………………………	327
	7.5.2	トラス等の圧縮実験の結果 ……………………	329
	7.5.3	改正された施行令の内容 ………………………	333
	7.5.4	脱落防止措置 ……………………………………	335

第8章　昇降機の維持管理 ……………………………… 338

8.1	維持管理の必要性 ……………………………………		338
8.2	維持管理の責任者 ……………………………………		338
8.3	法定の定期検査 ………………………………………		338
	8.3.1	法定の定期検査の実施 …………………………	338
	8.3.2	法定定期検査の実施項目及び判断基準 ………	339
	8.3.3	大臣認定品の定期検査 …………………………	340
8.4	定期（保守）点検 ……………………………………		341
	8.4.1	POGメンテナンス契約 …………………………	341
	8.4.2	フルメンテナンス契約 …………………………	341
8.5	遠隔監視，遠隔制御 …………………………………		341
8.6	昇降機の適切な維持管理に関する指針 ……………		342
	8.6.1	目的 ………………………………………………	342
	8.6.2	基本的考え方 ……………………………………	342
	8.6.3	関係者の役割 ……………………………………	342
	8.6.4	所有者がなすべき事項 …………………………	344
	8.6.5	所有者等が保守点検業者の選定にあたって留意すべき事項 …	345
8.7	既存不適格エレベーター等 …………………………		346
	8.7.1	既設のエレベーターへの戸開走行保護装置の設置推進策 ……	346
	8.7.2	戸開走行保護装置の設置の状況 ………………	347

引用文献一覧……………………………………………………………349
図版提供一覧……………………………………………………………349
索　引……………………………………………………………………350

第1章

昇降機概論

第1章では，昇降機に関する概論として，利用者，所有者，建築関係者，行政関係者等が昇降機に求めている事項，世界及び日本の昇降機市場，昇降機に関する法体系及び制度について述べる。

1.1 昇降機に求められている事項

新聞，雑誌等でなじみのある言葉の「エレベーター」，「エスカレーター」，「小荷物専用昇降機」等をまとめていうときに，「昇降機」を使う。昇降機は，鉄道，バス，自動車等が横（ほぼ水平）方向に動く交通機関であることに対比して，建物における縦方向の交通機関として，人，物を目的の階まで移動させるための装置であり，次の事項が求められている。

① 故障しないこと，また故障しても人に危害を加えないこと。
② 運転時に，不安感を伴う大きな加減速度，振動又は騒音がなく，快適で乗心地がよいこと。
③ エレベーターでは，到着を待つ時間，乗車してから目的の階に到着するまでの時間が短いこと。
④ 設置するための面積，必要な電源設備容量が小さく，消費電力が少ないこと。
⑤ 所有者等が実施する適切な維持管理のもとで，長寿命であること。
⑥ 法令を遵守していること。

1.2 昇降機市場等

自動車の世界において有名なメーカーといえば，誰しも GM，トヨタ，ルノー，ベンツ，フォルクスワーゲン等の名前を挙げることができる。エレベーターでは，どう

であろうか？

第 1.2 節では，世界及び日本のフィールド（市場）の状況，そこでビジネス展開するプレーヤー（会社）について述べる。

1.2.1　世界及び日本の昇降機市場

昇降機の世界市場規模は，2016 年頃の時点で，年間の新規設置台数が概略 100 万台，売上は 10 兆円規模といわれている。最大の市場は中国であり，年間の新規設置台数が 60〜70 万台，続いて欧州の 10〜15 万台，中国を除くアジア，中東及びアフリカ，南北アメリカがそれぞれ 5，6 万台と推定される。

一方，日本の市場は，年間設置台数がかつて年間 3 万台半ばであったが，2010 年以降は，2，3 万台で推移している。成熟した欧米及び日本の市場では，新規の設置需要よりも改修需要が旺盛である。

1.2.2　世界及び日本の昇降機製造会社，保守会社

過去も現在も，世界のトップに君臨しているのは，オーチス・エレベータ社（Otis Elevator Company）である。多国籍企業ユナイテッド・テクノロジーズの完全子会社であり，アメリカ合衆国のコネチカット州に本社を置く。

パリの「エッフェル塔」，ニューヨークの「国際連合本部ビル」，ドバイの世界一の高さを誇る超高層ビル「ブルジュ・ハリファ」等世界の著名建造物にその製品が設置されている。オーチス・エレベータ社のエレベーター，エスカレーター保守台数は，日本全体の保守台数の約 2.5 倍に相当する 200 万台を超えるといわれている。

世界第 2 位は，1874 年スイスのルッツェルンに設立された伝統ある欧州メーカー，シンドラー（Schindler）社である。日本では死亡事故を起こしたこともあり，新設事業から撤退した。その後，保守事業は，日本オーチス・エレベータ社に売却した。

第 3 位以降も，同じく欧州勢が占める。世界第 3 位は，ドイツを代表する鉄鋼，工業製品の製造会社であるティッセンクルップ（ThyssenKrupp）社である。この会社は，欧州市場においてトップのマーケットシェアを持つと推定されている。

世界第 4 位は，フィンランドのエスポー市に設立されたコネ（KONE）社である。フィンランドは，昇降機市場が小さいため，世界進出に積極的である。1996 年には，世界に先駆けて薄型巻上機を昇降路に設置する機械室なし（MRL：Machine Room Less）エレベーターを開発した。

これらの世界企業のあとに，日本の製造会社である，三菱電機社，日立製作所社，

東芝エレベータ社，フジテック社が続く．

　日本の製造会社は，品質面において世界を凌駕している．一方で，世界展開，とりわけ昇降機業界では常識的な戦略であるM&A（Merger and Acquisition（合併及び買収））の遅れから，売上高では先行する欧米企業の後塵を拝している．

1.2.3　日本の昇降機設置台数推移

　日本の市場において，1年間に新規に設置されたエレベーター，エスカレーターの，1955年度からの推移を図1.1に示す．

　なお，図1.1において，1970年度以降の数値は，一般社団法人日本エレベーター協会が同会員に調査した結果に基づいている．

　次に，エレベーター，エスカレーターごとの設置台数の推移について，述べる．

(1) エレベーター

　エレベーターの設置台数は，日本の経済上の出来事を強く反映している．

　図1.1において，1955年から1973年までの右肩上がりは，日本の高度経済成長期である．1973年のオイルショックで設置台数が一旦落ち込んだものの，1986年から

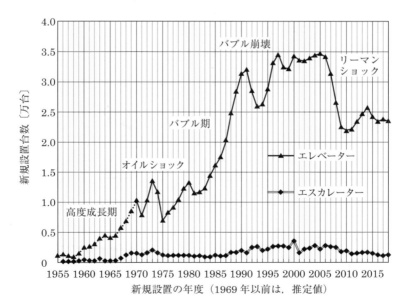

図 1.1　日本のエレベーター，エスカレーター（新設）設置台数推移（日本エレベーター協会調べ）

のバブル経済期に再び急成長を遂げ，この成長はバブル経済が崩壊する1991年まで続いた。バブル経済の崩壊後も高レベルで推移したが，2008年のリーマンショック以降は，日本経済が成熟期を迎えたことと相俟って，設置台数が低迷している。

(2) エスカレーター

エスカレーターの設置台数は，図1.1に示したように，ほぼ横ばいである。この設置台数推移を表1.1でより詳細に見ると，2013 – 2017年度の5年間新規設置台数の平均値は，2000 – 2004年度の5年間に比べ，エスカレーターで約60％，動く歩道が約34％にまで減少している。

表1.1　エスカレーター及び動く歩道の設置台数（新設）

	最大値（年度）	各5年度の平均値	
		2000 – 2004年度	2013 – 2017年度
エスカレーター	3,892台（2000年度）	2,782台	1,652台
動く歩道	117台（2004年度）	59台	20台

1.2.4　日本の昇降機保守台数推移

昇降機のうち，エレベーター及びエスカレーターについて，1970年度からの保守台数推移を図1.2に示す。保守台数から，稼働しているエレベーター，エスカレー

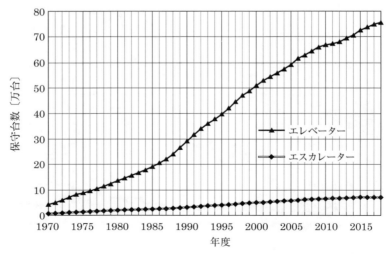

図1.2　日本のエレベーター，エスカレーター保守台数推移（日本エレベーター協会調べ）

ターの台数を推定することができる。

また，年間の新規設置台数と比較して，保守台数の増加が少ないのは，建築物の寿命，更新によりエレベーター等が撤去されるためである。

次に，保守台数の推移について，エレベーター，エスカレーターごとに述べる。

(1) エレベーター

日本における，エレベーターの保守台数は，2010年度に約66万8千台，2018年度75万8千台と増加している。2010年度から2018年度の増加割合は，台数でみると9万台，率では年率約1.7%である。

(2) エスカレーター

エスカレーターの保守台数は，2010年度に約6万4千台，2018年度約7万台となっている。2010年度から2018年度の増加割合は，台数では約6千台，率では年率約1.3%の増加である。

(1) 及び (2) から，年間あたりの増加台数は，エスカレーターがエレベーターよりも一桁少ないが，増加率（年率）はエレベーター約1.7%，エスカレーター約1.3%で，ほぼ近い増加率で推移している。

1.3　昇降機に関する法体系及び制度

日本の昇降機に関する法体系は，次のようになっている。

国の関係では，国会が制定する法律の「建築基準法」，内閣が制定する政令の「建築基準法施行令」，国土交通大臣が制定する命令の「建築基準法施行規則」，国土交通省が制定する通知の「国土交通省告示」等がある。

地方自治体関係では，地方自治体の議会が制定する「地方自治体の条例」，地方自治体の首長が制定する「地方自治体の規則」等がある。

1.3.1　建築基準法
(1) 建築基準法第34条

昇降機については，建築基準法（以下「法」という）第34条（昇降機）の第1項に「建築物に設ける昇降機の構造」，第2項に「非常用の昇降機」の2つの項が規定

されている。

> **（昇降機）**
>
> **法第 34 条**　建築物に設ける昇降機は，安全な構造で，かつ，その昇降路の周壁
> 及び開口部は，防火上支障がない構造でなければならない。
>
> **2**　高さ 31 m をこえる建築物（政令で定めるものを除く。）には，非常用の昇
> 降機を設けなければならない。

（2）法第 34 条の昇降機

　この条で規定している昇降機とは「一定の昇降路，経路その他これに類する部分を
介して，動力を用いて人又は物を建築物のある階又はある部分から他の階又は他の部
分へ移動又は運搬するための設備」をいい，このうち建築設備として設けられる装置
が法第 34 条の対象となる。

　次の①から③までの昇降装置は，建物に設置されていても，法第 34 条の対象であ
る昇降機には該当しない。

①工場，作業場等の生産設備及び生産設備に取り付けられた昇降装置又は製造ラ
　インに組み込まれた搬送（荷役）設備

②立体自動倉庫等の物品の移動又は保管のための設備

③①及び②のほか，機械式駐車場，舞台装置であるせり上げ装置

　また，建築基準法では，建築基準法施行令（以下「令」という）第 129 条の 3 の第
1 項（次の参考を参照のこと）の規定にあるように，運搬する対象及びかごの大きさ
によって，エレベーターと小荷物専用昇降機とを区別している。

　また，労働安全衛生法にもエレベーターと簡易リフトとがある。労働安全衛生法で
は，建築基準法でのかごの積載量を積載荷重といい，積載荷重 250 kg 未満の昇降機
を適用除外としている。

　なお，建築基準法では，積載量にかかわらず，法第 34 条等が適用されるので注意
を要する。

1.3 昇降機に関する法体系及び制度　　**7**

参　考

> **（適用の範囲）**
>
> **令第 129 条の 3**　この節の規定は，建築物に設ける次に掲げる昇降機に適用する。
>
> 一　人又は人及び物を運搬する昇降機（次号に掲げるものを除く。）並びに物を運搬するための昇降機でかごの水平投影面積が 1 m^2 を超え，又は天井の高さが 1.2 m を超えるもの（以下「エレベーター」という。）
>
> 二　エスカレーター
>
> 三　物を運搬するための昇降機で，かごの水平投影面積が 1 m^2 以下で，かつ，天井の高さが 1.2 m 以下のもの（以下「小荷物専用昇降機」という。）
>
> 2　前項の規定にかかわらず，次の各号に掲げる昇降機については，それぞれ当該各号に掲げる規定は，適用しない。
>
> 一　特殊な構造又は使用形態のエレベーターで国土交通大臣が定めた構造方法を用いるもの　第 129 条の 6，第 129 条の 7，第 129 条の 8 第 2 項第二号，第 129 条の 9，第 129 条の 10 第 3 項及び第 4 項並びに第 129 条の 13 の 3 の規定
>
> 二　特殊な構造又は使用形態のエスカレーターで国土交通大臣が定めた構造方法を用いるもの　第 129 条の 12 第 1 項の規定
>
> 三　特殊な構造又は使用形態の小荷物専用昇降機で国土交通大臣が定めた構造方法を用いるもの　令第 129 条の 13 の規定

1.3.2　建築基準法施行令

　昇降機に関する建築基準法施行令は，令第 129 条第 2 節（昇降機）が主体となっている。各条の内容は，次のとおりである。

　令第 129 条の 3（適用の範囲）

　令第 129 条の 4（エレベーターの構造上主要な部分）

　令第 129 条の 5（エレベーターの荷重）

　令第 129 条の 6（エレベーターのかごの構造）

　令第 129 条の 7（エレベーターの昇降路の構造）

　令第 129 条の 8（エレベーターの駆動装置及び制御器）

　令第 129 条の 9（エレベーターの機械室）

　令第 129 条の 10（エレベーターの安全装置）

令第 129 条の 11（適用の除外）

令第 129 条の 12（エスカレーターの構造）

令第 129 条の 13（小荷物専用昇降機の構造）

令第 129 条の 13 の 2（非常用の昇降機の設置を要しない建築物）

令第 129 条の 13 の 3（非常用の昇降機の設置及び構造）

1.3.3 建築基準法令の関係告示

建築基準法令の関係告示は，建築基準法施行令に規定されている「国土交通大臣が定めた構造方法」を満足する具体的な例を示した，いわゆる例示規定である。

例えば，令第 129 条の 3（適用の範囲）第 2 項の第一号及び第二号の告示として，平成 12（2000）年建設省告示第 1413 号「特殊な構造又は使用形態のエレベーター及びエスカレーターの構造方法を定める件」がある。この告示によって，ホームエレベーター，機械室なしエレベーター，勾配が 30 度を超えるエスカレーター等がより具体的に例示規定されている。

1.3.4 制度

昇降機に関する主な制度として，大臣認定，建築確認及び完了検査について，述べる。

（1）大臣認定

建物に設置する昇降機を構成する製品又は部品において，国土交通大臣告示に記載された例示規定を満足しない場合に，その告示を規定している建築基準法施行令の条文に「国土交通大臣が定めた構造方法を用いるもの又は国土交通大臣の認定を受けたものとしなければならない。」との記載があるとき，国土交通大臣の認定を取得すれば，法令を満足する製品又は部品と認定される制度である。

国土交通大臣の大臣認定を取得するには，昇降機を構成する製品，装置又は部品に関して，国土交通大臣の指定する評価機関（指定評価機関）において，国土交通大臣認定を取得するための評価方法を示した業務方法書に従った性能評価を受け，その性能評価に合格したことを示す性能評価書を取得しなければならない。

この性能評価書を取得後，国土交通大臣に大臣認定を申請し，審査に合格すれば大臣認定書が交付される。大臣認定書の受領後，建築基準法令の規定を満たす製品，装置又は部品として建物に設置することができる。

1.3 昇降機に関する法体系及び制度　*9*

（2）建築確認

　建物に昇降機を設置するには，設置する予定の昇降機が建築基準法令の規定を満足していることについて，都道府県及び市町村にある特定行政庁に建築確認を申請し，建築主事又は国土交通省が指定した機関（指定確認検査機関）の審査を受け，認可を受けなければならない。これを建築確認申請という。

（3）完了検査

　昇降機が建物に設置が完了すると，稼働させる前に，設置した昇降機が建築確認の申請図書どおりの機器等が据え付けられており，建築基準法令に従って適法であることを建築主事又は国土交通省が指定した機関（指定確認検査機関）が確認する。設置した昇降機を一般利用として稼働させるためには，この完了検査を申請し，完了検査に合格しなければならない。

第2章

エレベーター

第2章では，昇降機関係事項のうち，分類，構造，技術等に関して，エレベーターに共通する事項について，述べる。

2.1 エレベーターの分類

エレベーターは，用途，速度，構造，設置形態，使用形態等により，次のように分類される。

2.1.1 エレベーターの用途による分類

エレベーターは，専ら人の輸送を目的とするエレベーターと，専ら荷物の輸送を目的とするエレベーターとに大別される。

(1) 人の輸送を目的とするエレベーター

1) 乗用エレベーター

乗用エレベーターは，専ら人の輸送を目的とするエレベーターで，最も一般的なエレベーターである。人が事務所，ホテル，集合住宅等で利用するエレベーターは，この分類に属する。乗用エレベーターには，車いす使用者用の操作盤をかご内及び乗場に設けて，車いす使用者が容易に使用できるようにしたエレベーター，集合住宅等に設置される住宅用エレベーター等もある。また，個人住宅に設置するホームエレベーターも含まれる。

2) 人荷共用エレベーター

人荷共用エレベーターは，人及び荷物の輸送を目的とするエレベーターである。法令上の取扱いは，乗用エレベーターと同じである。人荷共用エレベーターは，積載する荷物を想定し，床面積に応じて規定される法定積載荷重より大きくした定格積載荷

重にすることもできる。

3）寝台用エレベーター

　寝台用エレベーターは，病院，養護施設等において，移動ベッド，救急搬送用ストレッチャー（以下「移動ベッド等」という）に乗せた患者及びその患者のための医療機器等を輸送することを主目的とするエレベーターである。移動ベッド等は，かご内で占める面積に比較して質量が小さいため，通常の乗用エレベーターに比べ積載荷重に対する床面積が大きい。

　したがって，移動ベッド等を日常的に運搬しない集合住宅，一時的に大勢の利用者が集中するおそれのある事務所ビル，上層階にイベント会場がある建物等には，原則として設置できない。

　なお，大勢の見舞客，外来患者等が利用者する大規模な病院等では，乗用エレベーターを併設する等，使用状況，用途に適したエレベーターの設置が必要である。

　寝台用エレベーターの標準寸法等については，日本エレベーター協会標準 JEAS-518（寝台用エレベーターのかご及び昇降路の標準寸法）が参考になる。

（2）荷物の輸送を目的とするエレベーター

1）荷物用エレベーター

　荷物用エレベーターは，工場，商業施設，事務所ビルで，専ら荷物の輸送を目的とするエレベーターである。運転者又は荷扱者以外は，乗ることができない。

　したがって，一般の利用者が使用するには，乗用エレベーターか，人荷用エレベーターを設置する。工場等で荷物用エレベーターを従業員，見学者等が階間移動に使用することは，目的外の使用となる。

2）自動車運搬用エレベーター

　自動車運搬用エレベーター（以下「自動車用エレベーター」という）は，駐車場，自動車の保管施設等に設置され，専ら自動車を輸送することを目的とするエレベーターである。自動車の運転手以外によるエレベーター操作及び荷物運搬は，目的外の使用となる。

　したがって，荷物を搭載した，貨物自動車，フォークリフト等を運搬するエレベーターは，自動車用エレベーターではなく，荷物用エレベーターとしなければならない。

　以上から，自動車用エレベーターは，駐車場又は自動車修理の作業場若しくは常設のショールームがある階以外の階には出入口を設けることはできない。

12　第2章　エレベーター

　なお，自動車エレベーターで，かごの壁又は囲い，天井及び出入口の戸の全部又は一部を有さないエレベーターでは，自動車の運転者以外の乗車を許容していないことに注意する必要がある。

3) 小荷物専用昇降機

　約500 kg以下の小さな荷物を運搬する小荷物専用昇降機には，人は乗ることができない。小荷物専用昇降機は，手押しの台車に載せた，工場，作業場等での部品，製品等の運搬，学校の給食の運搬，又は旅館若しくは飲食店での配膳等に使用される。詳細は，第6.1節に記述している。

2.1.2　エレベーターの速度による分類

　エレベーターの速度の表記については，第2.2節を参照のこと。

(1) 低速エレベーター

　低速エレベーターは，2階建てから5階建て程度までの，集合住宅，事務所ビル，病院，工場等に設置される定格速度が45 m/min以下のエレベーターで，小型エレベーター，小規模共同住宅用エレベーター，個人住宅に設置されるホームエレベーター等を含む。

(2) 中速エレベーター

　中速エレベーターは，主として6階建てから10階建ての，集合住宅，事務所ビルに設置される定格速度が60〜105 m/minのエレベーターで，乗用，人荷用，寝台用等のエレベーターである。

　一般的に，定格速度の前1桁又は2桁と建物の階数とが一致する。つまり，速度60 m/minのエレベーターは6階建て，速度105 m/minのエレベーターは10階建ての建物に設置されることが多い。

(3) 高速エレベーター

　高速エレベーターは，主に10階建て以上の高層ビル，超高層ビルに設置される定格速度が120〜300 m/minのエレベーターで，ほとんどが乗用エレベーターである。超高層ビルの夜明けといわれた1968年に竣工した霞が関ビルに収められたエレベーターは，定格速度が300 m/minである。

2.1 エレベーターの分類 13

(4) 超高速エレベーター

超高速エレベーターは，定格速度が 360 m/min 以上のエレベーターで，日本で初めての定格速度 360 m/min のエレベーターは，霞が関ビルに遅れること 2 年，1970年に竣工した世界貿易センタービルにある。その後，更に高速化が進んだ。

池袋のサンシャイン 60 ビルは，1990 年の完成当時，アジアで最も高いビルであり，エレベーターの定格速度 600 m/min は世界最高速であった。そして，1993 年開業の横浜ランドマークタワーのエレベーターが定格速度 750 m/min で世界新記録を更新した。横浜ランドマークタワーのエレベーターの下降の定格速度 750 m/min は，2018 年時点でも世界最高速度である。

21 世紀に入ると，速度競争の舞台は，海外に移った。2004 年，台湾の台北 101 では，遂に定格速度 1,010 m/min と 1,000 m/min を超えることになった。2016 年完工した上海中心大廈（地上 632 m）には定格速度 1,230 m/min のエレベーターが設置されており，これが 2018 年時点，稼働中のエレベーターでは世界で一番速いエレベーターである。このエレベーターは，地下 2 階から地上 119 階までの昇降行程 565 mを 53 秒で移動することができる。さらに 2018 年，中国広州市で建設中の広州周大福金融中心に導入予定のエレベーターが，速度試験で世界最速となる分速 1,260 m（時速 75.6 km）を計測したと発表されている。

1970 年以降の世界最高速エレベーターが全て日本で開発，製造されたエレベーターであることは，特筆すべきことである。

2.1.3 エレベーターのかご構造等による分類

(1) ダブルデッキエレベーター

ダブルデッキエレベーターは，上下 2 層のかご室を持つエレベーターである。開発当初は，建物の階高を全階同じにしなければならないという建物側への制約があった。2003 年頃から，上下かご床間隔の可変式が開発されて，階ごとに階高が異なっても，対応できるようになった。日本でも大型ビルに採用する例が増加してきている。

(2) 展望用エレベーター

展望用エレベーターは，かごの側壁，正面壁，天井等の一部をガラス張りにし，かご内から外部を展望できるようにしたエレベーターである。昇降路壁の一部もガラス張りとするほか，建物内の吹き抜けに設置し，防災上支障のない範囲で昇降路の囲い

を設けない例ある。平成12（2000）年の建築基準法施行令の改正で，建物の外に面する部分にも設置できるようになった。

（3）シャトルエレベーター

シャトルエレベーターは，超高層ビル等で中間の乗継ぎ階まで直行往復運転することにより，大量輸送を可能にしたエレベーターである。直行往復運転がバドミントンの羽根（シャトル）の往復に似ていることからこの名前がついたといわれている。2001年に発生した「9.11のテロ事件」で崩壊したニューヨークの世界貿易センタービルのほか，アメリカの超高層ビルに設置例が多い。1台の輸送能力を高めるため，ダブルデッキエレベーターが使われることがある。

（4）斜行エレベーター

斜行エレベーターは，傾斜した昇降路を走行するエレベーターで，駆動方式のほとんどがロープ式である。山の斜面，丘陵地等で斜面に沿って建てられる集合住宅等に設置され，また，駅等の広い階段部分に設置される例がでてきているが，累積の設置台数は多くない。パリにあるエッフェル塔，橋脚部分の斜行エレベーターは，当初水圧式であった。

（5）トランク付きエレベーター

トランク付きエレベーターは，比較的小さな積載量のかご室後部に設けたトランクの扉を開くことによって一時的にかご室の奥行を大きくし，消防隊の救急搬送時等にストレッチャー等を運搬できるようにしたエレベーターである。トランクは，非常用エレベーターにも設けることができる。

一般の利用者がエレベーターを通常使用する時には，トランクの扉は，施錠されていなければならない。施錠装置の鍵は，消防関係者の円滑な救助活動が行なえるように，古いエレベーターを除き，共通の鍵となっている。

なお，トランクには，①床面から天井までの高さが1.2 m以下，②施錠装置を有する扉がある，③かごの奥行きがトランク部分の奥行きを含めて2.2 m以下，かつ，トランク部分の奥行きがかごの奥行きの2分の1以下，④かごの床とトランクの床との段差は，10 cm以下としなければならないということが，平成12（2000）年建設省告示第1415号第一号で規定されている。

なお，トランク付きエレベーターについては，日本エレベーター協会JEAS-514

（トランク付きエレベーターに関する標準）が参考になる。

（6）ヘリポート用エレベーター

平成12（2000）年建設省告示第1413号第八号で規定されているヘリポート用エレベーターは，病院等の屋上のヘリポートに着陸したヘリコプターから，病人，緊急物資等を建物内に緊急輸送するためのエレベーターである。屋上に昇降路がなく，かごだけが屋上に突出するエレベーターで，最上階と屋上との間の2階床停止としなければならない。

2.1.4 建物以外に設置されるエレベーターの分類
（1）駅用エレベーター

駅用エレベーターは，駅のプラットホームとコンコース等との間を往復するエレベーターである。バリアフリー推進の一環として，多く設置されるようになってきた。用途は乗用で，車いす兼用タイプが多い。ガラス張りの昇降路で内部の機器を外部から見ることができる構造のものが多いのも特徴である。

駅用エレベーターには，幅が狭いプラットホームに短期間で設置できるように，鉄鋼構造枠に収納する等したプラットホーム専用のエレベーターとして開発された例もある。

（2）歩道橋用エレベーター

歩道橋用エレベーターは，駅用と同様，バリアフリー推進の一環として，歩道橋に設置されるエレベーターである。2停止が多いことから，エレベーターの主索（鋼製ロープ）にとっては，同一箇所の曲げ回数が多いこと，ガラス張りの昇降路で太陽光により昇降路内が温まり，防錆，潤滑のためにロープに含侵してあるロープ油が蒸発しやすいこと等，過酷な設置環境となっている。このため，保守点検の頻度の設定，部品の寿命算定が一般の建物に設置したエレベーターより重要である。

（3）観光用エレベーター

観光用エレベーターは，テレビ塔，タワー等に観光用として設置される乗用エレベーターである。テレビ塔，タワー等は建築基準法では準用工作物として扱われ，観光用エレベーターの構造基準等は通常のエレベーターの基準が準用される。

(4) 点検用エレベーター

点検用エレベーターは，煙突，橋梁の橋脚内，ダム（堰堤）等に，施設の機器等の保守，点検のために設置されるエレベーターである。本州四国連絡橋に設置されているエレベーターは，集合住宅等に設置された事例よりも鉛直に近い斜行エレベーターで，橋脚の形状に合わせ「くの字」のようにジグザグに昇降することで有名である。

(5) 船舶用エレベーター

船舶用エレベーターは，大型船舶内に設置されるエレベーターである。建築基準法の適用外であるが，船舶関係のいろいろな法令の適用を受け，多くは発注仕様書に各国にある船級協会の規準等が指定され，船の揺れへの対策，防水及び防錆処置，防爆等特殊な構造，長い航海を考慮した保守部品の備蓄等が要求される。

2.1.5 エレベーターの使用形態による分類

(1) ホームエレベーター

平成 12（2000）年建設省告示第 1413 号第六号及び平成 12（2000）年建設省告示第 1415 号第五号で規定されているホームエレベーターは，1 つの住戸だけで利用されるかご床面積が $1.3\,\mathrm{m}^2$ 以下のエレベーターである。引き戸のほか，開き戸，折りたたみ戸の適用が可能である。

一般の乗用エレベーターは不特定多数の利用を想定しているが，ホームエレベーターは，所有者と利用者とがほぼ同一とみなせる特定の利用者を想定し，法令に規定する，例えば，床面積あたりの積載量等が緩和されている。

(2) 小規模共同住宅用エレベーター

平成 12（2000）年建設省告示第 1415 号第四号で規定されている小規模共同住宅用エレベーターは，専ら中低層の若しくは店舗等を兼ねる共同住宅又は寄宿舎等で，居住の用途だけに供する部分に設置される昇降行程 20 m 以下，かご床面積 $1.3\,\mathrm{m}^2$ 以下のエレベーターである。積載荷重等の一部規定が一般の乗用エレベーターより緩和されている。このため，所有者，管理者等が利用者の管理をきっちりする必要がある。

なお，小規模建物用のエレベーターについては，日本エレベーター協会標準 JEAS-712（小規模建物用小型エレベーターに関する標準）が参考になる。

（3）低昇降行程，小容量エレベーター

平成 12（2000）年建設省告示第 1415 号第三号で規定されている低昇降行程，小容量エレベーターは，昇降行程 10 m 以下，かつ，かご床面積が 1.1 m² 以下のエレベーターである。積載荷重等の一部の規定が一般の乗用エレベーターより緩和されている。3 人乗り又は車いすでの使用が可能なものもある。

（4）段差解消機

平成 12（2000）年建設省告示第 1413 号第九号，平成 12（2000）年建設省告示第 1415 号第六号及び平成 12（2000）年建設省告示第 1423 号第六号で規定されている段差解消機は，車いす使用者及びその介助者が使用するエレベーターである。階段の部分，傾斜路の部分そのほかこれに類する部分に沿って昇降する斜行型段差解消機，及び同一階に床の高さが異なる部分がある場所に設けられる昇降行程 4 m 以下の鉛直型段差解消機がある。詳細は，第 6.2 節で述べる。

（5）いす式階段昇降機

平成 12（2000）年建設省告示第 1413 号第十号，平成 12（2000）年建設省告示第 1415 号第七号及び平成 12（2000）年建設省告示第 1423 号第七号で規定されているいす式階段昇降機は，1 人の利用者がいすに座った状態で斜めに昇降するエレベーターである。真直ぐな階段又は踊場付きの真直ぐな階段に沿って昇降するいす式階段昇降機，及び折れ曲がり階段，周り階段に沿って昇降するいす式階段昇降機がある。詳細は，第 6.3 節で述べる。

2.2 エレベーターの要目

エレベーターの定格積載量及び定員は，かご室の床面積から法令に従って決定する。また，定格速度は，法令の規定に従って機器を選定し，エレベーターを据え付けた後に最終設定する。

（1）定格積載量

エレベーターのかご室の床面積〔m²〕（①）と，建築基準法施行令第 129 条の 5（エレベーターの荷重）第 2 項に規定された，エレベーターの用途ごとの床面積あたりの数値（②）とによって，法定積載荷重〔N〕を求める。この法定積載荷重〔N〕

18 第2章 エレベーター

を 9.8 で除して，法定積載量〔kg〕（③）を求める。法定積載量〔kg〕に 50 kg 以下の値を加算又は減算して，50 kg 単位の値に丸めることで定格積載量〔kg〕（④）を求める。

例えば，用途が乗用，戸の形式が中央開きで，かご室の間口が 1.4 m，奥行が 1.1 m とすると，定格積載量は，次のようになる。

① かご室の床面積：$1.4 \times 1.1 = 1.54$〔m^2〕

② 法定積載荷重：建築基準法施行令第 129 条の 5 第 2 項には，かご床面積が 1.5 m^2 を超え 3 m^2 以下では，「床面積 1.5 m^2 を超える面積に対して，1 m^2 につき 4,900 N として計算した数値に 5,400 N を加えた数値」と規定があるので，

    法定積載荷重 $= 5400$〔N〕$+ 4900$〔N〕$\times (1.54 - 1.5) = 5596$〔N〕

③ 法定積載量：法定積載量 $= 5596$〔N〕$\div 9.8 = 571.0$〔kg〕

④ 定格積載量：50 kg 以下の値を加算して，50 kg 単位に丸めて，600 kg

この定格積載量がエレベーターの積載量として，かご内の標識に標示される。

実際の設備計画等では，エレベーターの定格積載量は，設置される建物の規模，必要輸送人員によって選定される。

(2) 定員

建築基準法施行令第 129 条の 6（エレベーターのかごの構造）第 1 項第五号に，最大定員は，積載荷重を令第 129 条の 5 の第 2 項に規定された値とし，重力加速度を 9.8 m/s^2，1 人あたりの体重を 65 kg として計算すると規定されている。

定員は，乗用エレベーターを例にすると，法定積載量又は定格積載量を 65 kg で除した値の小数点以下を切り捨てた値を用いる。

例えば，(1) の例で示した定格積載量が 600 kg の乗用エレベーターでは，次のようになる。

    定員：定格積載量 600〔kg〕$\div 65$〔kg/ 人〕$= 9.2 \Rightarrow$ 小数点以下を切り捨てて 9 人

この定員がかご内の標識に積載量とともに標示される。

定員の小さいエレベーターにはホームエレベーターがあり，定員は 2 人又は 3 人である。設置台数が多いエレベーターの定員は，6 人乗りから 15 人乗りである。2016 年に竣工した六本木グランドタワーには大容量エレベーターが設置されており，定員は，国内最大となる 90 人である。

なお，日本産業規格 JIS A 4301（エレベーターのかご及び昇降路）には，設置台数が多い積載量，定員の，乗用，住宅用，寝台用，非常用のエレベーターのかご及び

昇降路の寸法，積載量（積載荷重），定員が規定されている。

(3) 定格速度

エレベーターの定格速度は，令第129条の9の第1項第二号において，「かごの定格速度は，積載荷重を作用させて上昇する場合の毎分の最高速度をいう。」と規定されている。

また，油圧式エレベーターでは，第4章で述べる流量制御装置の特性を考慮して，平成12（2000）年建設省告示第1423号の第5第一号ロにおいて，ピット深さでは，定格速度をかごの下降定格速度，すなわち，「積載荷重を作用させて下降する場合の毎分の最高速度をいう。」に読み替えるとしている。

このため，法令の条文では，定格速度というと毎分の数値となるので，例えば，「定格速度が60 m」のように「毎分」が省略されていることに注意が必要である。

法令文以外に記載される定格速度の表記は，例えば，毎分90m，毎分240 m又は90 m/min，240 m/min としている。一方，欧米では分速ではなく秒速を用い，例えば，90 m/min を 1.5 m/s 又は 1.5 mps，240 m/min を 4.0 m/s 又は 4.0 mps としている。

2.3　エレベーターの構造

第2.3節では，エレベーターの基本構造，昇降路，機械室，電源系統等について，述べる。

2.3.1　エレベーターの基本構造
(1) トラクション式エレベーター

機械室が昇降路の上にあるトラクション式エレベーターの基本構造を図2.1に示す。機械室には，巻上機，制御盤，調速機等が設置されている。巻上機の綱車には主索（ロープ）が巻き掛けられ，主索の一端をかごに，他端は釣合おもりに締結されている。かご，釣合おもりのそれぞれに主索をおろす位置は，そらせ車（図3.6参照）の位置で調整する。巻上機の綱車が回転すると，主索が巻き上げ，巻き下げられ，かご及び釣合おもりは案内装置（ガイドシュー，ガイドローラーをいう）を介しガイドレールに沿って昇降路を上昇，下降する。

かごには非常止め装置，戸開閉装置が設置され，各装置への電力は移動ケーブルを

第2章 エレベーター

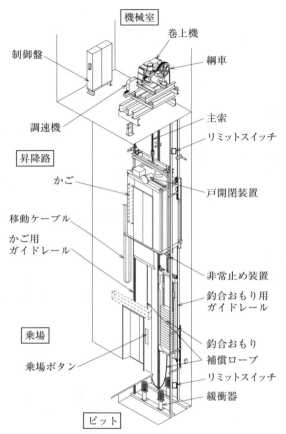

図 2.1 エレベーターの基本構造の例（トラクション式：機械室あり）[s1]

通して送られる。昇降路の上部及び下部の終端付近には，かごの行き過ぎを抑えるリミットスイッチが設けられている。

　上述のほかに，昇降行程の長いエレベーターでは，かごと釣合おもりとの下部は補償ロープ又は補償鎖で結ばれており，かご側と釣合おもり側との主索の質量差による，巻上機の綱車に掛かる不平衡トルクを減少させる。

　ピットには，最終段階の安全装置である緩衝器（バッファー）が設置されている。

　機械室なしトラクション式エレベーターの基本構造を図 2.2 に示す。機械室に設置されていた調速機（ガバナー）は昇降路に，制御盤は，昇降路内に設置されている。巻上機は，薄型で，ピットより上の昇降路下部のガイドレールに固定されている。

2.3 エレベーターの構造

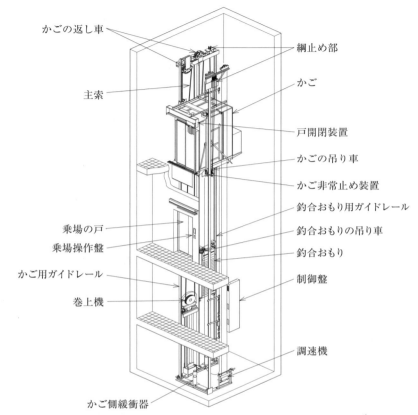

図 2.2 機械室なしトラクション式エレベーターの基本構造の例[s1]

　制御盤が乗場（乗場の戸の横）に設置されている例，巻上機が昇降路上部のガイドレールに固定されている例もある．

(2) 巻胴式エレベーター

　図 2.3 に巻胴式エレベーターの構造を示す．機械室（図 2.3 では昇降路下部横にあるが，昇降路上部横の例もある）には，巻上機，制御盤が設置されている．巻上機の綱車である円筒状の巻胴には主索の一端が締結されており，かつ，主索が巻き掛けられる．主索の他端は，上部の吊り車を介してかごに締結されている．巻上機の巻胴が回転すると，主索が巻上げ，巻下げられ，かごは，ガイドレールに沿って，昇降路を上昇，下降する．

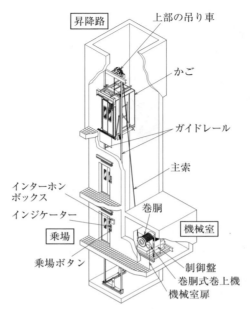

図 2.3　巻胴式エレベーターの基本構造の例 [s1]

(3) 油圧式エレベーター

　油圧式エレベーターは，機械室に設けられた油圧装置（以下「油圧パワーユニット」という）内で加圧及び流量制御された油を，機械室から昇降路までの圧力配管を通して送り，昇降路に設けられたシリンダーに供給された圧油でシリンダー内にあるプランジャーを上昇，下降させて，かごを動かすシステムである。

　この基本構造には，図 2.4 のように，直接式，間接式及びパンタグラフ式がある。

　直接式では，図 2.4(a) のとおり，プランジャーの先端をかごの下端に締結している。昇降路のピットより下の地中にあるシリンダー内のプランジャーが上下することで，かごが上昇，下降する。かごの速度とプランジャーの速度とは，同じである。

　間接式では，図 2.4(b) のとおり，プランジャーの先端に設けた，そらせ車と呼ぶ滑車に掛けられた主索の一端をかごに，他端を綱止め金具に締結している。プランジャーが上下する速度よりも早い速度でかごを動かすことができる。

　パンタグラフ式では，図 2.4(c) のとおり，一段又は複数段あるパンタグラフの一端をかごの下端に締結し，他端を昇降路の床に固定している。パンタグラフの最下段にプランジャーとシリンダーとで構成された油圧ジャッキを設置し，プランジャーの

2.3 エレベーターの構造

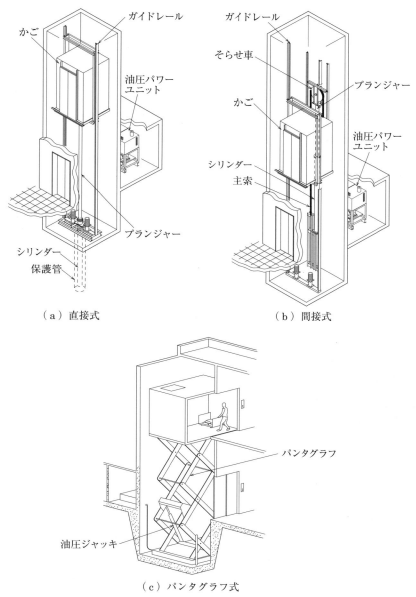

（a）直接式

（b）間接式

（c）パンタグラフ式

図 2.4　油圧式エレベーターの基本構造の例 [s1]

24 第2章 エレベーター

動きでパンタグラフを伸縮させる。長さの短い油圧ジャッキによって，パンタグラフを動かすことができる。

2.3.2 エレベーターの昇降路
(1) 昇降路の構造

昇降路は，一部の例外を除き，丈夫な壁又は囲い及び出入口の戸によって外部空間と仕切らなければならない。これは外部から人又は物が運転中のかご，釣合おもりに触れないようにする安全面，火災時に昇降路を経てほかの階への延焼防止等の目的を持っている。

また，建築基準法施行令第129条の7（昇降路の構造）第1項第五号によって，エレベーターに必要な配管設備以外の設備は昇降路内に設けてはならないと規定されている。これは，それらの設備の不適正な設置，設備の事故によってエレベーターの運転に支障をきたすこと，及び昇降機以外の設備の技術者等が昇降路に立ち入る危険を防止するためである。

昇降路のピットの床下空間に設ける部屋等は，一般に人の出入りが少ない，例えば，物置等に使用する。やむを得ずほかの目的に使用する時は，釣合おもりにも非常止め装置を設ける，十分な強度を持つピット床とする等の措置をしなければならない。

(2) 昇降路の寸法
1) 昇降路の頂部及び底部

昇降路の頂部及び底部の構造を図2.5に示す。図において，最上階の床面から昇降路頂部までをオーバーヘッドという。また，かごが最上階の床面に停止時のかご最上部から昇降路頂部までを，頂部すき間（トップクリアランス）という。昇降路頂部すき間は，かご上に保守員が乗った時に衝突しないだけの距離を考慮して，平成12（2000）年建設省告示第1423号第1第一号の（イ）及び（ロ）で規定されている。

最下階の床面から昇降路の底部までの空間をピット，最下階床面から昇降路の底部までの寸法をピット深さという。ピット深さは，定格速度が高くなれば，ストロークの長い緩衝器で突き上げ又は突き下げを緩衝しなければならないため，定格速度に対応して，平成12（2000）年建設省告示第1423号第1第一号の（イ）で定められている。

2) 敷居間の寸法

かごの敷居と乗場の敷居とのすき間は，建築基準法施行令第129条の7（エレベーターの昇降路の構造）第1項第四号に4cm以下と規定されている。すき間が広いと

2.3 エレベーターの構造

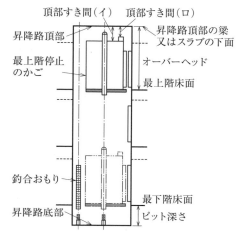

図 2.5　昇降路の頂部及び底部構造の例

図 2.6　すき間を縮小した敷居の例 [d1]

物を落とす，車輪，杖等が挟まる等のおそれがあり，更に利用者には不安感を与える。しかし，ドアの開閉装置にとっては重要な寸法で，このすき間の中でかごと乗場との開閉装置が係合しなければならないため，極端に小さくすることはできない。このすき間を小さくするため，図 2.6 に示すとおり，かごの敷居の先端に，係合装置部分を除いて，延長材を設置している例もある。

3) かごの敷居と昇降路壁とのすき間

かごの敷居と昇降路壁とのすき間の例を図 2.7 に示す。この寸法が大きいと，かごが出入口以外で停まった時，利用者がかごの戸を開けて脱出しようとして転落するおそれがある。このため，このすき間は，建築基準法施行令第 129 条の 7 （エレベーターの昇降路の構造）第 1 項第四号に 12.5 cm 以下と規定されている。この寸法が壁の構造から 12.5 cm を超える時は，金属製の板で保護面を設けて 12.5 cm 以下としなければならない。この板をフェッシャープレートと呼ぶ。

また，何らかの理由により，かごが停止レベルより離れて停止した時，人，物が昇

第 2 章　エレベーター

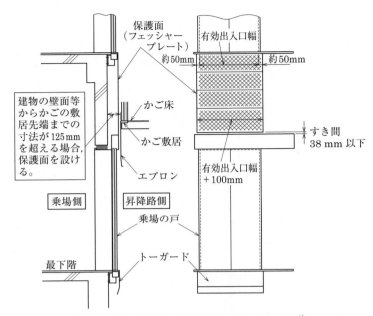

図 2.7　かごの敷居と昇降路壁とのすき間の例[s1]

降路に落下することのないよう，金属製の板でかごのつま先保護板（エプロンともいう），乗場のつま先保護板（トーガードともいう）を設ける。

4) 出入口

通常，エレベーターは 1 つの階に出入口を 1 箇所しか設けないが，図 2.8 に示すとおり，1 つの階に出入口を 2 箇所又はそれ以上設けることも可能である。また，図 2.9 は，貫通二方向，直角二方向の実例である。

図 2.8 において，(a) 1D1G はかご，各乗場に 1 箇所の出入口，(b) 1D2G はかごに 2 箇所の出入口，各乗場に 1 箇所の出入口，(c) 2D2G はかごに 2 箇所及び各乗場に最大 2 箇所の出入口の例を示す。

また，急行ゾーン（高層ビル等で，例えば，シャトル運転のように，停止する階がない昇降路の部分）を持つ昇降路では，所定の間隔で非常着床用出入口を設けることが義務付けられている。これは，閉じ込め時の救出，地震時における最寄り階停止において，かごの移動距離を少なくするためである。

二方向出入口については，日本エレベーター協会標準 JEAS-519（二方向出入口エレベーターに関する標準）が，また，昇降路救出口については，JEAS-507（エレ

2.3 エレベーターの構造

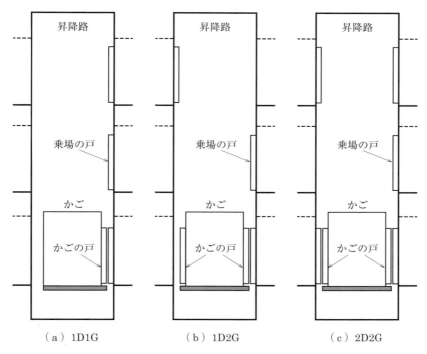

(a) 1D1G (b) 1D2G (c) 2D2G

図 2.8 かご，乗場の出入口の例

(a) 貫通二方向の例　　　　　(b) 直角二方向の例

図 2.9 1D2G の実例

ベーター昇降路救出口の構造に関する標準）が参考になる。

2.3.3 エレベーターの機械室
(1) 機械室の位置
　機械室ありロープ式エレベーターの機械室は，第2.3.1項の図2.1に示すとおり，昇降路の直上部に設けられる。建築の制限等で機械室を屋上に設けることができない場合は，図2.10に示す昇降路上部の横方向に設ける横引駆動方式（サイドマシン式），図2.11の機械室を最下階付近の昇降路の下部の横方向に設けるベースメント式とする。

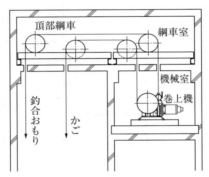

図2.10　横引駆動方式（サイドマシン式）機械室配置の例[s1)]

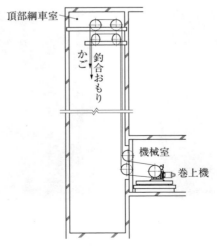

図2.11　ベースメント式の機械室配置の例[s1)]

2.3 エレベーターの構造　　*29*

　しかし，1990年頃以降は，巻上機を小型化，薄型化して昇降路内に設置する，いわゆる「機械室なし（マシンルームレス）ロープ式エレベーター」が普及して，横引駆動方式，ベースメント方式を採用する事例は，ほとんどなくなった。

(2) 機械室の寸法

　機械室の寸法は，建築基準法施行令第129条の9（エレベーターの機械室）に規定されている。

　機械室は，その面積が狭いと，巻上機，制御盤等の機器の配置が困難なばかりか保守，点検にも支障をきたすので，原則的に昇降路の水平投影面積の2倍以上としなければならなかった。

　しかし，機械室なしロープ式エレベーターの開発から，巻上機，制御盤等の小型化が進展したことから，機械室の機器の配置に余裕ができたので，保守，点検に支障がなければ，昇降路の水平投影面積の2倍以上としなくてよくなった。

　機械室の高さは，例えば，定格速度が60 m/minでは2.0 m以上，定格速度が速くなると更に高い高さが規定されている。その理由は，一般に高速のエレベーターになると巻上機，制御盤等の寸法が大きくなるからである。

　また，機械室への出入口は，幅70 cm以上，高さ1.8 m以上とし，所有者，管理者，保守技術者等以外が勝手に入らないように，施錠装置がある鋼製の戸を設けることと規定されている。

(3) 機械室の換気

　機械室には，電動機，抵抗器等の，熱を発する機器が多く，特に夏期には，室温が上がりやすい。一般には，室温を40℃以下に保つために適切な換気装置を設けなければならない。換気だけでは不十分と想定されれば，建築設計段階から空調装置を設置する。制御装置に半導体を多数使用するので，故障を減らし，寿命を短くしないためにも，上述の換気装置又は空調装置が重要である。

2.3.4　エレベーターの電源系統，通信系統

　図2.12にエレベーターの代表的な電源系統，通信系統図の例を示す。

(1) 電源系統

　エレベーター用電源は，動力及び制御電源と照明電源とに分岐される。動力及び制

第2章 エレベーター

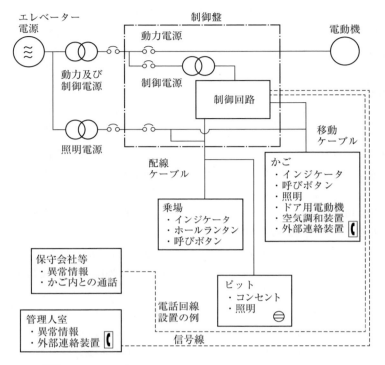

図2.12 電源系統，通信系統図の例

御電源は，制御盤の配線保護用遮断器（NFB：ノーヒューズブレーカーともいう）を経由して，電動機及び制御回路（コンピューターを含む）に接続される。照明用電源も制御盤の配線保護用遮断器に接続される。

　乗場及びピットに必要な動力や信号は制御盤から配線ケーブルによって伝送される。かごへは，可撓性のある移動ケーブルによってこれらの信号が伝送される。

　電源側の配線保護用遮断器の定格容量は，制御盤側の配線保護用遮断器との保護協調を考慮することが必要である。配線保護用遮断器は，日本産業規格 JIS C 8211:2004（住宅及び類似設備用配線用遮断器）に規定されている。

（2）通信系統

　非常時にかご内から外部に連絡するために必要な設備は外部連絡装置と呼ばれ，イ

ンターホン，電話機，警報ベル等が用いられる。

1）管理人室との通信

エレベーター故障等により利用者がかご内に閉じ込められた場合，確実に連絡が取れるようインターホンの親器は，管理者等が常駐する管理人室等又はエレベーターの利用者が多い階の乗場付近に取り付けられる。大規模なビルでは防災センターが管理人室の役目を果たす。

2）保守会社との通信

かご内に閉じ込められた利用者を早急に救出するために，保守会社等への迅速な情報伝達が必要である。これは，遠隔監視等の契約が締結されていると，制御盤まで引き込まれた電話回線を通して行なわれる。また，閉じ込められた利用者の不安感を和らげるために，保守会社等と利用者が直接会話することができる。

この電話回線は第8章で述べる遠隔監視，遠隔制御用のために，保守会社等との通信用として利用する。

(3) 各種電源

1）エレベーター電源

エレベーター用として提供される電源の周波数は 50 Hz 又は 60 Hz 電源であり，電圧は 400 V 系又は 200 V 系である。いずれも 3 相交流電源である。電源の質は，電圧変動 +5〜−10%，電圧不平衡率 5% 以内である。

2）動力電源

エレベーターを駆動する電動機用の電源であり，電源の質はエレベーター電源とほぼ同じである。

3）制御電源

制御回路用の電源であり，エレベーター電源を 100 V 程度に降圧した単相交流である。制御回路で，使用されるリレー，コンタクタに応じて更に降圧した交流電源又は整流した直流電源に変換する。コンピューター，半導体回路には定電圧装置を介して接続される。

4）照明電源

主として機械室，ピット，かご室の照明用である。動力，制御電源から独立した回路とすることが推奨されている。通常は，AC 単相 100 V である。また，ピットには保守，点検作業用照明のためのコンセントを設ける。

2.4 エレベーターの構造技術（主要な支持部分等）

　第 2.4 節では，エレベーターの主索として用いられるワイヤロープの種類，構造，強度検証等について，述べる。

2.4.1 エレベーターに掛かる荷重及び安全率

　エレベーターのどこにどのような荷重が働くか，その時の安全率をどの値に設定するかは，エレベーターの構造設計における出発点である。

(1) 荷重

　エレベーターに掛かる荷重について，図 2.13 のように分類して，述べる。

1) 固定荷重

　固定荷重とは，エレベーターの運転において値の変動しない質量による荷重である。つまり，かご内の利用者，荷物等以外の自重による荷重のことである。さらに，固定荷重は，昇降する部分以外と昇降する部分に分けられる。

　昇降する部分以外の固定荷重として，マシンビーム等を介して建物に固定される駆動装置等の機器の自重による荷重がある。昇降する部分以外の固定荷重は，エレベーターが運転しても静止している部分の自重による荷重なので，静荷重である。また，昇降する部分の固定荷重として，主索，かご枠，かご室，かご床，その他の付属機器，釣合おもり，釣合ロープ，釣合ロープ用張り車，移動ケーブル等により生ずる荷重がある。これらはエレベーターが運転すると昇降する部分の質量に基づく荷重であり，動荷重である。主索，釣合ロープ，移動ケーブルの自重は，かごの位置により変わるので，かごの位置に応じた検討が必要である。

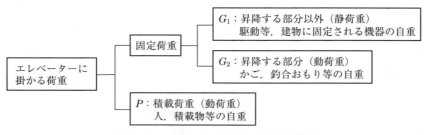

図 2.13 エレベーターに掛かる荷重の分類

2) 積載荷重

　積載荷重とは，かご内に生じる荷重で，利用者，荷物等の自重に基づく荷重のことである。強度に関する積載荷重は，エレベーターの用途，面積により定まる法定積載荷重の値を下回ることはできない（令第129条の5）。昇降する部分の固定荷重と同様に，積載荷重は動荷重である。

3) 強度検証における荷重の扱い

　上述の1），2）に示した荷重のうち，昇降する部分以外による固定荷重は静荷重，昇降する部分による固定荷重と積載荷重は動荷重である。

　したがって，強度検証において，動荷重は，昇降開始，停止時の加減速を考慮した割増しをする。そこで，主要な支持部分等に生じる荷重 F を次の式で規定する。

　　　　　通常昇降時　　　　$F = G_1 + \alpha_1 \times (G_2 + P)$
　　　　　安全装置作動時　　$F = G_1 + \alpha_2 \times (G_2 + P)$

ここで，

　　　　G_1：昇降する部分以外による固定荷重

　　　　G_2：昇降する部分による固定荷重

　　　　P：積載荷重

　　　　α_1：通常の昇降時に昇降する部分に生ずる加速度を考慮した値

　　　　α_2：安全装置が作動した時に，昇降する部分に生ずる加速度を考慮した値

である。

　α_1，α_2 は，加速，減速による慣性力を算出するための加速度（正しくは，加速度÷重力加速度）と考えればよい（表2.1，表2.2）。

表 2.1　α_1 の値の例

エレベーターの種類及び部位		α_1
(1)	(2) 以外のエレベーター	2.0
(2)	低速，小容量，低昇降行程のエレベーター （定格速度 45 m/min 以下，積載荷重 3,100 N，昇降行程 13 m 以下のエレベーター）	1.6
油圧式エレベーターのプランジャー，シリンダーその他のかごを支える部分，これらに直接支えられるかご並びに圧力配管及び油圧ゴムホース		1.3

表 2.2 α_2 の値の例

エレベーターの部位		α_2
ガイドレール	次第ぎき非常止め装置の場合	3.0
	早ぎき非常止め装置の場合	6.0
ガイドレール以外		2.0

(2) 安全率

安全率 S_f（Safety Factor，略して SF とも書く）とは，材料の破壊，破損の基準となる応力又は荷重 F_O を，使用時に働く応力又は荷重 F で除したもので，次の式で与えられる。

$$S_f = \frac{F_O}{F}$$

上の式から分かるように，安全率は，実際の使用状態における強度の余裕を表す。例えば，安全率が 3 であるというのは，使用上想定している荷重の 3 倍の力が作用しなければ壊れないという意味である。なお，材料の破壊，破損の基準となる応力又は荷重 F_O として，材料の降伏応力又は降伏荷重，許容応力又は許容荷重，引張応力又は引張荷重等が用いられる。昇降機において，安全率は，材料の破壊強度を常時及び安全装置作動時の各応力度で除したものとして定義されている。

安全率が大きいほど安全性は高まるといえるが，その反面，製造コストは高くなることから，製品開発の設計では過去の実績，故障履歴等を考慮し，適切な安全率を設定する必要がある。エレベーター等では，各部品がシステム全体の安全に与える影響を考慮し，法令で安全率が規定されている（表 2.3）。

表 2.3 安全率の例

		通常の昇降時		安全装置作動時	
		設置時	使用時	設置時	使用時
主索	トラクション方式	5.0	4.0	3.2	2.5
	巻胴式	5.0	4.0	2.5	2.5
主索の端部		4.0	3.0	2.0	2.0
レール（例外あり）		3.0		2.0	
かご床及びかご枠		3.0		2.0	
油圧エレベーターのかごを支える部分及び圧力配管		3.0（脆性金属は 5.0）		2.0（脆性金属は 3.3）	

2.4.2 ワイヤロープの構造

主索を介してかごが動くロープ式エレベーター，油圧式エレベーターの間接式等では，主索は「命の綱」であり，かご及び釣合おもりを吊り，かつ，支えるとともに，綱車等の回転をかごの動きに変える働きをする。

主索として使用することができるロープは，建築基準法令において次のように規定されている。

建築基準法第37条に基づく平成12（2000）年建設省告示第1446号の別表第一第三号には，主索に使用できるワイヤロープは，日本産業規格JIS G 3525（ワイヤロープ）及びJIS G 3546（異形線ワイヤロープ）と指定されている。指定外のワイヤロープを使用する時は，国土交通大臣の認定を受けることになる。

建築基準法施行令第129条の4第1項第二号及び平成12（2000）年建設省告示第1414号第2第三号イ(1)には主索の直径，同イ(2)には主索の端部，同イ(3)には綱車及び巻胴の直径 D と主索の直径 d との比 D/d（ディーバイディー）等が規定されている。

建築基準法施行令第129条の4第2項第三号及び平成12（2000）年建設省告示第1414号第2第三号ロには，安全率が規定されている。

建築基準法施行令第129条の4第3項第二号には，エレベーターの主索を2本以上とすることが規定されている。

エレベーターは起動頻度が高いため，その主索はロープウェイ，ほかの産業用ロープとは比較にならないほど繰返し屈曲回数が多い。このため，主索に使用するロープの選定にあたっては，単に安全率だけでなく，曲げ特性その他を考慮する必要がある。

(1) 全体構造

ワイヤロープ（以下「ロープ」という）の断面構造を図2.14に示す。ロープは，多数の素線を撚り（以下「より」という）合わせてストランドを構成し，複数のストランドを心綱の周りに，更により合わせたものである。

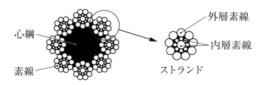

図 2.14 ワイヤロープの構造の例 [s2]

（2）素線

素線は，ストランドを構成している個々の鋼線のことである。鋼線には，日本産業規格 JIS G 3506（硬鋼線材）に規定される硬鋼線が使用され，ダイスで一定の直径まで引抜き加工される。

また，ストランドの表面に配列される素線を外層素線，内側にある素線を内層素線という。エレベーターの主索用ロープとしては，巻上機の綱車にあるロープ溝の磨耗を低減するため，外層素線の硬度が綱車のロープ溝の表面硬度よりもやや低い素線が使用される。

（3）ストランド

ストランドは，多数の素線をより合わせたものである。素線の配列によって，次の第 2.4.3 項の（1）に述べるようにいろいろな種類があり，呼び方が日本産業規格（JIS）で定められている

（4）心綱

心綱は，サイザル麻等の天然繊維，合成繊維をロープ状によってあり，ロープ油としてグリスを含侵してある。グリスは，ストランドの間からにじみ出てきて，素線の防錆及びロープが屈曲する時の素線相互の潤滑の役目を持たせている。心綱として植物系繊維類に代わり，樹脂系繊維を用いたロープもある。ロープの種類によっては，心綱の代わりに独立した小径ロープである IWRC（Independent Wire Rope Core）を用いるロープもあり，ロープの伸び及び直径の経年変化が少ない特徴がある。IWRC を用いたロープはグリスを蓄える部分がなく，潤滑の問題もあり，エレベーター用としては，寿命について注意を要する。

注：IWRC は，独立したロープを芯にしたロープ。

2. 4. 3　ワイヤロープの種類
（1）構成による分類
1）シール形

シール形は，ストランドの外層素線を内層素線より太い素線で構成したロープで，耐摩耗性が高い。シール形の 8 よりのロープがエレベーターの主索に一番多く使われている。ワイヤロープの構造例として示した図 2.14 は，シール形である。

図 2.15　フィラー形 [s2]

2) フィラー形

フィラー形は，図 2.15 に示すとおり，ストランドの内層及び外層素線を同じ線径の素線で構成し，内外層の素線間にできるすき間に更に細い素線を入れたロープである。シール形に比べ柔軟性がやや高く，曲げ特性がよい。建物の高層階に行くエレベーター等に使われることがある。

3) ウォーリントン形

ウォーリントン形は，外層素線に 2 種類の線径の素線を交互に配列したロープである。以前は主索にも用いられていたが，最外層に細い線があるため，耐摩耗性に問題があり，現在はほとんど使われていない。図 2.16 にウォーリントン形の構造を示す。

(2) より方による分類

ロープのより方には，「普通より」と「ラングより」とがある。また，ストランドのより方向によって，「S より」と「Z より」とがあるが，「S より」は，ほとんど製造されていない。これらを組み合わせると図 2.17 のように 4 種類のより方の組合せがあるが，エレベーターでは，「普通 Z より」が一般的に使われる。

1) 普通より

普通よりは，ストランドのより方向とロープのより方向とが反対になったより方である。素線と綱車との接触面が小さく，面圧が高いため，耐摩耗性の面では幾分不利であるが，よりが戻りにくく，取扱いが容易である。

2) ラングより

ラングよりは，ストランドのより方向とロープのより方向とを同一にしたより方

図 2.16　ウォーリントン形 [s2]

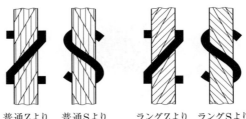

図 2.17 ロープのより方[s2]

普通Zより　普通Sより　ラングZより　ラングSより

で，普通よりと反対の性質がある。

(3) 素線の強度による分類

日本産業規格 JIS G 3525（ワイヤロープ）では，ロープの破断力の算出基礎とする素線の公称引張強さによってロープを区分している。

1) E種

E種ロープは，エレベーターでの使用条件を考慮して造られた種別である。外層素線に使う素線はほかの一般ロープと比べ，炭素量を少なく硬度を低くしてあり，破断強度は 1,320 N/mm^2 級である。これは，前述のように，エレベーターは，ほかの機器と違い，ロープの繰返し屈曲回数が非常に多い。また，トラクション式では，主索と綱車との間で摩擦駆動されることから，主索の強度を多少犠牲にしても柔軟性をよくして，素線が破断しにくく，綱車の摩耗を少なくするためである。

2) A種

A種ロープは，破断強度 1,620 N/mm^2 級の強度の素線で構成されたロープである。破断強度が高いので，建物の超高層階に行くエレベーター，主索本数を少なくしたい場合等に使われることがある。E種より硬度が高いので，綱車側の摩耗対策が必要である。

3) その他

強度，硬度が A 種より更に高い B 種，素線の表面に亜鉛めっきを施した G 種，従来特種といわれていた高強度の素線 T 種があるが，ほとんど使用されていない。

(4) 特殊なワイヤロープ

1) 異形線ワイヤロープ

異形線ワイヤロープは，図 2.18 のように，ストランドの外周が平滑な面になるよ

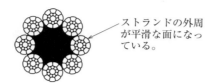

図 2.18　異形線ロープの構造の例 [s2]

図 2.19　樹脂被覆ロープの構造の例 [s2]

うに特殊加工されたロープである。日本産業規格 JIS G 3546（異形線ワイヤロープ）で規定されており，エレベーターの主索として使用できる。異形線ロープは，普通のロープに比べて，次の特長がある。

① 素線の断面積が大きいため，ロープの破断荷重も大きい。
② 外周が平滑で綱車の溝と接する部分の面積が大きいため，面圧が低く，摩耗，素線破断が起きにくい。そらせ車，返し車によるロープ屈曲部の多いエレベーター等に使うとロープの寿命が延びる効果がある。

2) 樹脂被覆ロープ

ロープの表面をウレタン系の樹脂で覆う樹脂被覆ロープが開発され，使用されつつある。このロープの構造を図 2.19 に示す。表面が円滑で，かつ，柔軟性に富んでいるため，綱車の溝の磨耗が少なくトラクション能力も高い等の特長がある。加えて，ワイヤ部に水分が入り込まないので錆のおそれも少ない。

樹脂被覆ロープの心綱には，IWRC が用いることが多い。

2.4.4　主索に適用するワイヤロープ

(1) 主索の種類

エレベーターの主索に使われているロープのうち，最も一般的なロープは，次に示す①である。

また，用途によって，②，③，④等も一部使われている。耐摩耗性能が高いことから，ラング Z よりのロープが使われることもある。

異形線ロープとして，⑤も一部で使われている。

なお，構成記号において，8 はより数（ストランドの本数），S はシール形，(19)はストランドごとの素線の本数を示す。また，異形線ロープの構成記号は，形記号の前に P を付す。

① 8 × S(19)，E 種，普通 Z より

② 8 × Fi(25)，E 種，普通 Z より

③ 8 × S(19)，A 種，普通 Z より

④ 8 × Fi(25)，A 種，普通 Z より

⑤ 8 × P·S(19)，E 種，普通 Z より

これらの特徴は，いずれも「8 よりロープ」であることで，一般産業用に「6 よりロープ」が多く使われているのと対照的である。これは，トラクション方式の綱車との組合せ上，摩擦力の確保，面圧等の点で有利であるという理由によるものである。

(2) 主索の直径

主索の直径は，平成 12（2000）年建設省告示第 1414 号第 2 第三号イで，通常のエレベーターでは 10 mm 以上と定められている。定格速度 30 m/min 以下で積載荷重 2,000 N（積載量 200 kg）以下，かつ，昇降行程 10 m 以下のエレベーター，また，定格速度 15 m/min 以下で積載荷重 2,400 N（積載量 240 kg）以下のエレベーター（段差解消機及びいす式階段昇降機を含む）には，直径 8 mm 以上の主索の使用も許容されている。これら以外の直径のロープをエレベーターの主索として用いるには，国土交通大臣の認定を取得する必要がある。

(3) 綱車又は巻胴の直径と主索の直径との比

綱車又は巻胴の直径（D）と主索の直径（d）との比 D/d は，主索寿命を適正にするために，平成 12（2000）年建設省告示第 1414 号第 2 第三号イ (3) で，40 以上と定められている。ただし，次の場合は，主索曲げに対する負荷が小さいため，D/d の緩和規定が設けられている。

なお，①から④まで以外の D/d とする場合には，国土交通大臣の認定を取得する必要がある。

① 主索の綱車に接する部分の長さが綱車の円周の 1/4 以下（主索の綱車への接触角が 90 度以下）のエレベーターでは，D/d は 36 倍以上とする。

② 定格速度 45 m/min 以下，積載荷重 3,100 N（310 kg）以下，昇降行程 13 m 以下

のエレベーターでは，D/d は 36 倍以上とする。

③ 定格速度 30 m/min 以下で，積載荷重 2,000 N（積載量 200 kg）以下，かつ，昇降行程 10 m 以下のエレベーター及び定格速度 15 m/min 以下で，積載荷重 2,400 N（積載量 240 kg）の段差解消機及びいす式階段昇降機（主索の直径 8 mm 以上とすることができるエレベーター）では，D/d は 30 倍以上とする。

④ 定格速度 15 m/min 以下で，積載荷重 2,400 N（積載量 240 kg）以下の段差解消機及びいす式階段昇降機の場合で，主索の綱車に接する部分の長さが綱車の円周の 1/4 以下のときは，D/d は 20 倍以上とする。

2. 4. 5　主索の端部

（1）主索の端末処理

　主索の端末処理では，1 本ごとに鋼製のロープソケットに，例えば，バビット詰め等により，主索端部からロープが抜けないようにする。正しい主索の端末処理作業により，主索自体の破断強度と同程度の強度を端末部に確保することが肝要である。

（2）主索の端部の構造

　主索の端部に使用する各種止め金具及び引止め部の構造を図 2.20 に示す。

　主索の端部は，平成 12（2000）年建設省告示第 1414 号第 2 第三号イ（2）において，一般のエレベーターでは，図 2.20（a）のように鋼製のバビット詰め止め金具及び図 2.20（b）の鋼製の楔式止め金具としている。定格速度 30 m/min 以下，積載荷重 2,000 N（積載量 200 kg）以下，かつ，昇降行程 10 m 以下のエレベーター，及び定格速度 15 m/min 以下，積載荷重 2,400 N（積載量 240 kg）以下の，いずれも低速小容量のエレベーター（段差解消機及びいす式階段昇降機もこれに該当する）については，上述の止め金具のほかに図 2.21（a）の据え込み式止め金具，鉄製グリップ又はケミカル固定のロープソケットの使用が認められている。

　また，巻胴式エレベーターの巻胴側の端部に限り，図 2.21（b）のクランプ止めが認められている。

　主索の端部のバビッド詰め，楔式については，日本エレベーター協会標準 JEAS-201（エレベーター用ロープのバビットメタル詰め作業標準），JEAS-202（楔式留金具によるエレベーター用ロープの取付作業標準）が参考になる。

第2章　エレベーター

(a) バビット詰め止め金具の例

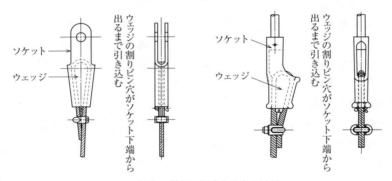

(b) 2種類の楔式止め金具の例

図2.20 バビット詰め及び楔式主索端部の構造の例 [s1]

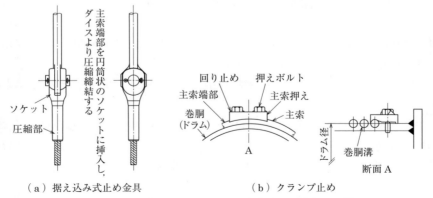

(a) 据え込み式止め金具　　　　(b) クランプ止め

図2.21 据え込み及びクランプ止め主索端部の構造の例 [s1]

2.4.6 主索の強度検証法

例題 2.1

次の条件の乗用のロープ式エレベーターにおいて，主索に使用するワイヤロープ（以下「使用ロープ」という）の本数を何本以上にすれば，設置時に要求されている安全率 5.0 を満たすか？

なお，数値を丸める時には，安全側になるよう，各部に生じる荷重等は切り上げ，安全率は切り捨てること。

使用ロープ	$8 \times S(19)$ 　直径 12〔mm〕
使用ロープのロープ保証破断力	$F_O = 58,500$〔N〕
ロープの掛け方による係数	$N_C = 1$（1:1 ロービング）
定格又は法定積載量	$m_S = 600$〔kg〕
かご質量	$m_C = 800$〔kg〕
1 本あたりのロープ質量	$m_r = 15$〔kg〕
釣合ロープ等付属品質量	$m_O = 20$〔kg〕

通常の昇降時に昇降する部分に生ずる加速度を考慮した値

$$\alpha_1 = 2.0$$

安全装置が作動した時に昇降する部分に生ずる加速度を考慮した値

$$\alpha_2 = 2.0$$

重力加速度　　　　　　　　　　　　　$g = 9.8$〔m/s^2〕

解 2.1

安全率を満たすのに必要なロープの本数を N_R とする。総質量 m は，

$$m = m_S + m_C + m_r N_R + m_O$$
$$= 600 + 800 + 15 N_R + 20$$
$$= 1420 + 15 N_R \text{〔kg〕}$$

である。これより，主索に働く荷重は，

通常昇降時：

$$F_N = \alpha_1 mg$$
$$= 2.0 \times (1420 + 15 N_R) \times 9.8$$
$$= 27832 + 294 N_R \text{〔N〕}$$

安全装置作動時：

$$F_S = \alpha_2 mg$$
$$= 2.0 \times (1420 + 15 N_R) \times 9.8$$
$$= 27832 + 294 N_R \text{〔N〕}$$

である。また，ロープの安全率は，次の式で規定される。

$$S_f = \frac{N_C N_R F_O}{F}$$

ただし，F は主索に働く荷重 F_N，F_S である。

　ここで，通常昇降時の安全率 S_{f_N} は，表 2.3 に示したように 5 以上である必要があるので，

$$\frac{N_C N_R F_O}{F_N} \geq 5$$

$$\frac{1 \times N_R \times 58500}{27832 + 294 N_R} \geq 5$$

$$N_R \geq 2.441$$

となり，通常昇降時の安全率を満たすのに必要なロープの本数 N_R は，3 本以上である。

　なお，ロープの本数 N_R を 3 本としたときの安全率は，

　　通常昇降時：

$$S_{f_N} = \frac{N_C N_R F_O}{F_N}$$

$$= \frac{1 \times 3 \times 58500}{28720}$$

$$= 6.1$$

　　安全装置作動時：

$$S_{f_S} = \frac{N_C N_R F_O}{F_S}$$

$$= \frac{1 \times 3 \times 58500}{28720}$$

$$= 6.1$$

となり，それぞれ設置時に要求されている安全率 5.0，3.2 よりも大きくなる。

　また，限界安全率（複数本の主索のうち 1 本が破断した時にも，かごの落下をもたらさないために必要な強度を確保する安全率）は，次のとおり求められる。

　　通常昇降時：

$$S_{f_B} = \frac{N_C (N_R - 1) F_O}{F_N}$$

$$= \frac{1 \times (3 - 1) \times 58500}{28720}$$

$$= 4.0$$

以上から，設置時に要求されている限界安全率 3.2 よりも大きいことが確認できた。

2.4.7 ガイドレール

ガイドレールは、かご及び釣合おもりの昇降路平面内の位置を規制し、かご自身の質量又は積載された人又は物が必ずしもかごの中心にないことによる偏荷重を受け止め、さらに非常止め装置が作動した時の垂直荷重を保持するために、設けられる。

また、機械室なしロープ式エレベーターでは、レールで固定荷重及びかごの積載荷重を支持する構造もある。形状は、断面がT字形のガイドレールが一般的に使われ、昇降路内に鉛直で、直線的に敷設される。非常止め装置の必要がない小荷物専用昇降機等では、山形鋼、溝形鋼等も使われる。

(1) ガイドレールの寸法

ガイドレールの標準には、日本エレベーター協会標準JEAS-005に従ったJEAS標準レールと国際規格ISO 7465に従ったISO標準レールとがある。

JEAS標準レールは、仕上げ加工前の素材の1m長あたりの質量の丸めた値を冠し、「○○キロレール」と呼称している。

図2.22に主なJEAS標準レールの断面図及び仕上げ加工後の各部寸法を示す。

なお、ガイドレールについては、日本エレベーター協会標準JEAS-001（エレベーター用T型ガイドレールの素材に関する標準）、JEAS-005（エレベーター用ガイドレールに関する標準）が参考になる。

一般に使われているT形ガイドレールは、公称8、13、18、24及び30キロレールである。特に、大容量のエレベーターには、37、50キロレール又はそれ以上も使われる。

なお、小容量のエレベーターの釣合おもり側レールで、非常止め装置の付かないエレベーター、後述の間接式油圧式エレベーターのプランジャーをガイドするレールには、鋼板をロール成形したガイドレールも使用されている。

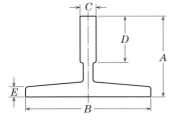

公称 〔mm〕	8 キロ	13 キロ	18 キロ	24 キロ	30 キロ
A	56	62	89	89	108
B	78	89	114	127	140
C	10	16	16	16	19
D	26	32	38	50	51
E	6	7	8	12	13

図2.22　JEAS標準レールの寸法[s2]

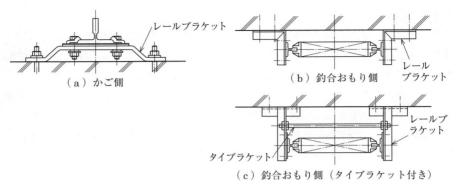

図 2.23　ガイドレールの取付け方法の例 [s2]

　各ガイドレールには，強度面から適用できる範囲がある．例えば，24キロレールでは強度に余裕が少ないが，30キロレールが取り付けられない事例では，ガイドレールの背面を補助鋼材で強化して強度を上げる方法もある．これを「バッキング」という．

　ガイドレールの定尺（標準的な長さ）は，製造上の取扱いやすさ，据付現場における建物内の搬入経路での運搬，昇降路開口部から昇降路内への搬入の容易さ等の理由から，通常5mとしている．

　図 2.23 には，最も一般的なガイドレールのレールブラケットを用いた取付け方法を示す．

　レールブラケットについては，『昇降機技術基準の解説　2016年版』が参考になる．

(2) ガイドレールの適用方法

　適用するガイドレールを決めるには，次の3つの要素を確認しなければならない．
① 非常止め装置が作動した時，長柱としてのガイドレールに座屈荷重が掛かるので，座屈しないこと．
② 地震時に，建物の水平震動によって，かご及び釣合おもりが揺すられた時，ガイドレールと案内装置との間で水平震動力が受け渡される．ガイドレールのたわみが限度を超えたり，レールの応力が弾性限界を超えたりすると，かご又は釣合おもりがガイドレールから外れるおそれがある（脱レール）ので，ある限度の加速度までは外れないこと．

③かごに不平衡大荷重が積載された時，又は荷重の積み降ろし時には，かごに大きな回転モーメントが発生する。これらをガイドレールが支えられること。

積載量の大きいトラック，フォークリフトで荷を運ぶエレベーターでは，③の確認が必要である。

フォークリフト等を使用する荷物用エレベーターについては，日本エレベーター協会標準 JEAS-411（フォークリフト等を使用する荷物用エレベーターに関する標準）が参考になる。

なお，片持式のエレベーター等，かごの重心とかごの駆動点とがずれた，いわゆる偏荷重のエレベーターでは，走行中又は加減速中にもかごに大きな回転モーメントが発生し，ガイドレールに曲げ荷重が掛かる。この曲げ荷重分を加味して地震時のガイドレールのたわみ，非常止め装置作動時のガイドレールの座屈を確認する必要がある。それ以外の一般のエレベーターでは，①，②の確認で決定してよい。

上述の①の確認について述べると，かご又は釣合おもりの総質量が大きいほど及びレールブラケット間隔が大きいほど，座屈を起こしやすい。また，非常止め装置の違いでは，早ぎき非常止めのほうが次第ぎきよりも停止の減速度が大きいので座屈を起こしやすい。

次に，②の地震時にかご又は釣合おもりが脱レールしないための確認について述べる。ガイドレールからの外れやすさを考えると，かごの等価質量又は釣合おもりの等価質量の大きいほうが，また，レールブラケット間隔が大きいほうが外れやすい。

一般的にレールブラケット間隔（縦方向設置間隔）を小さくすれば，同一荷重に対して応力もたわみも小さくなる。しかしながら，鉄骨構造の建物では，各階の建築梁部分以外には容易にレールブラケットを取り付けられない等，鉄筋コンクリート構造の昇降路でもレールブラケット数を増すと経済的でなくなる等の制約がある。

なお，機械室なしロープ式エレベーターのように，レールで固定荷重及び積載荷重を支持するエレベーターでは，さらに，上述の支持荷重が掛かった状態で座屈が起こらないかの強度を確認する必要がある。

2.4.8 ガイドレールの強度検証法

ガイドレールの強度を検証するには，1) 通常の昇降時及び非常止め装置の作動時の鉛直荷重による座屈，2) 地震時の水平荷重，3) かご内の偏荷重を考慮しなければならない。

座屈の評価式として，式 (2.1) に示すオイラーの式，式 (2.2) に示すランキンの式

が知られている。

$$\sigma_{cr} = \frac{n\pi^2 E}{\lambda^2} \tag{2.1}$$

$$\sigma_{cr} = \frac{\sigma_c}{1 + \dfrac{a}{n}\lambda^2} \tag{2.2}$$

ここで，σ_{cr} は座屈が発生する応力，n は端末係数（長柱両端の固定状態によって決まり，例えば，両端固定の場合は 4 である），E は縦弾性係数，σ_c，a は材料により決まる定数である。また，λ は細長比であり，次の式で求まる。

$$\lambda = \frac{L}{i} = \frac{L}{\sqrt{\dfrac{I_{min}}{A}}} \tag{2.3}$$

ここで，L は長柱の支持点間の距離，i は最小の断面二次半径，I_{min} は長柱の断面二次モーメントのうち小さい値，A は長柱の断面積である。

エレベーターのガイドレールについては，通常昇降時に圧縮荷重が作用するかしないかのそれぞれの場合に分けて，強度評価を実施する。また，通常昇降時と安全装置作動時に分けて強度評価を実施するが，ここでは通常昇降時について紹介する。

（1）通常の昇降時に鉛直荷重が作用しない場合

短期荷重による圧縮許容応力 σ

$$\lambda \leq \Lambda \text{ の場合} \quad \sigma = 1.5 \times \sigma_m \times \frac{1 - \dfrac{2}{5} \times \left(\dfrac{\lambda}{\Lambda}\right)^2}{\dfrac{3}{2} + \dfrac{2}{3} \times \left(\dfrac{\lambda}{\Lambda}\right)^2} \quad [\text{N/mm}^2] \tag{2.4}$$

$$\lambda > \Lambda \text{ の場合} \quad \sigma = 1.5 \times \sigma_m \times \frac{\dfrac{18}{65}}{\left(\dfrac{\lambda}{\Lambda}\right)^2} \quad [\text{N/mm}^2] \tag{2.5}$$

ただし，

$$\Lambda : \text{限界細長比} \quad \Lambda = \frac{1500}{\sqrt{\dfrac{\sigma_m}{1.5}}} \tag{2.6}$$

σ_m：短期許容応力度〔N/mm^2〕

であり，細長比 λ は，250 以下と令第 65 条に定められている。

（2）通常の昇降時に鉛直荷重が作用する場合

圧縮許容応力度 f_{CN}

通常昇降時　$\lambda \leq \Lambda$ の場合　$f_{CN} = F \times \dfrac{1 - \dfrac{2}{5} \times \left(\dfrac{\lambda}{\Lambda}\right)^2}{\dfrac{3}{2} + \dfrac{2}{3} \times \left(\dfrac{\lambda}{\Lambda}\right)^2}$ 〔N/mm^2〕 (2.7)

$\lambda > \Lambda$ の場合　$f_{CN} = \dfrac{\dfrac{18}{65} \times F}{\left(\dfrac{\lambda}{\Lambda}\right)^2}$ 〔N/mm^2〕 (2.8)

ただし，

Λ：限界細長比　$\Lambda = \dfrac{1500}{\sqrt{\dfrac{F}{1.5}}}$ (2.9)

F：降伏点応力 〔N/mm^2〕

λ：細長比　$\lambda = \dfrac{L}{\sqrt{n}\,i}$ (2.10)

n：端末係数

である。

曲げ荷重に対する許容応力度 f_{BN}

通常の昇降時　$f_{BN} = \dfrac{F}{1.5}$ 〔N/mm^2〕 (2.11)

圧縮荷重と曲げ荷重が同時に作用する場合の応力度判定

通常の昇降時には，次の式を満たすようにしなければならない。ただし，F_N はガイドレールに掛かる圧縮荷重である。

平均圧縮応力　$\sigma_{CN} = \dfrac{F_N}{A} \leq f_{CN}$ 〔N/mm^2〕 (2.12)

曲げ応力の総和（各方向で評価）　$\sum \sigma_{BN} \leq f_{BN}$ 〔N/mm^2〕 (2.13)

圧縮応力と曲げ応力の組合せ（各方向で評価する）

$\dfrac{\sigma_{CN}}{f_{CN}} + \dfrac{\sum \sigma_{BN}}{f_{BN}} \leq 1$ (2.14)

例題 2.2

図 2.24，図 2.25，図 2.26 に示すような，巻上機を下部に設置した機械室なしロープ式エレベーターについて，通常の昇降時の強度を検証せよ。

第2章 エレベーター

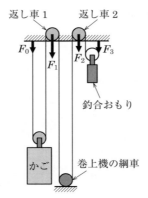

図 2.24 機械室なしロープ式エレベーター（ロープの掛け方の概念図）

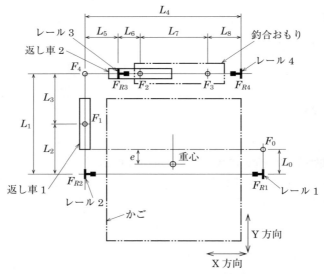

図 2.25 各部品の配置（上部から見た図）[s1]

解 2.2

本エレベーターは，返し車及びロープ端が 2 つの受け梁を介してガイドレール上部に設置される，通常の昇降時に鉛直荷重が作用するエレベーターである．また，かごは，最下階にある時を考える．ガイドレールの呼び寸法は，かご側，釣合おもり側とも 18 キロである．

2.4 エレベーターの構造技術（主要な支持部分等）

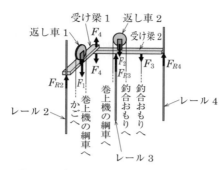

図 2.26 各部品の配置（斜めから見た図）

ここで，各記号は，次のとおりである。

かご質量	$m_c = 1{,}000$ 〔kg〕
定格又は法定積載量	$m_s = 1{,}100$ 〔kg〕
釣合おもり質量	$m_W = 1{,}600$ 〔kg〕
返し車1質量	$m_{M1} = 40$ 〔kg〕
返し車2質量	$m_{M2} = 80$ 〔kg〕
主索（ロープ）質量	$m_R = 100$ 〔kg〕
かご側ロープ端末に掛かる鉛直荷重	F_0 〔N〕
返し車1に掛かる鉛直荷重	F_1 〔N〕
返し車2に掛かる鉛直荷重	F_2 〔N〕
釣合おもり側ロープ端末に掛かる鉛直荷重	F_3 〔N〕
受け梁1から受け梁2に掛かる鉛直荷重	F_4 〔N〕
各レールの頂部に掛かる鉛直荷重	F_{R1} 〔N〕

　レール1：F_{R1}，レール2：F_{R2}，レール3：F_{R3}，レール4：F_{R4}

各レールに掛かる X 方向，Y 方向の荷重〔N〕

　レール1：X 方向 F_{R1X}，Y 方向 F_{R1Y}

　レール2：X 方向 F_{R2X}，Y 方向荷重 F_{R2Y}

各レールに掛かる曲げモーメント〔N·mm〕

　レール1：M_{R1}，レール2：M_{R2}，レール3：M_{R3}，レール4：M_{R4}

通常の昇降時に昇降する部分に乗ずる加速度を考慮した値　$\alpha_1 = 2.0$

荷重点間寸法〔mm〕

　$L_0 = 200$，$L_1 = 1{,}000$，$L_2 = 500$，$L_3 = 500$，$L_4 = 1{,}500$

$$L_5 = 300, \quad L_6 = 100, \quad L_7 = 800, \quad L_8 = 300$$

案内装置間の距離	$L = 3{,}000$〔mm〕
ロービング係数	$N_C = 2$
ガイドレール降伏点応力	$F = 265$〔N/mm^2〕
ガイドレール断面積	$A = 2{,}274$（mm^2）
ガイドレール断面二次半径（X方向）	$i_X = 28.75$〔N/mm^2〕
ガイドレール断面二次半径（Y方向）	$i_Y = 25.67$〔N/mm^2〕
端末係数	$n = 1$

まず，各質量により発生する荷重 F_0 から F_3 までを計算する。

m_C，m_S はかご側ロープ端末と返し車1とで支えられており，主索（ロープ）長さの 1/4 がかご側ロープ端末に支えられていることから，F_0 は，

$$
\begin{aligned}
F_0 &= \left\{ \frac{1}{2}(m_C + m_S) + \frac{1}{4}m_R \right\} \alpha_1 g \\
&= \left\{ \frac{1}{2} \times (1000 + 1100) + \frac{1}{4} \times 100 \right\} \times 2 \times 9.8 \\
&= 21070 \text{〔N〕}
\end{aligned}
\tag{2.15}
$$

となる。同様に，返し車1に掛かる鉛直荷重 F_1，返し車2に掛かる鉛直荷重 F_2，釣合おもり側ロープ端末に掛かる鉛直荷重 F_3 は，

$$
\begin{aligned}
F_1 &= \left[\left\{ \frac{1}{2}(m_C + m_S) \times 2 + \frac{1}{4}m_R \times 2 \right\} \alpha_1 + m_{M1} \right] g \\
&= \left[\left\{ \frac{1}{2} \times (1000 + 1100) \times 2 + \frac{1}{4} \times 100 \times 2 \right\} \times 2 + 40 \right] \times 9.8 \\
&= 42540 \text{〔N〕}
\end{aligned}
\tag{2.16}
$$

$$
\begin{aligned}
F_2 &= \left[\left\{ \frac{1}{2}m_W \times 2 + \frac{1}{4}m_R \right\} \alpha_1 + m_{M2} \right] g \\
&= \left[\left\{ \frac{1}{2} \times 1600 \times 2 + \frac{1}{4} \times 100 \right\} 2 + 80 \right] \times 9.8 \\
&= 32640 \text{〔N〕}
\end{aligned}
\tag{2.17}
$$

$$
\begin{aligned}
F_3 &= \frac{1}{2}m_W \alpha_1 g \\
&= \frac{1}{2} \times 1600 \times 2 \times 9.8 \\
&= 15680 \text{〔N〕}
\end{aligned}
\tag{2.18}
$$

となる。

なお，返し車1，2には両側のロープから荷重が働くため，$\frac{1}{2}(m_C + m_S)$ と $\frac{1}{2}m_W$ とは2倍されている。

2.4 エレベーターの構造技術（主要な支持部分等）

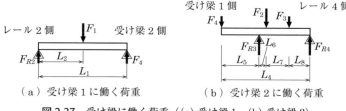

図 2.27 受け梁に働く荷重（(a) 受け梁 1，(b) 受け梁 2）

次に，$F_0 \sim F_3$ からレール頂部に働く荷重を計算する．レール 1 にはかご側ロープ端末に掛かる鉛直荷重 F_0 がブラケットを介して作用するため，

$$F_{R1} = F_0 = 21070 \text{ [N]} \tag{2.19}$$

である．

また，レール 2～4 には受け梁 1，2 を介して $F_1 \sim F_3$ が作用する．受け梁 1，2 に働く荷重を図 2.27 のように考える．

受け梁 1，2 について，梁に働く荷重及びモーメントの釣り合いは，

受け梁 1（左端周りのモーメント）

$$\begin{aligned} F_1 &= F_{R2} + F_4 \\ F_1 L_2 &- F_4 L_1 = 0 \end{aligned} \tag{2.20}$$

受け梁 2（右端周りのモーメント）

$$\begin{aligned} F_2 + F_3 + F_4 &= F_{R3} + F_{R4} \\ F_4 L_4 - F_{R3}(L_4 - L_5) &+ F_2(L_7 + L_8) + F_3 L_8 = 0 \end{aligned} \tag{2.21}$$

であるから，受け梁 1 の梁に働く力及びモーメントの釣り合いから，

$$\begin{aligned} F_{R2} &= F_1 - F_4 \\ &= \left(1 - \frac{L_2}{L_1}\right) F_1 \\ &= \left(1 - \frac{500}{1000}\right) \times 42540 \\ &= 21270 \text{ [N]} \end{aligned} \tag{2.22}$$

同じく，受け梁 2 の梁に働く力及びモーメントの釣り合いから，

$$\begin{aligned} F_{R3} &= \frac{1}{L_4 - L_5} \{ F_4 L_4 + F_2(L_7 + L_8) + F_3 L_8 \} \\ &= \frac{1}{L_4 - L_5} \left\{ F_1 \frac{L_2 L_4}{L_1} + F_2(L_7 + L_8) + F_3 L_8 \right\} \\ &= \frac{1}{1500 - 300} \times \left\{ 42540 \times \frac{500 \times 1500}{1000} + 32640 \times (800 + 300) + 15680 \times 300 \right\} \\ &= 60430 \text{ [N]} \end{aligned} \tag{2.23}$$

54 第2章 エレベーター

$$
\begin{aligned}
F_{R4} &= F_2 + F_3 + F_4 - F_{R3} \\
&= F_2 + F_3 + F_1 \frac{L_2}{L_1} - F_{R3} \\
&= 32640 + 15680 + 42540 \times \frac{500}{1000} - 60430 \\
&= 9160 \,〔\mathrm{N}〕
\end{aligned}
\tag{2.24}
$$

となる。

以上から，レールに働く圧縮荷重 $F_{R1} \sim F_{R4}$ のうち，レール3に働く F_{R3} が大きいので，レール3について座屈に対する強度を評価する。式 (2.9)，(2.10) からレール3の細長比 λ 及び限界細長比 Λ は，

$$
\begin{aligned}
X\text{方向細長比} \quad \lambda_X &= \frac{L}{\sqrt{n}\, i_X} \\
&= \frac{3000}{\sqrt{1} \times 28.75} \\
&= 104.3
\end{aligned}
\tag{2.25}
$$

$$
\begin{aligned}
Y\text{方向細長比} \quad \lambda_Y &= \frac{L}{\sqrt{n}\, i_Y} \\
&= \frac{3000}{\sqrt{1} \times 25.67} \\
&= 116.9
\end{aligned}
\tag{2.26}
$$

$$
\begin{aligned}
限界細長比 \quad \Lambda &= \frac{1500}{\sqrt{\dfrac{265}{1.5}}} \\
&= 112.9
\end{aligned}
\tag{2.27}
$$

である。ここで，$\lambda_X \leq \Lambda$ なので，X 方向の圧縮許容応力度 f_{CNX} は式 (2.7) を用いて，

$$
\begin{aligned}
f_{CNX} &= F \times \frac{1 - \dfrac{2}{5} \times \left(\dfrac{\lambda}{\Lambda}\right)^2}{\dfrac{3}{2} + \dfrac{2}{3} \times \left(\dfrac{\lambda}{\Lambda}\right)^2} \\[2mm]
&= 265 \times \frac{1 - \dfrac{2}{5} \times \left(\dfrac{104.3}{112.9}\right)^2}{\dfrac{3}{2} + \dfrac{2}{3} \times \left(\dfrac{104.3}{112.9}\right)^2} \\[2mm]
&= 84.35 \,〔\mathrm{N/mm^2}〕
\end{aligned}
\tag{2.28}
$$

一方，$\lambda_Y > \Lambda$ なので，Y 方向の圧縮許容応力度 f_{CNY} は，式 (2.8) を用いて，

2.4 エレベーターの構造技術（主要な支持部分等） **55**

$$f_{CNY} = \frac{\frac{18}{65} \times F}{\left(\frac{\lambda}{\Lambda}\right)^2}$$

$$= \frac{\frac{18}{65} \times 265}{\left(\frac{116.9}{112.9}\right)^2} \tag{2.29}$$

$$= 68.44 \ [\mathrm{N/mm^2}]$$

となる。f_{CNX} よりも f_{CNY} のほうが小さいので，座屈に対する強度の評価は f_{CNY} を用いる。

また，曲げ荷重による許容応力度は，通常昇降時は，

$$f_{BN} = \frac{F}{1.5}$$

$$= 176.6 \ [\mathrm{N/mm^2}] \tag{2.30}$$

である。

レール 3 に働く圧縮荷重 F_{R3} から，圧縮応力 σ_{CN} は，

$$\sigma_{CN} = \frac{F_{R3}}{A}$$

$$= \frac{60430}{2274} \tag{2.31}$$

$$= 26.58 \ [\mathrm{N/mm^2}]$$

である。

以上から，ガイドレールに作用する応力について，通常昇降時の許容応力と比較する。$\sigma_{CN} < f_{CNY}$ であり，十分な強度を有している。

また，ガイドレールに横方向の力は働かないため，曲げ応力の総和 $\sum \sigma_{BN}$ はゼロであり，$\sum \sigma_{BN} < f_{BN}$ となるから，十分な強度を有している。

以上から，式 (2.18) より圧縮応力と曲げ応力との組合せを評価すれば，

$$\frac{\sigma_{CN}}{f_{CN}} + \frac{\sum \sigma_{BN}}{f_{BN}} = \frac{26.58}{68.44} + \frac{0}{176.6} \tag{2.32}$$

$$= 0.3884 < 1$$

であり，圧縮応力と曲げ応力との組合せについても十分な強度を有している。

2.4.9 かご床及びかご枠
(1) かご床
　かご床の構造例を図 2.28 に示す。かご床は，枠，床板，補強材で構成され，積載荷重を主に支える主要な構造部分である。一般に山形鋼，溝形鋼，リップ溝形鋼等で枠及び補強を造り，床板として鋼板を貼り，鋼板の上に，例えば乗用では，ビニールタイル，石張り等で仕上げる。生産性の面から構造部材も鋼板の曲げ加工でかご床を造る例もある。荷物用では，縞鋼板で曲げ加工で補強を兼ねた床板を造り，かご床に仕上げる例もある。

　また，仕上げ材のビニールタイル等の下に可燃材料である木材等を使ったかご床では，その下面を防火用の厚さ 0.5 mm 以上の鋼板で覆う必要がある。

(2) かご枠
　全体の構造図を図 2.29 に示す。

　下枠は，かご床の下部の中央付近にあり，かご床からの荷重を受け止める。下枠の両端にあり，かご床からの荷重を吊り上げている 2 本の柱をたて枠と呼ぶ。たて枠の上部には上枠があり，2 本のたて枠を締結している。上枠に締結された主索端部又は取り付けられた吊り車を介して，主索に荷重を伝達する。

　かご枠には，かご床を水平に保つように筋かいが取り付けられている。この筋かいは，荷重伝達の面から重要で，かご床に均等に分散した荷重を「たて枠」に伝達する。

　このほか，かご枠には，ガイドレールから外れないようにし，ガイドレールに沿って動く案内装置が上部及び下部に，非常止め装置がたて枠の下部に取り付けられている。

　下枠，たて枠，上枠は，溝形鋼等で造られたり，軽量化の目的で成形した鋼板で造

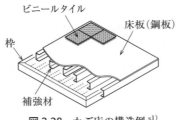

図 2.28　かご床の構造例 [s1]

2.4 エレベーターの構造技術（主要な支持部分等）

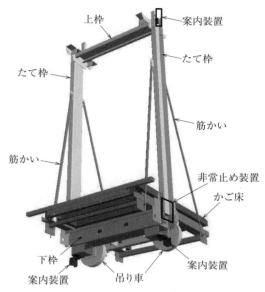

図 2.29　かご枠の構造例 d1)

られたりする。

(3) かご上

図 2.30 にかご上の構造例を示す。かご上には案内装置，ドア駆動装置，救出口，かご上操作装置等が設置される。定期検査時，定期保守時等に作業員がかご上に乗ることを考慮し，十分な強度を有することが必要である。また，作業員がかご上から落下しないように安全柵を設ける。安全柵は通常運転時，折りたたむ構造とする例もある。

2.4.10　かご床及びかご枠の強度検証法

かご床，かご枠の強度検証は，床板，たて枠，上枠，下枠等に働く応力度を求め，安全率を評価することで実施される。通常の昇降時に作用する荷重に対しては，安全率が3以上になるように設計しなければならない。

第2.4.10項では，かご床及びかご枠（たて枠，上枠，下枠）の強度検証の例を示す。

なお，数値を丸める際には安全側になるよう，各部に生じる荷重等は切り上げ，安全率は切り捨てた。

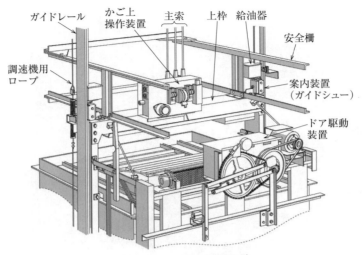

図 2.30 かご上の構造例 [d1]

例題 2.3

図 2.31 のような，次の仕様のロープ吊り上げ式のエレベーターについて，かご床及びかご枠の強度を検証せよ．

　　　定格又は法定積載量　　　$m_S = 1,000$ 〔kg〕
　　　かご質量　　　　　　　　$m_C = 2,000$ 〔kg〕
　　　釣合ロープ等付属品質量　$m_O = 500$ 〔kg〕

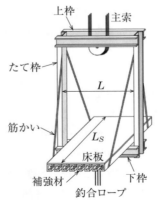

図 2.31 かご枠の計算モデル

2.4 エレベーターの構造技術（主要な支持部分等）

かご床質量	$m_P = 100$ 〔kg〕
たて枠の寸法及び材料	山形鋼 $65 \times 65 \times 6$ 〔mm〕
	断面積 753 〔mm^2〕
	SS400（破壊強度 $F_O = 400$ 〔N/mm^2〕）
	4 本使用
上枠，下枠の寸法と材料	溝形鋼 $150 \times 75 \times 6.5$ 〔mm〕
	断面係数 $Z_{AB} = 115,000$ 〔mm^3〕
	SS400（破壊強度 $F_O = 400$ 〔N/mm^2〕）
	長さ $L = 1,250$ 〔mm〕
	2 本使用
かご床の補強材の寸法と材料	溝形鋼 $75 \times 45 \times 15 \times 2.3$ 〔mm〕
	断面係数 $Z_{AF} = 9,898$ 〔mm^3〕
	SS400（破壊強度 $F_O = 400$ 〔N/mm^2〕）
	長さ $L_S = 2,650$ 〔mm〕
	8 本使用

通常の昇降時に昇降する部分に生ずる加速度を考慮した値

$$\alpha_1 = 2.0$$

解 2.3

1）かご床の強度評価

かご床について，補強材の強度検証を実施する。かご床にはかご内の人等の質量（定格又は法定積載量）m_S とかご床（床板及び補強材）の質量 m_P に基づく重力が作用する。したがって，補強材に 1 本に働く荷重 F_N は，これらの重力の和に通常の昇降時に昇降する部分に生ずる加速度を考慮した値 α_1 を乗じて，さらに補強材を 8 本使用することに注意すれば，

$$
\begin{aligned}
F_{NF} &= \frac{\alpha_1 (m_S + m_P) g}{8} \\
&= \frac{2 \times (1000 + 100) \times 9.8}{8} \\
&= 2695 \ \text{〔N〕}
\end{aligned}
\tag{2.33}
$$

となる。これが図 2.32 のように分布荷重として働くため，長さ L_S の補強材に働く単位長さあたりの荷重 ω_{NF} は次式となる。

$$\omega_{NF} = \frac{F_{NF}}{L_S} \tag{2.34}$$

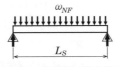

図 2.32 補強材に働く荷重

補強材を梁と考えると,この等分布荷重 ω_{NF} により発生する曲げモーメントの最大値 M_{NF} は,

$$\begin{aligned} M_{NF} &= \frac{\omega_{NF} L_S^2}{8} \\ &= \frac{F_{NF} L_S}{8} \\ &= \frac{2695 \times 2650}{8} \\ &= 892800 \, [\text{Nmm}] \end{aligned} \quad (2.35)$$

である。床板の持つ強度を無視して補強材だけが床板に働く荷重を受けるとすれば,補強材に働く曲げ応力の最大値 σ_{NF} は,

$$\begin{aligned} \sigma_{NF} &= \frac{M_{NF}}{Z_{AF}} \\ &= \frac{892800}{9898} \\ &= 90.21 \, [\text{N/mm}^2] \end{aligned} \quad (2.36)$$

となる。以上から,安全率 $S_{f_{NF}}$ は,

$$\begin{aligned} S_{f_{NF}} &= \frac{F_O}{\sigma_{NF}} \\ &= \frac{400}{90.21} \\ &= 4.4 \end{aligned} \quad (2.37)$$

となるから,安全率は表 2.3 に示した 3.0 以上で十分な強度を有している。

2) たて枠の強度評価

かごの下枠と上枠とをつなぐたて枠について,強度検証を行なう。たて枠にはかご内の人等の荷重(定格又は法定積載量)m_S とかご質量 m_C,釣合ロープ等付属品質量 m_O に基づく重力が作用する。したがって,たて枠の山形鋼 1 本に働く荷重 F_{NV} は,これらの重力の和に通常の昇降時に昇降する部分に生ずる加速度を考慮した値 α_1 を乗じて,さらにたて枠は山形鋼 4 本使用することに注意すれば,

$$F_{NV} = \frac{\alpha_1(m_S + m_C + m_O)g}{4}$$
$$= \frac{2 \times (1000 + 2000 + 500) \times 9.8}{4} \quad (2.38)$$
$$= 17150 \,[\text{N}]$$

となる。たて枠の山形鋼の断面積 A_{NV} は 753 mm² だから，応力度は，

$$\sigma_{NV} = \frac{F_{NV}}{A_{NV}}$$
$$= \frac{17150}{753} \quad (2.39)$$
$$= 22.78 \,[\text{N/mm}^2]$$

となる。以上から，安全率 $S_{f_{NV}}$ は，

$$S_{f_{NV}} = \frac{F_O}{\sigma_{NV}}$$
$$= \frac{400}{22.78} \quad (2.40)$$
$$= 17.5$$

となるから，安全率は表 2.3 に示した 3.0 以上で十分な強度を有している。

3) 上枠の強度評価

かごの上側にある上枠について，強度検証を行なう。上枠にはたて枠と同様にかご内の人等の荷重（定格又は法定積載量）m_S とかご質量 m_C，釣合ロープ等付属品質量 m_O に基づく重力が作用する。したがって，上枠の溝形鋼 1 本に働く荷重 F_{NT} は，これらの重力の和に通常の昇降時に昇降する部分に生ずる加速度を考慮した値 α_1 を乗じて，さらに上枠は溝形鋼 2 本使用することに注意すれば，

$$F_{NT} = \frac{\alpha_1(m_S + m_C + m_O)g}{2}$$
$$= \frac{2 \times (1000 + 2000 + 500) \times 9.8}{2} \quad (2.41)$$
$$= 34300 \,[\text{N}]$$

となる。これが図 2.33 のように上枠中央に集中荷重として働くため，曲げモーメン

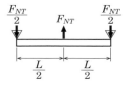

図 2.33 上枠に働く荷重

トは上枠中央で最大となり，その値 M_{NT} は，

$$
\begin{aligned}
M_{NT} &= \frac{F_{NT}L}{4} \\
&= \frac{34300 \times 1250}{4} \\
&= 10720000 \ \text{〔Nmm〕}
\end{aligned}
\tag{2.42}
$$

である。したがって，上枠に働く曲げ応力の最大値 σ_{NT} は，

$$
\begin{aligned}
\sigma_{NT} &= \frac{M_{NT}}{Z_{AB}} \\
&= \frac{10720000}{115000} \\
&= 93.22 \ \text{〔N/mm}^2\text{〕}
\end{aligned}
\tag{2.43}
$$

となる。以上から，安全率 Sf_{NT} は，

$$
\begin{aligned}
Sf_{NT} &= \frac{F_O}{\sigma_{NT}} \\
&= \frac{400}{93.22} \\
&= 4.2
\end{aligned}
\tag{2.44}
$$

となるから，安全率は表 2.3 に示した 3.0 以上で十分な強度を有している。

4）下枠の強度評価

　かごの下側にある下枠について，強度検証を行なう。下枠にはたて枠，上枠と同様に，かご内の利用者等の荷重（定格又は法定積載量）m_S とかご質量 m_C，釣合ロープ等付属品質量 m_O とに基づく重力が作用する。ただし，図 2.31 のように床板の水平を保つために筋かいが設けられている場合は，それらの荷重の一部が筋かいを介してたて枠に作用する。ここでは，それらの荷重の 3/8 を筋かいが，5/8 を下枠が分担する場合を考える。下枠の溝形鋼 1 本に働く荷重 F_{NB} は，これらの重力の和の 5/8 に通常の昇降時に昇降する部分に生ずる加速度を考慮した値 α_1 を乗じて，さらに下枠は溝形鋼を 2 本使用することに注意すれば，

$$
\begin{aligned}
F_{NB} &= \frac{\alpha_1(m_S + m_C + m_O)g \times \dfrac{5}{8}}{2} \\
&= \frac{2 \times (1000 + 2000 + 500) \times 9.8 \times \dfrac{5}{8}}{2} \\
&= 21440 \ \text{〔N〕}
\end{aligned}
\tag{2.45}
$$

となる。これが図 2.34 のように分布荷重として働くため，長さ L の下枠に働く単位

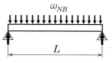

図 2.34　下枠に働く荷重

長さあたりの荷重 ω_{NB} は次式となる.

$$\omega_{NB} = \frac{F_{NB}}{L} \tag{2.46}$$

下枠を梁と考えると，この等分布荷重 ω_N により発生する曲げモーメントの最大値 M_{NB} は,

$$\begin{aligned} M_{NB} &= \frac{\omega_{NB} L^2}{8} \\ &= \frac{F_{NB} L}{8} \\ &= \frac{21440 \times 1250}{8} \\ &= 3350000 \,[\text{Nmm}] \end{aligned} \tag{2.47}$$

である．したがって，下枠に働く曲げ応力の最大値 σ_{NB} は,

$$\begin{aligned} \sigma_{NB} &= \frac{M_{NB}}{Z_{AB}} \\ &= \frac{3350000}{115000} \\ &= 29.13 \,[\text{N/mm}^2] \end{aligned} \tag{2.48}$$

となる．以上から，安全率 $S_{f_{NF}}$ は,

$$\begin{aligned} S_{f_{NF}} &= \frac{F_O}{\sigma_{NF}} \\ &= \frac{400}{29.13} \\ &= 13.7 \end{aligned} \tag{2.49}$$

となるから，安全率は表 2.3 に示した 3.0 以上で十分な強度を有している．

2.5　エレベーターのドア装置

エレベーターのかごへの出入口には，乗場の戸，かごの戸が必要不可欠であり，それらの戸を作動させるのがドア開閉装置及びドア駆動装置である．これらの装置は,

作動頻度が極めて高いこと及び安全上の観点からも重要な装置であることから，製造，据付，保守において，高い信頼性の確保及び確実な作業が望まれる。

エレベーターの乗場の戸及びかごの戸の構造はそれぞれ乗場の戸が平成20（2008）年国土交通省告示第1454号，かごの戸が平成20（2008）年国土交通省告示第1455号に規定されている。ホームエレベーターは平成12（2000）年建設省告示第1413号第1第六号に，小荷物専用昇降機の出し入れ口の戸は平成20（2008）年国土交通省告示第1446号に規定されている。

エレベーターの乗場の戸及びかごの戸のドアパネルは，上記告示で空隙のないものと規定されている。小荷物専用昇降機も同様である。

また，乗場の戸は，建物の防火の観点から，建築基準法施行令第112号（防火区画）及び平成12（2000）年建設省告示第1369号に規定された特定防火設備と同等の遮炎性能を有する構造としている。エレベーターの乗場の戸を昇降路の防火区画用の防火設備とするには，人の出入りの後20秒以内に閉鎖することと昭和48（1973）年建設省告示2563号に規定されている。

2.5.1　ドア（戸の形式）の種類

戸の形式を分類すると，ドアパネルの開閉から，引き戸，上げ戸，下げ戸，上下戸，開き戸，折りたたみ戸，伸縮戸がある。戸の開閉方式では，動力によってドアパネルを開閉する自動開閉方式と，手で開閉する手動開閉方式とがある。

（1）引き戸 … 1S，2S，3S，CO，2CO

形式名の数字は，同方向に開閉するドアパネルの枚数を示す。CO（Center Opening door）は，片側1枚のドアパネルが出入口の中央から分かれて，それぞれが左及び右方向に開閉する（両開き），S（Sliding door）はドアパネルが左又は右の片側方向に開閉する（片開き）を示す。

代表例として，2SとCOの例を示す。

なお，図2.35及び図2.36に示した第三号イ，第三号ロ等は，平成20（2008）年国土交通省告示第1455号の第2の規定である。

（2）上げ戸，下げ戸，上下戸

上げ戸，下げ戸は，通常1枚から3枚までのドアパネルが上方向又は下方向に開閉する。上下戸は，例えば2枚あるドアパネルが出入口の上下方向の中央から分かれ

2.5 エレベーターのドア装置

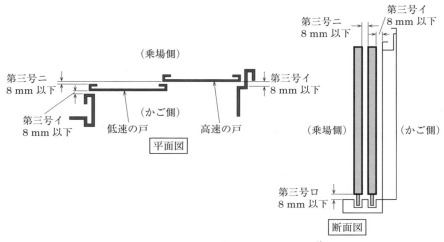

図 2.35 引き戸, 2枚戸片開き 2S の例 [s1]

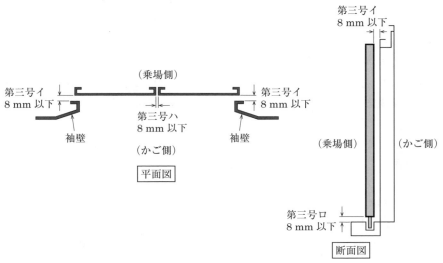

図 2.36 引き戸, 2枚戸両開き CO の例 [s1]

て，それぞれが上及び下方向に開閉する．

　自動車運搬用エレベーター，大型荷物用エレベーターでは，ドアパネルを納める戸袋を設けなくてもかご室の間口一杯が開口できるため，上げ戸，上下戸を用いる例がある．下げ戸は，最下階でのピット寸法が大きくなることがあるとの理由で，実施例

が極めて少ない。

　乗場の戸は，かごの戸と同期して開閉する必要がある。一般にはかごの戸だけ駆動装置で開閉し，乗場の戸はかごの戸と機械的に係合されて同時に開閉する。しかし，上下戸では，係合装置が複雑な構造となるので，各乗場にも駆動装置を備えた形式もある。

　代表例として，2枚戸上開きの例を図2.37に，2枚戸上下開きの例を図2.38に示す。

　なお，図2.37及び図2.38に示した第四号イ，第四号ロ等は，平成20（2008）年国土交通省告示第1455号の第2の規定である。

（3）開き戸，折りたたみ戸

　開き戸は，1枚のドアパネルを乗場側から手前に引いて開ける1枚戸，出入口の中央から左右のドアパネルを手前に引いて開ける2枚戸がある。開き戸は，乗場の戸とかごの戸ともに乗場側に開く。

　開き戸は，スイングドアとも呼ばれ，乗場の戸として，欧州では数多く見られる。日本では，法令上は，（1）の引き戸に対して開き戸と呼ばれ，ホームエレベーター，段差解消機を除いて，使用できない。

　折りたたみ戸は，例えば2枚のドアパネルが出入口の中央でヒンジによって繋がっており，ヒンジ部分で折り曲げて，ドアパネルをたたむ方式である。開閉すると，乗場の戸が乗場側に，かごの戸がかご内に向かって出っ張る。折りたたみ式は，ホームエレベーターに適用できる。

（4）伸縮戸

　伸縮戸は，ジャバラ戸とも呼ばれ，戸を閉めても，例えば菱形状の空隙ができる。このため，平成20（2008）年国土交通省告示第1454号，平成20（2008）年国土交通省告示第1455号に適合しないので，ヘリポート用エレベーターを除いて，乗用，人荷共用及び寝台用エレベーターには，適用できない。伸縮戸は，極めて古いエレベーターには，適用事例がある。

（5）手動開閉方式

　大多数のエレベーターの戸の開閉方式は，自動開閉方式である。古いエレベーターの戸の開閉方法は，利用者がドアパネルにある取っ手を用いて横に開く又は手前に引く方式であった。手動式は，不注意によって，戸の閉め忘れが起こり得る。

2.5 エレベーターのドア装置

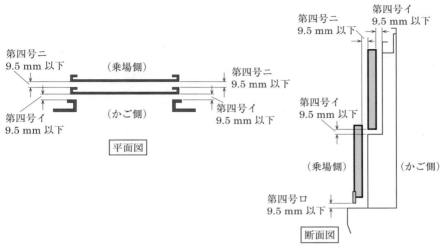

図 2.37 上げ戸，2 枚戸上開きの例 [s1]

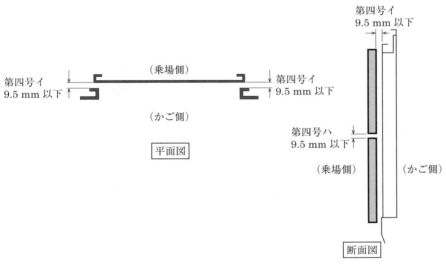

図 2.38 上下戸，2 枚戸上下開きの例 [s1]

2.5.2 ドア開閉装置

　一般的に，ドア開閉装置をかごの上に置き，アーム，チェーン，伝動ベルト等によってかごの戸を開閉する。

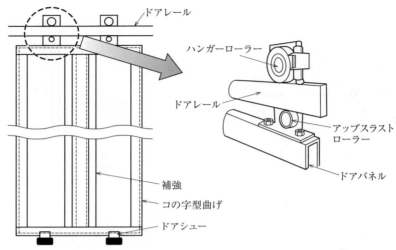

図 2.39　ドアパネル，ドアレール及びドアパネル吊り部分 [s2]

　ドアパネルは，鋼板等を成形し，適切な補強を施してある。図 2.39 に示すように，ドアレール上をドアパネルが吊られたハンガーローラーが円滑に動いて，1 枚又は複数枚のドアパネルが開閉する。

　ドアハンガーのローラーには，低騒音での開閉が望まれる乗用エレベーターでは，一般に鋼製のローラーにゴム又はそのほかの樹脂のタイヤがはめてある。

　かごが走行している時，子供がいたずらでかごの戸をこじ開けることもあり得るので，集合住宅等に設置するエレベーターでは，かご走行中に低速の戸（図 2.35 参照）に手をかけてこじ開けるのに必要な力は 200 N 以上と日本エレベーター協会標準 JEAS-512（共同住宅用エレベーターのかごの戸手動開力に関する標準）に規定されている。通常，この戸閉力を出すため，走行中はドア用電動機に電流を流し，戸閉保持のためのトルクを出している。

　また，閉じ込め，故障等の場合，救出員によってかごの戸が手で開くことができることが望ましい。一方，その状況で子どもが不用意に開くことは極めて危険である。これらを勘案し，集合住宅等に設置するエレベーターでかごが停止し，かつ，動力が断たれた時，かごの低速側の戸に手を掛けてこじ開けるために必要な力は 50 N 以上 300 N 以下と日本エレベーター協会標準 JEAS-512 に規定されている。

　また，集合住宅等に設置するエレベーター用で利用者が乗降中，開きかけた戸に引込まれた時，戸閉中の戸に挟まった時に受ける力をできるだけ小さくするため，戸の

2.5 エレベーターのドア装置

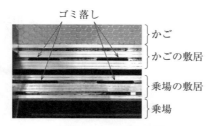

図 2.40　ゴミ落しの例

開閉力が 150 N 以下と平成 20（2008）年国土交通省告示第 1455 号に規定されている。

ドアパネルの下部にはドアシューが取り付けられ，敷居の溝にはめられている。エレベーターの保守会社が独自に実施している故障等の統計では，敷居にゴミが詰りドアの開閉が妨げられる故障が多いため，敷居の溝の底に数箇所，図 2.40 に示すゴミ落し孔をあける。

ドア開閉装置，出入口については，次の日本エレベーター協会標準が参考になる。
① JEAS-509（共同住宅用エレベーターのしきい溝孔に関する標準）
② JEAS-510（共同住宅用エレベーターの戸繰り返し開閉機構に関する標準）
③ JEAS-511（共同住宅用エレベーターの電動戸開閉力に関する標準）
④ JEAS-513（共同住宅用エレベーターの出入口廻りの構造に関する標準）

2.5.3　ドア機器
（1）ドア駆動装置

ドア駆動装置の例を図 2.41 に示す。

ドア駆動装置は，ドア用電動機の回転を減速し，アームを駆動し，ドアを開閉させる。減速装置は，かつてウォーム減速機が主流をなしていたが，現在はベルトと滑車との組合せ，又はチェーンとスプロケットとの組合せによって減速する方式が多い。また，ドア用電動機をインバータ制御して，連動ベルトが掛けられた滑車を直接回転させる方式もある。

ドア駆動装置に要求される性能は，動作が確実であることはもちろんであるが，このほか，次の事項等が挙げられる。
① 円滑に作動し，低騒音なこと。
② かご上に設けるため，小型軽量であること。
③ 作動回数がエレベーターの起動回数の 2 倍程度あるため，長寿命で保守が容易

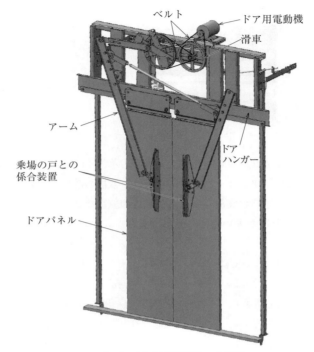

(a) ベルト滑車駆動　全体図

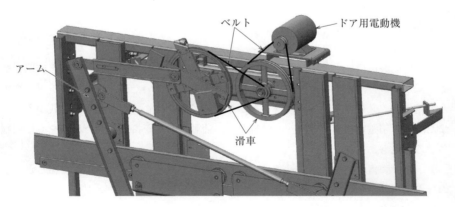

(b) ベルト滑車駆動　拡大図
図 2.41　かごのドア駆動装置の例（ベルト滑車減速）[d1]

であること。

ドア駆動装置に必須なもう1つの特性は，前述のとおり，戸を閉じた状態で停電した時でも，閉じ込め救出のため手動で戸を開くことができることである。ウォームギヤ等逆効率の悪い減速機を使用すると，戸が開かないおそれがあるので注意を要する。

ドア用電動機は，戸開閉のストロークの約半分までは戸を加速し，残り半分は戸を減速させなければならない。電気的に加速及び減速するため，直流電動機が多く使われてきたが，インバータで加減速制御される交流電動機も使われている。戸が閉め終っても，前述のとおり，戸の閉め保持トルクを出し続けている。

（2）ドアインターロック装置

ドアインターロック装置は，乗場の戸の安全装置で，エレベーターの安全装置のうちで最も重要な装置の1つである。

この装置は，かごが停止していない階の乗場の戸は，専用の鍵を用いなければ開けられないようにする施錠装置（ドアロック（錠））と，乗場の戸が閉じていなければ運転できないようにするドアスイッチとで構成される。

ドアインターロック装置で重要なことは，施錠装置が確実に掛かった後にドアスイッチが入り，また，ドアスイッチが切れた後に施錠装置が外れる構造とすることである。

具体的な構造としては，図 2.42(a)，(b) に示すように，可動フックに短絡片を設け，ロックが掛かった後にドアスイッチが閉じる。

乗場から錠を外すための鍵（非常解錠用鍵）は，一般には使用されていない専用の形状とすべきで，汎用の工具で外れるようにしてはならない。また，エレベーター走行時の振動，外部からの戸開力で誤って解錠されないように，フックのかかり代長さは，7 mm 以上と平成 20（2008）年国土交通省告示第 1447 号に規定されている。

（3）ドアクローザー

ドアクローザーも重要なドアの安全装置で，乗場の戸が開いた位置でかごの戸との係合が外れた時に乗場の戸が自動的に閉まるようにして，乗場の戸が開放されたままの時に生じる昇降路への落下等の事故を防ぐために取り付ける。加えて，乗場の戸に遮炎性を必要とする防火区画方策として，防火設備に必要な常時閉鎖の機能を持たせている。

この「戸閉め」機構には，レバーとコイルばねとを組み合せた「スプリングクロー

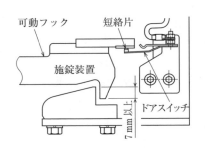

（a）ドアインターロック装置の構造例

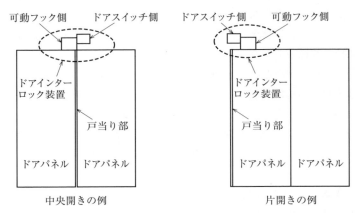

（b）ドアインターロック装置の設置位置

図 2.42　ドアインターロック装置の一例（施錠された状態）[s1]

ザー」方式，これよりも簡易なもので，細いワイヤーロープとおもりとを使った「ウェートクローザー」方式がある。

スプリングクローザーの一例を図 2.43 に示す。

（4）人等の検出装置

　乗用エレベーターの運転操作は現在ではほとんど全て自動運転方式であり，戸の開閉は電動の自動開閉方式である。したがって，戸が閉まりつつある時に利用者が出入りしようとして，戸に衝突したり挟まれたりすると，負傷することもあり得るので，戸の先端に検出装置を設け，閉まりつつある戸を止めて反転させて戸開きする。

　この検出を戸の前縁一面に設けた可動縁によって行なうセーフティシュー，1 若し

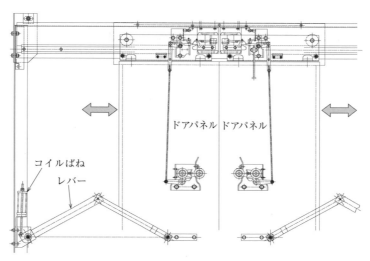

図 2.43　スプリングクローザー方式ドアクローザーの例 [d1]

くは 2 条又は多条の光線ビームを出入口の幅方向に通して，これが遮られたことを検出する光電装置，戸の前縁に目に見えない電磁界を張りめぐらし，これに近接する人又は物を検出するディテクター等があり，それぞれ特徴を持っている。

　また，乗場の戸とかごの戸のすき間に指，腕等が挟まれ，戸閉め（戸開き）が阻止されると，反転して戸開き（戸閉め）動作に移る装置が設けられる例もある。多くは戸閉めアームに掛かる力を検出して反転させるが，なかにはドア用電動機に流れる異常電流で検出する方法もある。

　なお，乗場の戸の関連では，次の日本エレベーター協会標準が参考になる。
① JEAS-207（エレベーター用乗場戸の構造等に関する標準）
② JEAS-412（ドアセンサーによる戸閉不能状態の防止に関する標準）
③ JEAS-423（乗場の戸の前に防火設備が設置された場合の運転方式に関する標準）

2.6　エレベーターの安全技術

　エレベーターは，種々の安全装置を備えており，公共の交通機関のなかでも極めて安全性の高い乗り物である。例えば，単位時間あたりの死亡事故の発生確率で比較すると，エレベーターは，飛行機の 100 分の 1，自動車の 2,000 分の 1 であるというデータが得られている。またエレベーターの利用は，階段を上り下りするより 5 倍安

全であるという報告もある。

　このような高い安全性を実現するための安全装置の構成を図 2.44 に示す。

　通常，エレベーターに異常，例えば，CPU（中央演算処理装置）の故障，機器の故障，異常速度等が生じた時，制御装置に設置された安全回路が作動し，直ちに制動装置（ブレーキ）の電源を遮断する。電源が遮断されると制動装置（ブレーキ）は綱車を拘束し，かごを停止させる。

　また，異常動作の1つであるが，かごが昇降路の上端又は下端の所定位置を越えて走行した時も終端階停止装置（リミットスイッチ等）が作動し，制動装置（ブレーキ）の電源を遮断する。主索の破断等が発生して制動装置でかごを停止させることができない故障に対しては，非常止め装置がガイドレールを把持することによってかごを停止させる。

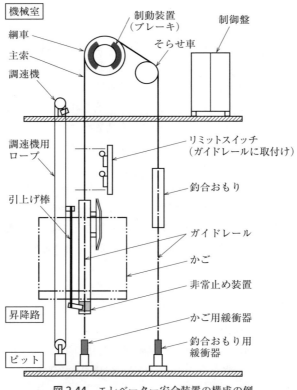

図 2.44　エレベーター安全装置の構成の例

2.6 エレベーターの安全技術

さらに，これらの装置が作動したにもかかわらず，かご又は釣合おもりがピットの昇降路底部に直接衝突する危険のある時には，これを防ぐためにかご用及び釣合おもり用の緩衝器を設けている。

次にこれら安全装置の構造，機能，性能について述べる。

2.6.1 制動装置

制動装置は，建築基準法施行令第129条の10第1項，第2項及び平成12（2000）年建設省告示第1423号第2第三号で規定している「動力が切れた時に惰性による原動機の回転を自動的に制止する装置」で，巻上機に組み込まれ，一般にはブレーキと呼ばれている。

（1）機能及び性能

制動装置（以下「ブレーキ」という）は，原動機（巻上機，電動機）の慣性だけでなく，かご，釣合おもり等のエレベーターの全走行系を減速，停止する能力が必要である。さらに，停止中は，エレベーターを確実に保持しなければならない。

平成12（2000）年建設省告示第1429号第1第一号では，定格の125％の積載負荷において，かご停止時にはかごの位置を保持すること，平成12（2000）年建設省告示第1423号第2第三号では，全速下降中のかごを危険なく，減速，停止（この場合，正常時と同じ減速性能は，必要としない）させる制動能力が要求されている。

しかし，制動力が過大であると，減速度が大きくなって，乗心地を害したり（特に，ブレーキで減速，着床させる旧型の制御方式のエレベーター等），ロープスリップを起こしたりする危険もある。このため，通常0.1～0.3G程度の減速度としている。

また，停止中のかごを保持する能力は，乗込み時に想定される最大荷重を保持できる能力が必要である。荷扱い時に，フォークリフト等の前輪がかご内に乗り込んだことで，一時的に積載荷重を超えた荷重の掛かる，いわゆるC2ローディングでは，150％の積載荷重を保持できる能力が必要である。

なお，平成21（2009）年9月28日付けの建築基準法施行令第129条の8及び第129条の10の改正で，新たな安全装置として，後述する戸開走行保護装置の設置が義務付けられた。戸開走行保護装置には，ブレーキの二重化が規定されている。

（2）構造

ブレーキは，ばねと電磁コイルとで構成され，制動力は，ばねによって与えられ

る。ブレーキに電源が通電されている間は，電磁コイルによる力がばね力に打ち勝って，ブレーキが開放される構造であるので，電磁ブレーキともいわれる。

1) ドラム式電磁ブレーキの構造

ドラム式電磁ブレーキの配置例を図2.45に示す。ブレーキドラムは，巻上機の電動機軸に装着され，歯車で減速する巻上機であるギヤードマシンでは一般的に電動機と減速機とをつなぐカップリングを兼ねている。

ドラム式電磁ブレーキの一般的な構造を図2.46に示す。制動力は電源遮断時，制動ばねによってパッド（ライニングともいう）がドラムを押し付けることによって与えられる。電源投入時，電磁コイルの力が制動ばねのばね力を上回り，プランジャーが下方向に動く。プランジャーの動きはカムによってブレーキアーム及びブレーキアームに締結されたブレーキシュー，パッドに伝えられ，パッドがドラムから離れる方向に動き，ブレーキが開放される。

ブレーキシューに取り付けられたパッドは，耐摩耗性があり，かつ，摩擦係数が安定している材料であることが必要で，レジン系のノンアスベスト材料が使用されている。

電磁コイルに替わり，油圧装置でばね力を開放する方式もある。

2) ディスク式電磁ブレーキの構造

ディスク式電磁ブレーキの一般的な構造を図2.47に示す。ディスク式電磁ブレーキ本体の構造は，電磁ブレーキ構成部品の1つであるアーマチュアに装着されたパッドでブレーキディスクを締め付けて制動力を出す方式である。ブレーキの二重系が義務付けられた以降は，図2.47(a)のように，ディスク式電磁ブレーキ本体は，2個設置される。

ブレーキの開閉動作を図2.47(b)に示す。図は電源投入時，電磁コイルの吸引力が制動ばねのばね力を上回り，左側のアーマチュア及びアーマチュアに締結されたパッドを電磁コイル方向に引きよせ，ブレーキが開放されている状態である。この時，右側のアーマチュア及びアーマチュアに締結されたパッドは，右方向に移動する構造となっている。電源遮断時，図2.47(c)に示したように，制動ばねによって左側のアーマチュア及びアーマチュアに締結されたパッドは右方向に，右側のアーマチュア及びアーマチュアに締結されたパッドは左方向に移動する構造となっており，パッドがディスクを押し付けることによって制動力が発生する。図においてはコイルと可動板間にすき間ができ，パッドとディスクとの間のすき間がなくなる。

2.6 エレベーターの安全技術

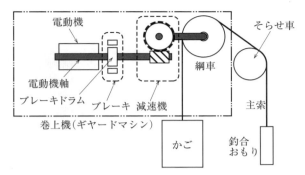

図 2.45 ドラム式電磁ブレーキの配置例

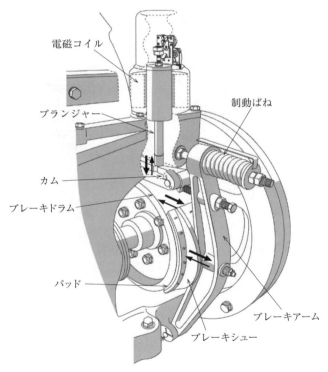

⟵ ：ばねによる制動
⟶ ：電磁コイルによる開放

図 2.46 ドラム式電磁ブレーキの構造の例[d1]

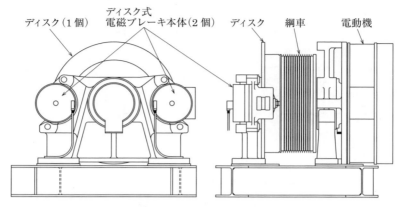

（a）ディスク式電磁ブレーキ取付け位置

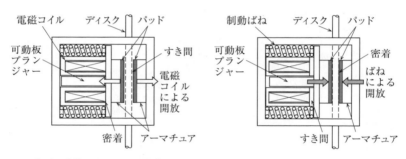

（b）電磁コイルによる開放　　　　　　（c）ばねによる制動

図 2.47　ディスク式電磁ブレーキの構造の例及び動作原理の説明の例 [s3]

2.6.2　調速機（ガバナー）

　調速機は，平成 12（2000）年建設省告示第 1423 号第 2 第二号に規定された装置で，かごと同速度で動く調速機用ロープによって調速機主輪が回転することでかごの過速度を検出し，第 2.6.1 項の電磁ブレーキ，第 2.6.3 項の非常止め装置を作動させる。

　調速機の設計には，日本産業規格 JIS A 4304（エレベータ用調速機）が参考になる。

（1）機能及び性能

　調速機には，2 つの機能がある。

　第 1 の機能は，かごの速度が定格速度の 1.3 倍（かごの定格速度が 45 m/min 以下のエレベーターにあっては，63 m/min）を超える前に過速スイッチが動作し，電源

を切ってブレーキを掛ける。これは上昇，下降両方向に有効でなければならない。

　第1の機能では，ブレーキの故障，主索の破断等が起こっていれば停止できない。第2の機能はこのような場合に有効で，定格速度の1.4倍（かごの定格速度が45 m/min 以下のエレベーターにあっては，68 m/min）を超える前に調速機用ロープを機械的に把持し，非常止め装置を作動させる。この第2の機能は，下降方向にのみ有効であればよい。

(2) 種類及び構造

　調速機にはリンクで結んだ一組の振子（おもり）があり，回転による遠心力を利用して (1) に示した2つの機能を達成する。図 2.48(a) に示すように，調速機主輪（プーリー）が増速すると，外方向に移動した振子が過速検出スイッチ用のカムを押し，スイッチを作動させる。更に増速すると，振り子はフックに当たり，フックがラッチ（かけがね）を外し，ばね力によってロープキャッチが調速機用ロープを把持する。この方式は，比較的低速，中速のエレベーターに適用されることが多い。

　図 2.48(b) に示す調速機は，フライボール型調速機と呼ばれ，調速機主輪の回転を傘歯車で縦軸の回転に置き換え，縦軸の上端部に振子（フライボール）が取り付けてある。一般にフライボール型調速機は，検出精度が高いので，高速，超高速のエレベーターに適用される。

　非常止め装置を作動させるための調速機のロープキャッチによる調速機用ロープの把持力は，非常止め装置が作動するのに必要な力以上で，かつ，急激な力が加わって調速機用ロープが破断する力以下でなければならない。

(3) 調速機及び非常止め装置の構成

　図 2.49 は，調速機と非常止め装置との関係を示したものである。調速機が，かご下降方向過速度（定格速度の140%）を検出すると調速機用ロープを把持することによって，このロープに締結された引上げ棒（引上げロッドともいう）を相対的に引き上げ，非常止め装置を作動させる。

2.6.3 非常止め装置

　非常止め装置は，平成 12（2000）年建設省告示第 1423 号第 2 第四号イに規定された装置で，かごが増速し，速度制御装置，制動装置等が有効に機能しなかった時（例えば，綱車と主索との摩擦力が減少して主索が滑った時又は主索が破断した時）にか

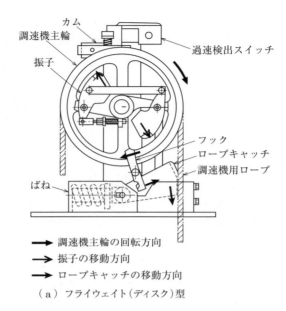

（a）フライウェイト（ディスク）型

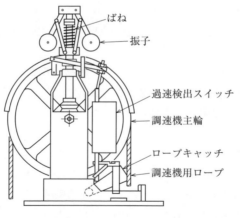

（b）フライボール型

図 2.48　調速機（ガバナー）の構造の例 [s1)]

ご自体を停止させる。

　いざという時にかごを安全に停止させることは，エレベーターにとって最重要課題の1つである。その意味で，非常止め装置は，特に高速及び超高速エレベーターのキーテクノロジー中のキーテクノロジーといえる。

2.6 エレベーターの安全技術

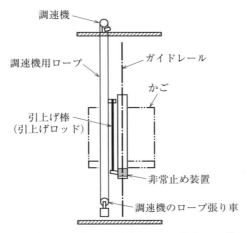

図 2.49 調速機と非常止め装置との構成の例 [s2]

非常止め装置の設計は,日本産業規格 JIS A 4305（エレベータ用非常止め装置）が参考になる。

(1) 機能及び性能

非常止め装置が作動した時,できる限り速やかにかごを停止させることが必要であるが,あまり急激にかごが停止すると,かご内の利用者が衝撃によりけがをするおそれがある。そこで,一般には非常止め装置による停止時の平均減速度は,$1\,\mathrm{G} = 9.8\,\mathrm{m/s^2}$ 以下になるように,規定されている。非常止め装置が動作を始めてから完全に停止するまでに走行する距離は,令第 129 条の 10 第 2 項第一号に記載の制動装置の性能規定から,動作を開始した時の下降速度が大きいほど長くなるが,無制限に長くてよいわけではない。日本産業規格 JIS A 4302（昇降機の検査標準）の 5.1.1f) 2.2) にその測定方法と最小値及び最大値が規定されている。停止距離の最小値は平均減速度を 1 G に抑える値であり,最大値は平均減速度を 0.35 G に抑えた値である。

(2) 種類及び構造

1) 次第ぎき非常止め装置

次第ぎき非常止め装置の構造を図 2.50 に示す。かごが所定の速度以上で下方向に動くと,調速機が調速機用ロープをつかみ,調速機用ロープの動きが停止する。調速

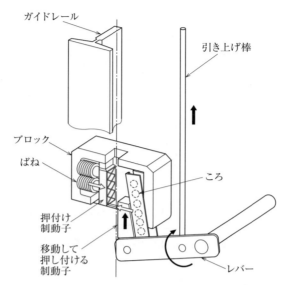

図 2.50 次第ぎき非常止め装置の構造の例 [s1]

機用ロープの停止後，かごが更に下方向に動くと，移動して押し付ける制動子（非常止めシュー）が，引上げ棒によって相対的に引き上げられる。移動して押し付ける制動子（非常止めシュー）が引き上げられると，制動子（非常止めシュー）は楔効果によって，押付け制動子及び移動して押し付ける制動子がガイドレールに押し付けられ，摩擦力によってかごを停止させる。

2) 早ぎき非常止め装置

早ぎき非常止め装置は，引上げ棒によって相対的に制動子が引き上げられると，ガイドレールを抱きかかえている形のブロックとガイドレールとの間に，制動子の鋼製のローラー（滑りを防ぐため周囲にローレットを施してある）をかませて，かごを停止させる方式である。構造を図2.51に示す。

2)の早ぎき非常止め装置を適用した装置として，次の3)及び4)がある。

3) スラックロープセーフティー

スラックロープセーフティーは，平成12（2000）年建設省告示第1423号第2第四号ロに規定された装置で，スラックロープセーフティーの非常止め装置は，前2)の早ぎき非常止め装置を適用する。トラクション式の小型，低速のエレベーター，間接式の速度60 m/min 未満の油圧式エレベーター又は巻胴式のエレベーターで，主索に

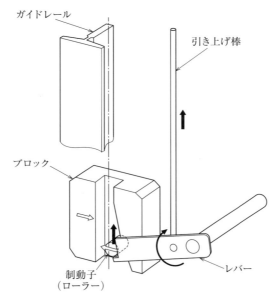

図 2.51 早ぎき非常止め装置の構造の例 [s1)]

掛かる張力がなくなり緩みを生じた時，主索を締結している綱止めはりに取り付けられたばね力によって，早ぎき非常止め装置を作動させる。ばね力で作動させるので，第 2.6.2 項の調速機は設けない。

4) タイダウン非常止め装置

　タイダウン非常止め装置は，ロックダウン非常止め装置とも称する。

　高揚程のエレベーターでは，巻上機に生じるロープ重量の不平衡トルクを補償するために，かごの下部から釣合おもりの下部に釣合ロープを吊る。かごの非常止め装置の動作時等に釣合おもり等が慣性で飛び上がらないように，釣合ロープの張り車の案内レールに対して，張り車部分に設けた非常止め装置を上向きに作動（ロック）させる。飛び上がりを防止する目的から，即時に作動する必要があり，早ぎき非常止め装置とする。

　タイダウン非常止め装置は，定格速度 240 m/min 以上のエレベーターには必要な安全装置とされている。

2.6.4　緩衝器

　緩衝器は，平成 12（2000）年建設省告示第 1423 号第 2 第六号に規定された装置

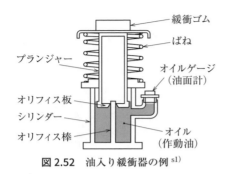
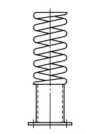

図 2.52 油入り緩衝器の例 [s1]　　**図 2.53** ばね緩衝器の例 [s2]

で，かごが落下等した時に，昇降路の底部に衝突した衝撃を吸収して，利用者の安全を確保するための装置である。昇降路の底部には，図 2.52 の油入り緩衝器又は図 2.53 のばね緩衝器が設けられている。

緩衝器の設計には，日本産業規格 JIS A 4306（エレベータ用緩衝器）が参考になる。

(1) 機能及び性能

緩衝器は，主索の破断等でかごが増速し，非常止め装置による停止が終端階近傍まで間に合わない時，終端階にある第 2.6.5 項のファイナルリミットスイッチが故障してかごが停止しなかった時等に，かごが昇降路の底部に衝突する衝撃を緩和する。

かごが緩衝器に衝突した時の衝撃力は，かご自重と速度によって決まる。油入り緩衝器では，かご速度が定格速度の 115％で緩衝器に衝突した時，平均減速度が非常止め装置の場合と同様に，9.8 m/s^2 以下となるように規定されている。

(2) 種類及び構造

図 2.52 に示した緩衝器は，定格速度 60 m/min を超えるエレベーターで用いられる油入り緩衝器である。かご又は釣合おもりが油入り緩衝器に衝突した時，プランジャーの下降に伴って，シリンダー内の作動油がオリフィス板とオリフィス棒との周囲のすき間を流れる時の流体抵抗によって，かごの衝突による衝撃を低減する構造になっている。

定格速度 60 m/min 以下のエレベーターでは，比較的短いストローク（ばねの自由長から全圧縮までの長さ）でも安全に停止させることのできる，図 2.53 に示すばね緩衝器が使用される。

高速のエレベーターでは，前の (1) の減速度条件を満足するように緩衝器を設計すると，プランジャーのストローク及びオリフィス棒の長さを非常に長くする必要があり，緩衝器の長さ，プランジャー等の直径が巨大になる。そこで，終端階近傍のかご位置と速度とを検出し，所定の速度以上の時には強制的に非常ブレーキが掛かるような安全装置（終端階強制減速装置：第 2.6.6 項参照）を別途設けることにより，緩衝器の大きさを小さくする。

2.6.5　終端階停止装置

終端階停止装置は，平成 12 (2000) 年建設省告示第 1423 号第 2 第五号に規定された装置で，エレベーターのかごが終端階（最上階又は最下階）を行き過ぎて走行しないようにするための装置で，リミットスイッチとファイナルリミットスイッチとがある。

これらのスイッチは，かごが安全にそれぞれによって停止，制止させることができる位置に配置する。

（1）機能及び性能

リミットスイッチは，最上階及び最下階近くで作動するように設け，この装置が作動することによって，その方向へのエレベーターの運転を制御（減速停止）する。このリミットスイッチが作動しなかった時でも，更に行き過ぎないうちに確実にかごを制止するため，ファイナルリミットスイッチを設ける。ファイナルリミットスイッチが作動した時には，速やかに駆動装置に対する動力の供給を断ち，ブレーキによってかごを制止する。

ファイナルリミットスイッチ動作後に，惰性等によりかごが更に走行し続けたとしても，第 2.6.4 項の緩衝器が全圧縮するまでの間，行き過ぎ検知状態を維持し続ける。通常運転時に終端階行き過ぎで制止した時には，専門技術者による点検及び復旧措置を講じない限り，かごの再運転ができない。

ばね式緩衝器では，圧縮したばねの反発力によりかごが上方に押し戻され，ファイナルリミットスイッチが再閉路するおそれがあるため，ファイナルリミットスイッチの取付け位置は，ばねによるかご押し戻し力が働かない位置とすべきである。ファイナルリミットスイッチは，一般に昇降路に設けられ，かごの移動により機械的に接点を開く構成としなければならない。

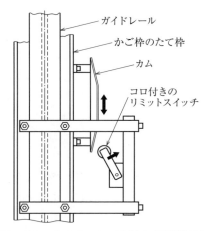

図 2.54　リミットスイッチの構成図（昇降路下部）の例

（2）構成

　図 2.54 に示すとおり，リミットスイッチには，通常，コロ付きのスイッチが用いられる。このスイッチは，昇降路に設置され，かごが終端階近くの所定の位置に達すると，かご枠に設置されたカムによってコロが押され，スイッチが作動する。スイッチは，コロがカムに押されている間，作動状態を解除しない。コロ付きスイッチ及びカムに代わり，エンコーダー等を使用してかご位置を検出する電子式リミットスイッチも用いられる。

2.6.6　終端階強制減速装置

　第 2.6.4 項，緩衝器の項で述べたように，油入り緩衝器のストロークは，定格速度の 115％から平均 1 G で減速できる長さで設計される。したがって，定格速度が高くなると，ストロークは急激に長くなる。例えば，150 m/min では 0.43 m であるのに，600 m/min では 6.8 m 必要となる。速度は 4 倍に対して，ストロークは 16 倍である。

　ピットの深さは，緩衝器のストロークの 2 倍以上必要となり，300 m/min を超す速度のエレベーターに対しては，1 階床の階高を超すピット深さが必要となる。これは，建築設計上，解決したい課題である。

　この課題の解決のために，通常の制御装置から独立してかごの速度と位置を検出し，各位置における速度が所定値を超えた時，直ちにブレーキを作動させ，かご減

速，停止させることによって，短いストロークの緩衝器を用いることができる方法がある。それが終端階強制減速装置である。

(1) システム構成

図 2.55 に終端階強制減速装置のシステム構成図を示す。図において，第1，第2停止指令の位置信号が走行速度の演算装置に入力された時，走行速度の演算装置は，速度信号値と第1，第2にそれぞれ設定された値とを比較し，速度信号値が設定値を上回っているとコンタクタ S の電磁コイルを消磁する。コンタクタ S の常開接点は電動機及び制動装置の電磁コイルに直列に接続されているので，エレベーターは停止する。図 2.55 において，停止指令位置信号は第1，第2としたが，高速のエレベーターにおいては第3，第4を設けることもある。

(2) 機能及び性能

図 2.56 に終端階強制減速装置が作動した時のエレベーターの速度曲線を示す。図では，縦軸がエレベーターの昇降路内の位置，横軸がエレベーターの速度としている。エレベーターが正常に減速している時，終端階強制減速装置は作動せず，一点鎖線のとおり，最下階に着床する。エレベーターが正常に減速しなかった時は，最大でも実線で示した終端階強制減速装置による減速特性曲線を超えない速度で減速し，緩衝器の許容衝突速度以下で緩衝器に到達する。

例えば，エレベーターに故障等が発生して異常な状態になり，エレベーターが減速せずに定格速度のままで第1停止指令位置に達すると，第1停止指令速度を超えていることを走行速度の演算装置が判定し，電動機を遮断するとともに制動装置を作動させる。その結果，エレベーターが緩衝器に到達した時の速度は，緩衝器の許容衝突速

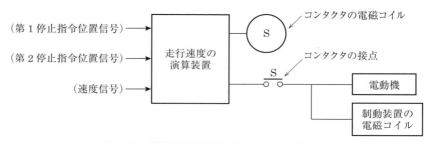

図 2.55　終端階強制減速装置のシステム構成図

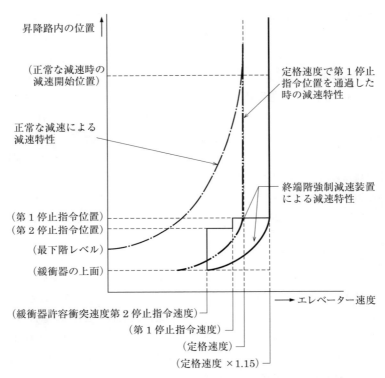

図 2.56　終端階強制減速装置作動時のエレベーター速度特性例[s1]

度以下となる（2点鎖線の速度カーブ）。

2.6.7　停止スイッチ

かご内及びかご上に「動力を切ることができる」装置を設けるべきことが，建築基準法施行令第 129 条の 8 第 2 項の関連告示である平成 12 (2000) 年建設省告示第 1429 号第 1 第四号に定められている。

エレベーターの大部分が運転手付きで，運転手がかご及び乗場の戸を開閉していた頃は，非常時に動力を切る停止スイッチが必要であり，運転手が操作するためにいたずら等による誤用のおそれもなかった。

また，欧州で見られる，かごの戸のないエレベーター等では，停止スイッチは，危険な時，異常な時等に備えて必要不可欠である。

稼働しているほとんどのエレベーターが全自動で運転し，かご及び乗場の戸も自動

的に安全に開閉されるので，停止スイッチの必要性は低下した。停止スイッチを，誤操作，乱用するとエレベーターが不必要に停止し利便性を害するので，乗用，人荷共用及び寝台用エレベーターではキー操作式にするか，錠付のスイッチボックス内に収めるようになっている。

2.6.8　戸開走行保護装置

平成18（2006）年，東京都港区のエレベーターにおいて，利用者がエレベーターから降りようとしたところ，かご及び乗場の戸が開いたままの状態でエレベーターが上昇し，乗場の上枠とかごの敷居との間に挟まれ，利用者が死亡する痛ましい事故が発生した。通常，かご又は乗場の戸が開いている時，エレベーターはブレーキが掛かっており，かごは動かない。この事例では，制御装置等の故障によりブレーキを引きずって運転していたことで，ブレーキが制動能力を失ったことが原因であったと報告されている。

（1）建築基準法施行令の制定と内容

国土交通省の「社会資本整備審議会建築分科会建築物等事故・災害対策部会」では，事故を分析するとともに再発防止のための法整備を検討した。そして，建築基準法施行令が改正され，平成21（2009）年9月28日に施行された。建築基準法施行令第129条の10第3項に規定された内容は，次のとおりである。

次に掲げる場合に自動的にかごを制止する装置
イ　駆動装置又は制御器に故障が生じ，かごの停止位置が著しく移動した場合
ロ　駆動装置又は制御器に故障が生じ，かご及び昇降機のすべての出入口の戸が閉じる前にかごが昇降した場合

つまり，故障であってもかご，乗場の戸が開いた状態で，意図せずにかごが移動した時，安全な位置にかごを制止させる，戸開走行保護装置の設置を義務付けたものである。欧米でも同様の概念があり，UCMP（Unintended Car Movement Protection）と呼ばれている。この施行令には国土交通大臣が定めた構造方法を示す関係告示がないので，令第129条の10第4項の規定により戸開走行保護装置は，国土交通大臣の認定を取得する必要がある。

(2) 戸開走行保護装置の機能，性能
1) 対処すべきエレベーターの故障
故障により次の事象が生じた時に作動することが必要である。
① かご又は乗場の戸を開いて停止中，ブレーキの保持力不足による，かごの移動。
② かご又は乗場の戸を開いて床合せ補正運転中又はランディングオープン中，CPU（中央演算処理装置），インバータ等の故障による，かごの移動。
③ かごの戸のスイッチ，乗場の戸のスイッチの故障による，かご又は乗場の戸が開いたままの，かごの走行。

2) 挟まれ及び転落の防止
戸開走行時，UCMPを作動時させて，利用者が挟まれたり，昇降路内に転落したりすることを防ぐための，かご停止位置を図2.57(a)，(b)に示す。図において，かごが下降する時には，かごの出入口上枠と乗場の床の敷居とのすき間が，かごが上昇する時には，乗場の出入口上枠とかご床の敷居とのすき間が100 cm以上，また，かごが上昇する時には，かごのつま先保護板（エプロンともいう）の折返しの始点部分と乗場の床とのすき間が11 cm以下を安全基準としている。

(3) 戸開走行保護装置の構成
1) 二重系ブレーキ
ブレーキが作動しない故障，制動力の低下時，かごを安全に停止，保持する方法

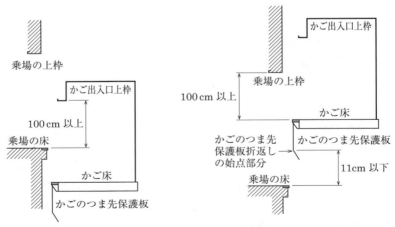

（a）下降時の挟まれ防止すき間　　（b）上昇時の挟まれ防止すき間及び転落防止すき間

図 2.57　挟まれ防止すき間及び転落防止すき間 [s1]

は，ブレーキを二重系にすることである。ここでいう二重系とは2つの装置からなり，そのうちの1つが故障してもほかの1つで安全性を確保できることをいう。二重系ブレーキの例を図2.58に示す。

二重系ブレーキは，図2.58(a)に示す常時作動型二重系ブレーキと，図2.58(b)に示す待機型二重系ブレーキとに大別できる。

例示の常時作動型二重系ブレーキは，綱車と同軸に装着された1枚のディスクを2個の電磁ブレーキ本体で制動する。2個の電磁ブレーキ本体に内蔵されたパッドは，エレベーターの起動，停止ごとに開閉するので，常時作動型と呼ばれる。

待機型二重系ブレーキは，常時作動するブレーキ（非二重系）に加えて設置され，通常時は作動せず，戸開走行保護装置が作動した時だけ作動するブレーキである。図2.58(b)に示すとおり，ロープを挟み込んで制動力を出すロープブレーキ装置が一般的である。この装置は，巻上機本体から独立しているため，既設のエレベーターに後付けする戸開走行保護装置に適している。

2）ブレーキパッドの動作感知装置

ディスク式電磁ブレーキが2個あっても，そのうちのどちらかが故障し，それに気付かずに運転を続けると，その運転期間は二重系にはなっていない。ブレーキパッドの動作感知装置は，各電磁ブレーキ本体に設けられ，ブレーキパッドが十分に吸引されていることを感知し，電磁ブレーキ本体が正しく動作していることを確認する装置である。

ディスク式電磁ブレーキに開放指令が出ているにもかかわらず，ブレーキパッドの動作感知装置が開放していない側の信号を出した時，又は2個の動作感知装置の動作

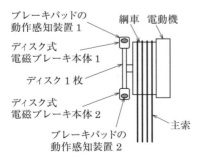
（a）常時作動型二重系ブレーキの例

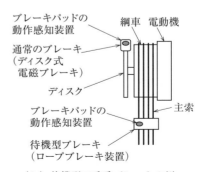
（b）待機型二重系ブレーキの例

図2.58　二重系ブレーキの例

状態が異なっている時には，少なくとも一方の電磁ブレーキ本体が故障で，十分吸引していない，つまりブレーキパッドを引きずって走行しているとみなす。この時，エレベーターの動力を切り，ブレーキを作動させた後，かごを制止させる。ここでいう制止とは，安全が確認されるまで，自動運転に復帰させることができない停止方法をいう。待機型ブレーキにおいてもその健全性が適切に監視されていなければならない。

3) 安全制御システム

ブレーキが二重系であっても，適切なタイミングでそれを作動させなければ，戸開走行時に利用者を保護することはできない。装置が故障し，戸開走行が生じた時，動力を切り，ブレーキを作動させ，安全にエレベーターを制止させるためのいくつかの機器と，それらを組み合わせたシステムとが必要である。

図2.59に戸開走行保護システムの例を示す。図において，重要な役割を果たしているのが論理判定装置である。論理判定装置は，戸の開閉を検出するかごの戸スイッチ，乗場の戸スイッチ及び乗場からの移動距離を検出する特定距離感知装置の，信号を取り込み，かご及び乗場の戸が開いた状態でかごが所定の距離以上動いたことを，内蔵した論理プログラムが演算してコンタクタSを消磁させる。

コンタクタSが消磁すると，閉じていた常開接点が開いてブレーキ及び電動機の電源を遮断し，かごを停止させる。かご停止後，故障が解消する前にかごが再び動くことのないよう論理プログラムは制止信号を発し，コンタクタSの消磁状態を維持する。論理判定装置及びコンタクタSは，通常の運転を司る運転制御装置の故障時にでも確実に作動するよう，運転制御装置から独立していることが必要である。

このシステムは，戸開走行時に必ず作動しなければならない。このため，特定距離感知装置は二重系，かごの戸スイッチ及び乗場の戸スイッチは強制開離構造であることに加え，戸開走行判定装置に信号を取り込むインターフェースも二重系になっている。さらに，コンタクタSの健全性を担保する仕組みにもなっている。前述のとおり，念には念を入れて，ごく稀に発生する故障時においても安全を確保するように構成されている。

以上は，ロープ式エレベーターについて説明した。油圧式エレベーターもロープ式エレベーターに準じた戸開走行保護装置で安全性を確保している。

図2.60に油圧式エレベーターの二重系逆止弁の例を示す。油圧ジャッキに至る管路に待機型逆止弁を設け，戸開走行を検出した時には管路を閉じ，エレベーターを制止する構成となっている。

2.6 エレベーターの安全技術　93

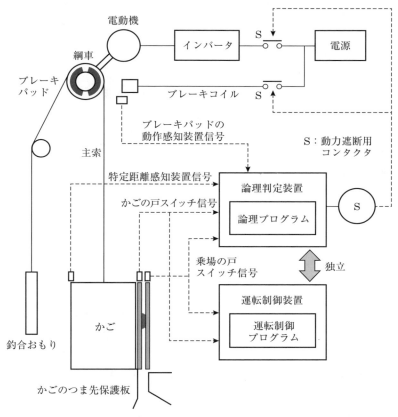

図 2.59　戸開走行保護システムの例

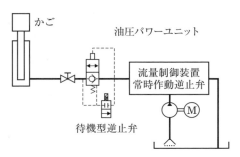

図 2.60　油圧式エレベーターの二重系逆止弁の例

（4）戸開走行保護装置作動時の安全性

1）安全性判定

戸開走行保護装置の性能評価試験，設計計算において，エレベーターの安全を判定するための条件は，次のとおりである。

① 挟まれ防止すき間（かごの上昇時及び下降時ともに対象）

挟まれ防止すき間が次の関係式を満たしていること。

$$1000 < [\,出入口高さ（H）- かご最大停止距離（S）\,]\,〔\text{mm}〕$$

② 昇降路への転落防止（かごの上昇時が対象）

昇降路への転落防止すき間が次の関係式を満たすこと。

$$110 > [\,かご最大停止距離（S）$$
$$-かごの床面からかごのつま先保護板の長さ（L）\,]\,〔\text{mm}〕$$

ここで，H と S は下記となる。

出入口高さ（H）：かごの上昇時は乗場の出入口高さ，かごの下降時はかごの出入口高さとする。

かご最大停止距離（S）：戸開走行保護装置が作動して，かごが停止した時の，かご床と乗場の床との距離の最大値とする。この値は，想定されるバラツキ，環境変化，経時変化等を考慮して計算する。

乗場及びかごの出入口高さ，かごのつま先保護板の長さはエレベーターの仕様で決まるので，かご最大停止距離を計算することで安全性判定ができる。

2）かご最大停止距離計算モデル

図 2.61 にかご最大停止距離計算モデルを示す。機械室設置型のギヤレス巻上機を使用し，2:1 ロービング，かご上，釣合おもり上に吊り車があるシステムにおいて，着床位置で故障が生じ，異常加速度で上昇したと仮定して検討する。また，制動時，綱車と主索との間には，すべりが発生しない，次の条件を満たすとした。

滑りが発生しない条件は，トラクション能力がトラクション比を上回ることであり次式で示される。

$$e^{\mu\kappa\theta} \geq \frac{T_2}{T_1} \quad (T_2 > T_1)$$

ここで，

$e^{\mu\kappa\theta}$：トラクション能力

$\dfrac{T_2}{T_1}$：トラクション比

2.6 エレベーターの安全技術

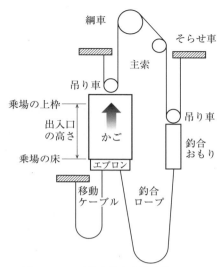

図 2.61 かご最大停止距離計算モデル

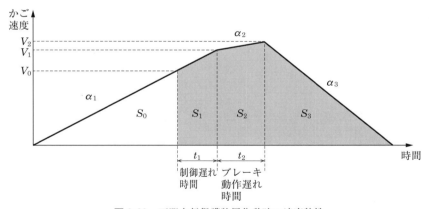

図 2.62 戸開走行保護装置作動時の速度特性

T_2：おもり側張力

T_1：かご側張力

である。

3) 速度特性

図 2.62 に戸開走行保護装置作動時の速度特性を示す。

かごが着床（かご床と乗場の床との距離は，0 である）後，下降方向に戸開走行が

発生し，戸開走行保護装置が作動してかごが停止した時の，かご床と乗場の床との距離 S は，

$$S = S_0 + S_1 + S_2 + S_3 \ \text{[m]}$$

となる。

ここで，

S_0：乗場の床から特定距離感知装置が作動する位置までの距離。

S_1：特定距離感知装置が作動した後，演算遅れ，コンタクタの遅れ等でブレーキ電源及び電動機電源が遮断されるまでの時間 t_1 に，かごが移動する距離。

S_2：ブレーキ電源及び電動機電源が遮断された後，ブレーキが作動する（制動力を発する）までの時間 t_2 に，かごが移動する距離。

S_3：ブレーキ作動後，かごが停止するまでに，かごが移動する距離。

である。

4) 停止距離計算

① 加速距離

加速距離 $S_0 + S_1$ は，

$$S_0 + S_1 = S_0 + \frac{(V_0 + V_1)t_1}{2} \ \text{[m]}$$

となる。

ここで，

V_0：特定距離感値装置が作動した時のかご速度

$$V_0 = \sqrt{2\alpha_1 S_0} \ \text{[m/s]}$$

V_1：加速終了時の速度

$$V_1 = V_0 + \alpha_1 t_1 \ \text{[m/s]}$$

α_1：故障時の最大加速度

$$\alpha_1 = \frac{D}{4} \frac{T_m + T_1 - T_f}{J} \ \text{[m/s}^2\text{]}$$

D：巻上機の綱車直径 [m]

T_m：故障時の電動機最大トルク（通常，定格トルクの 250〜300％）[N·m]

T_f：回転体，ベアリング及び案内装置とガイドレールとの間の摩擦によるロストルク（通常，定格トルクの 10〜20％）[N·m]

T_1：巻上機の綱車に発生する不平衡トルク [N·m]

$$T_1 = \frac{D}{4}(W_c - W_{cwt})g \quad [\text{N}\cdot\text{m}]$$

W_c：かご側総質量（かご質量＋ロープ類質量，シーブ類質量）〔kg〕

W_{cwt}：釣合おもり側総質量（釣合おもり質量＋ロープ類質量＋シーブ類質量）〔kg〕

J：巻上機軸換算慣性モーメント（直線部＋回転部）〔kg・m^2〕

である。

② 空走距離

空走距離 S_2 は，

$$S_2 = \frac{(V_1 + V_2)t_2}{2} \quad [\text{m}]$$

となる。

ここで，

V_1：加速終了時の速度

$$V_1 = (2\alpha_1(S_0 + S_1))^{\frac{1}{2}} \quad [\text{m/s}]$$

V_2：空走終了時の速度

$$V_2 = V_1 + \alpha_2 t_2 \quad [\text{m/s}]$$

α_2：空走時の加速度

$$\alpha_2 = \frac{D}{4}\frac{T_1 - T_f}{J} \quad [\text{m/s}^2]$$

である。

③ 減速距離

減速距離 S_3 は，

$$S_3 = \frac{V_2^2}{2\alpha_3} \quad [\text{m}]$$

となる。

ここで，

α_3：減速時の加速度（減速度）

$$\alpha_3 = \frac{D}{4}\frac{T_b - T_1 + T_f}{J} \quad [\text{m/s}^2]$$

T_b：ブレーキトルク

である。

2.7 移動空間及びマンマシーンインターフェース技術

2.7.1 エレベーターのかご室

図2.63にエレベーターのかご室意匠図を示す。この図は，正面壁部分から出入口の方向を見た図である。

エレベーターのかご室は，出入口の戸（かごの戸）を除いて，かご床の周囲に，出入口の両側又は片側の袖壁，両側壁及び正面壁が堅固に組み立てられ，壁の上に天井を設けることで全体を囲い，かご外の物と触れるおそれがない構造である。

これは，建築基準法施行令第129条の6（エレベーターのかご構造）第一号及び第三号に規定されているように，壁，天井等で囲い，かご内の人又は物を保護することが主目的である。

乗用エレベーター等では，意匠（デザイン）的な要素としても重要である。

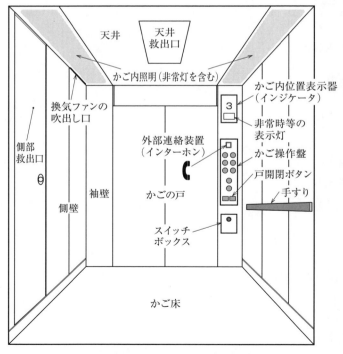

図2.63　エレベーターのかご室意匠図の例

（1）壁の材質

　壁の材質は，一般に 1.2 mm 以上の鋼板，ステンレス鋼板である。鋼板製には鋼板に塗装，塗装鋼板，化粧鋼板，難燃性のビニール系被膜等を貼り付けたものがある。また，ステンレス鋼板には，カラーステンレス鋼板もある。表面仕上げとしては，ヘアライン加工，エッチング加工，色付けされたエッチング加工等がある。稀には，鋼板の上に黄銅板を貼り，黄銅板に様々なデザインがされる。荷物用には，鋼板製に塗装，塗装鋼板，ステンレス鋼板がある。

　建築基準法施行令第 129 条の 6 第 1 項第二号で「構造上軽微な部分を除き，難燃材料で造り，又は覆うこと」と規定している。諸外国ではこの規定のない国もあり，木版，木彫等を鋼板製の壁に貼っている例も少なくない。

（2）救出口

　故障，停電等でかご内に閉じこめられた利用者を救出するために，救出する目的で，かごの出入口以外に天井救出口又は側部救出口を設ける。

　天井救出口は，消防隊員，エレベーター専門技術者等がかごの天井の上からかご内の利用者を救出するため，かご内からは開けられず，かごの天井の上から開ける構造とする。また，天井救出口には開けたことを検出するスイッチを設け，救出時にはエレベーターの運転を不可能にする。

　なお，利用者の閉じ込め時，エレベーター専門技術者等により，かごを最寄り階に移動することができれば，かごの出入口から救出できるので，天井救出口は不要である。

　2 台以上のエレベーターが昇降路に隣設されている場合，かご相互間で救出できるように，天井救出口のほか，かご室の側壁に側部救出口を設けることがある。サイドエグジットとも呼ばれる側部救出口は，かご室の壁の一部をかごの内側から鍵を用いて開くようにする。一方，かごの外側からは，鍵なしで開く構造となっている。側部救出口の戸が開いている間は，エレベーターの運転を不能にするドアスイッチを設けなければならない。

　側部救出口を用いての救出は，救出に向かうかごに乗ったエレベーターの専門技術者等が行なう。利用者が閉じ込められたかごの停止位置がガイドレール等のレールブラケットを固定する中間はりの位置にあると，ほかのかごからの救出ができないので，側部救出口を設置しても，天井救出口は，省略できない。

（3）出入口の数

　乗用エレベーターでは1つのかごに2箇所以上の出入口を設けることが，改正前の建築基準法施行令第129の5第五号及び令第129条の6第二号で禁止されていたが，かご内の案内装置の充実もあり，平成12年の改正で削除された。

　2箇所に出入口を設けた時，両方の戸を同時に開けると，通路として利用される可能性があるため，戸の同時開放（参考）をさせない方策がとられる。

　参考　労働安全衛生法関連の「エレベーター構造規格」第16条（昇降路の構造）
　　　　第1項第三号に「同一階における出入口が二以上設けられている場合には，
　　　　一の搬器につき同時に二以上の出入口の戸が開かない構造のものであるこ
　　　　と」と規定されている。

（4）屋外設置

　図2.64は，展望用エレベーターを建物の外壁に沿って設置する国内の設置例を示す。これは，建物のシンボル的意味，利用者のかご内からの展望及び開放的感覚が評価されており，エレベーターも建物内から外に飛び出した感がある。

　これまで昇降路をガラス壁によって覆い，かごが風雨にさらされないように指導されてきたが，主要構造部の風圧力に対する強度を確認すれば，完全屋外型も建築基準法施行令第129条の3第2項第一号及び平成12（2000）年建設省告示第1413号第1第二号により認められることになった。

　屋外設置に限らず，かご室のガラスは，平成20（2008）年国土交通省告示第1455号第1第五号に従って，日本産業規格 JIS R 3205（合わせガラス）に適合した合わせガラス又はこれと同等以上の飛散防止性能を有するガラスが使用できる。また，そのガラス面の内側に手すりを設ける。

　かごの出入口の戸の床面から高さが1.1 mを超える部分に限っては，厚さ6 mm以上，幅20 cm以下の日本産業規格 JIS R 3204（網入板ガラス及び線入板ガラス）に適合する網入板ガラスを使用することができる。乗場の戸も同様である。

　かご室の壁及びかごの戸に適用するガラスについては日本エレベーター協会標準 JEAS-003（ガラスを使用した展望用エレベーター等のかご室かご戸に関する標準）が，ガラス窓を設けた乗場の戸については JEAS-006（ガラス製の窓を有するエレベーター乗場戸に関する標準）が参考になる。

2.7 移動空間及びマンマシーンインターフェース技術

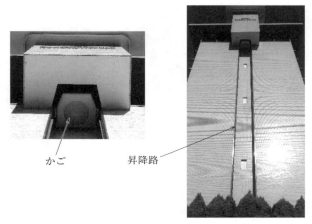

（a）設置例（愛知県名古屋市）

（b）設置例（東京都港区）

図 2.64　屋外展望用エレベーターの例

(5) 壁等の省略

　自動車運搬用エレベーターのかごは，図 2.65 に示すとおり，利用者である車の運転手だけが車に乗っていることを前提としているので，車止め，はみ出し検出装置等を設けることにより，周壁，天井，戸を省略することができる。

2.7.2　かご室の操作及び信号器具

　かご操作盤，かご内インジケータ，スイッチボックス等それぞれについて述べる。こ

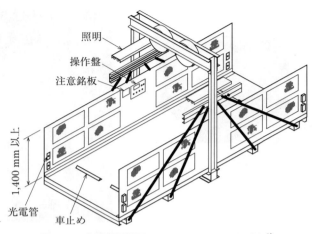

図 2.65　自動車運搬用エレベーターのかごの例 [s1]

れらの機能をかご操作盤に集約した，一体型のかご操作盤が一般的になってきている．

(1) かご操作盤

　かご操作盤は，一般的にはかご内の袖壁又は側壁に設けてある．積載量の大きなエレベーターでは，かごの出入口から見て左右の，袖壁又は側壁にそれぞれ正，副の操作盤があることもある．機能は，正，副ともに同じである．
　車いす仕様のエレベーターでは，側壁に車いす仕様の操作盤を設ける．車いす仕様のかご操作盤も通常は片側の側壁だけに設けるが，両側の側壁にそれぞれ設けることもある．
　図 2.66 に，かご操作盤の例及び車いす操作盤の例を示す．
　また，かご操作盤の取付けは，樹脂成型の一体型かご操作盤全体を袖壁に取り付けた例，一体型でもステンレス等の化粧板にかごインジケータ，行先階ボタン等を設けて袖壁に取り付けた例，袖壁の壁材に，例えば，行先階ボタン，戸開閉ボタン，かごインジケータ等のそれぞれを直接取り付ける孔をあけて袖壁と一体にして設置した例等がある．
　かご操作盤には，サービスをする階の数と同じ数の行先階ボタン，エレベーターの停止時に任意に戸を開閉できる戸開閉ボタン，後述の (4) で述べる非常時に外部と連絡するための外部連絡装置（インターホン等）のボタン，インターホンのマイク及びスピーカーがある．当該エレベーターの積載量及び用途は，操作盤に彫り込み，印刷

2.7 移動空間及びマンマシーンインターフェース技術

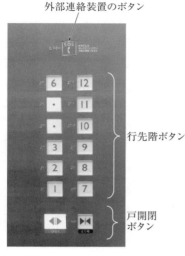 

（a）かご操作盤の例　　　　　　　　（b）車いすのかご操作盤の例

図 2.66　かご操作盤の例

の方式又は名板によって見やすい位置に表示されている。

行先階ボタンは，1～2 mm 程度のストロークのボタン，極微小のストロークのボタン，触るだけのタッチボタン等がある。傘の先等でボタンを押す等のいたずら対策として，ボタンの表面を金属で覆ったバンダルプルーフボタンもある。

ボタンの形状は，円形，正方形，長方形等が一般的である。

ボタンを押して呼びを登録すると，階を示す数字だけが光る，ボタン全体が光る等がある。登録した階の視認性がよいことが求められる。また，健常者，視覚障がい者ともに判別しやすい，階を示す数字が凸形になったボタンもある。このほか，各ボタンの横等には，点字表示を設けた例もある。

利用者が目的としている階の行先階ボタンを押し間違えることがある。利便性の向上のために，間違えた行先階ボタンを2回連続して押すこと等で，登録したかご呼びをキャンセルする機能を備えた例もある。

なお，かご操作盤については，次の日本エレベーター協会標準が参考になる。

① JEAS-418（利用者による登録済呼び取消し方法の標準）
② JEAS-506（車いす兼用エレベーターに関する標準）
③ JEAS-515（視覚障害者兼用エレベーターに関する標準）

(2) かご内位置表示器（インジケータ）

かご内位置表示器は図 2.67 に示すとおり，かご内の利用者にかごの現在位置を知らせる。点灯式の位置表示器が使われている。階を表す数字の後ろから電球又は LED 灯で照らす方式，ドット等によるデジタル表示式，液晶表示式等の位置表示器が使われている。

かご位置表示の下側に，非常時用の表示がある。この表示には，表示灯式，液晶表示式がある。表示内容は，地震時，停電時等の内容に従って，「地震です」等が表示されるとともに，かご操作盤にあるスピーカーから「ドアが開いたら降りてください」等の案内文が流れる。

(3) 戸開閉ボタン

戸開閉ボタンは，前述のように，かごが停止している時に戸を任意に開又は閉するボタンである。開ボタンと閉ボタンとがある例と，開ボタンだけの例とがある。

かご操作盤に開ボタンと閉ボタンとがある時には，操作盤の出入口に近い側に開ボタン，遠い側に閉ボタンを配置する。このように配置すると，乗場からとっさに戸を開けたい時に，開ボタンが操作しやすい。

(4) 外部連絡装置

建築基準法施行令第 129 条の 10 第 3 項第三号に従った「かご内からかご外の人と連絡できる装置」が必要で，外部連絡装置には，かご内に設けるインターホン，電話機，かご上に設ける警報ブザー等がある。この装置は，停電時でも有効でなければならないので，予備電源を装置自体に設けるか，建物に備えなければならない。

インターホンは，かご内と機械室，管理人室，利用者が多い乗場付近との間で通話

図 2.67　かご内位置表示器の例

ができるように設置する。所有者が、エレベーターの保守会社、警備会社等と遠隔監視契約をすると、閉じ込め、使用不能等の故障時、管理人等不在でも、遠隔監視装置は、一定時間インターホンの呼びに応答がないことを検知し、電話回線を通して保守会社に通報する。

通話方式以外に、聴覚障がい者仕様として、インターホンボタンを押すと、管理者等が認識したことをランプで示す方式もある。

また、かご上に設けた警報ブザーの鳴動音は、昇降路内の全体に響きわたり、ほぼ各階の乗場で聞こえる。

なお、電話機、電話回線を使用する遠隔監視装置は、地震そのほかの災害の影響を受けて、地域若しくは建物内の停電又は電話回線の輻輳等で、一時的に通信不能になることを考慮しておかなければならない。

(5) スイッチボックス

図 2.68 に示すように、スイッチボックスの扉は、エレベーターの保守員等以外の者が必要時以外に開けないように錠が設けてある。スイッチボックス内には、照明用、換気ファン用等のスイッチ、運転及び停止スイッチ等がある。

また、スイッチボックスの扉には、主な操作説明及び警告表示が示されている。

(6) アナンセーター

運転手付きエレベーターでは、乗場ボタンの登録をかご内運転手に知らせる必要があり、その表示器をアナンセーターと呼ぶ。

現在はほとんど全自動運転となり、古いデパート用エレベーターで稀に見る程度である。

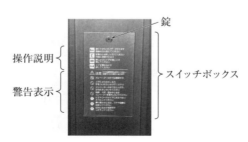

図 2.68　スイッチボックスの例

2.7.3 エレベーターの乗場

図 2.69 に示すエレベーターの乗場の意匠は，特に建物のエントランス部では，いわば建物の顔ともいうべき場所となるので，細心の注意が払われている。なかでも広い面積を占める三方枠，幕板，乗場の戸の意匠は重要である。それらの材料として，ステンレスヘアライン，ステンレス鏡面仕上げ，鋼板塗装，鋼板化粧シート張り等が使用されている。表面には，様々なデザインが施されている。

2.7.4 乗場の操作及び信号装置

乗場にかご位置を知らせる装置として，乗場位置表示器があり，インジケータとも呼ばれる。かつては停電時でもかごの位置が分かるように機械式の装置を取り付けなければならなかったが，その規制が外された。全て点灯式の位置表示器といってよい。また，点灯式には，階を表す数字の後ろから電球又はLED灯で照らす方式，ドット等によるデジタル表示式の位置表示器が使われている。

乗場の操作盤には，乗場ボタンがある。車いす用仕様の乗場操作盤には，車いすマークを表示してある。図 2.70 に，乗場操作盤及び乗場位置表示器の例及び車いす仕様の例を示す。

操作盤にある乗場ボタンは，一般的な乗合全自動方式のエレベーターでは，最下階

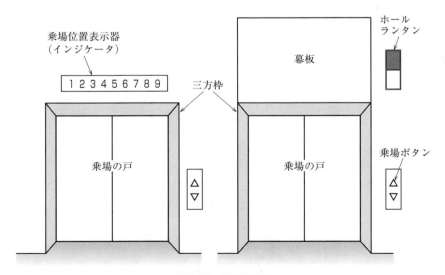

図 2.69　乗場意匠図

2.7 移動空間及びマンマシーンインターフェース技術

（a）最下階の例　　　（b）中間階の例　　　（c）車いす用の例

図2.70　乗場操作盤の例

では上方向に行く乗場ボタン，最上階では下方向の乗場ボタンがあり，中間階では上方向及び下方向の乗場ボタンがある。また，運転，休止を選択するスイッチを設けた例もある。

　乗場操作盤，乗場位置表示器は，別々に設置する例と一体型で設置する例とがある。住宅用エレベーター，中規模，小規模の事務所等に設置される乗用エレベーターでは，主に一体型が採用されている。

　乗場ボタンの形状は，円形，正方形等がある。また，ストロークボタン，タッチボタン，バンダルプルーフボタンもある。タッチボタンは，寒冷地等で手袋を着用していると，反応しないことがある。

　かご操作盤の行先階ボタンと同様に，押し間違えた時に乗場ボタンを2回連続して押すこと等で，乗場での呼び登録を抹消する機能を備えた例もある。

　複数台のエレベーターをまとめて制御する群管理方式では，数台のエレベーターの位置表示器を見回すことが大変なことと，折返し運転等で必ずしも近寄ったかごが乗場ボタンを押した階に停まるとは限らないことがあり，一般的に位置表示器は取り付けず，ホールランタンとする例が多い。

　ホールランタンは，エレベーターの到着を示す方向灯である。利用者が待つ階にエレベーターが停止することを決定した時に点灯し，同時にチャイムを鳴らして利用者に知らせる。また，乗場ボタンを押すと同時に，到着するエレベーターを予測し，

ホールランタンを点灯させて利用者を誘導する方式もある。

そのほかの乗場信号装置として「満員灯」，荷物用エレベーターの「使用中灯」，非常用エレベーターの「非常運転中灯」等がある。

2.8　エレベーターの信頼性技術

エレベーターは，不特定多数の乗客が利用する全自動の移動装置であり，バス，電車のように運転手もいなければ，立体駐車場のように取扱者もいない。それにもかかわらず，人々が不安感なしに利用できるのは，後述する高い信頼性技術に支えられているからである。

故障時に単に安全にエレベーターを停止させる（フェールセーフ）のではなく，軽微な故障時は再起動の試み（リトライ），最寄り階への運転によりかご内への利用者の閉じ込めを防ぐ（フェールソフト）も重要である。

第2.8節では，エレベーターの信頼性についての考え方，それを維持向上するための具体策について，述べる。

2.8.1　故障率

機器及びシステムの故障率は，エレベーターの仕様，製造会社によって異なるほか，どのような維持管理を行なうかによっても左右される。日本における標準的な製品を適切に保守すると，製品に起因する故障率は，ほぼ0.01〜0.02件/月/台，つまり1台あたり50〜100か月に1回程度故障すると見てよい。

この製品に起因する故障率は，エレベーター設置が急速に増加した1960年代に比べ，約1/10に低下している。

2.8.2　信頼性技術
(1) 個別機器の信頼性

信頼性を向上するための基本は，機器そのものの故障率を低減させることである。例えば，制御装置においては，信頼性向上のため従来の電磁装置に代わり電子機器を使用，さらにはマイクロプロセッサを使用し，ソフトウエア化を図っている。

減価償却資産の耐用年数等に関する省令に規定された「法定耐用年数」は，エレベーターが17年，エスカレーターが15年である。実際にはそれ以上の寿命が期待されるため，機器の寿命試験を実施するとともに，エレベーター，エスカレーターの据

付後の故障をフィードバックし，機器及びシステムの開発段階では把握し得なかった知見を反映し，改良している。

さらには，予期しない利用環境を想定して，適切なディレーティング（定格よりも低い値での使用）も行なっている。

(2) 冗長性，健全性の監視

エレベーター製造会社自身が製造する専用部品に加え，汎用品又は輸入品が多く使用されるようになってきた。自社製造以外の製品の信頼性を開発段階で見極めることは，開発期間，市場投入時期等の時間の制約もあり困難なことが多い。また，信頼性の高い部品を使用しても一段と高い信頼性を要求されるときがある。このような例では，二重系にする，故障の兆候を事前に見つけ，故障前に交換する等の対策がとられる。

(3) 故障時の被害最小化

故障が生じても，その故障による被害を最小化することが重要である。

1) 再起動の試み（リトライ）

スイッチ類の接点の接触不良，機械装置に異物が挟まる等，偶発的で軽微な故障によってエレベーターを停止したままにしたり，利用者をかご内に閉じ込めたままにしたりするのは不合理である。

このため，エレベーターの一連の動作が途中で止まった時に再試行して，できるだけ運転を継続するようにしている。例えば，階間で停止した時には故障原因を自己診断し，安全上問題がないと判断した時には，自動的に最寄りの階まで運転する。

また，かごが到着した階の戸の敷居に，異物が挟まり，戸が開かない時には，次の階まで運転し，利用者がかご内に閉じ込められることを防いでいる。

2) 群管理のシステムダウン対策

群管理を担うマイクロプロセッサが故障すると，管理している全てのエレベーターが運転不能に陥る。これをシステムダウンといい，建物の機能を大いに損ねることとなる。この事象を回避するために，群管理用マイクロプロセッサの故障時は，各エレベーターを群管理から切り離して，エレベーターごとに運転することにより，被害を最小限にしたサービスを提供するようにしている。

(4) 利用者の救出，復帰の迅速性

　所有者がエレベーターの保守会社と契約して自動通報装置又は遠隔監視装置を設置していると，利用者がかご内に閉じ込められた時，閉じ込め情報が自動的に所有者又は管理者及びエレベーターの保守会社に通報される。閉じ込め救出は，所有者又は管理者が，所定のマニュアルに従って対処する。救出が困難な時は，保守会社からの指示を受けた当該建物の近くにいる保守技術者が現場に駆け付けて対応する。この間，利用者は，かご内の外部連絡装置のボタンを押すと，電話回線を通して管理人又はエレベーター保守会社の係員と話すことができる。

　さらには，保守会社にて故障を特定し，保守技術者に代わり，遠隔でエレベーターを動かして利用者を救出する装置も開発されている。

　なお，上述の機能については，日本エレベーター協会標準 JEAS-409（エレベーター非常時（閉じ込め）通報システムに関する標準），JEAS-420（地震時管制運転休止後の「自動診断・復旧システム」に関する標準）が参考になる。

　高層建物の急行ゾーンにかごが停止した時の利用者の救出には，ドッキング装置が有効である。これは，故障したエレベーターのかごの横まで，隣接したエレベーターのかごを運転し，第 2.7.1 項の (2)「救出口」で述べた，かご室に設置された側部救出口（図 2.63 参照）から利用者を救出する装置である。

　機器，システムの故障及びその原因データは，保守会社の情報システムにデータとして蓄積され，故障からの早期の復旧に資する。

(5) 停電，地震，火災等の外的要因対応

　停電によってエレベーターが階間等に停止し，利用者がかご内に閉じ込められた時は，電源を自動的に建物の非常用電源又はエレベーターが備えているバッテリーに切り替え，エレベーターを最寄り階まで移動させる。

　地震が発生した時は，地震時管制運転装置によって，初期微動（P 波）及び本震（S 波）を検出し，エレベーターを最寄りの階に着床させる等して，利用者の閉じ込めを防いでいる。地震時の対応は，第 7 章で述べる。

　火災が発生した時は，自動式火災時管制運転装置では火災報知器の防災信号，手動式では監視盤等に設置した火災時管制運転スイッチの操作等により火災時管制運転を行ない，予め定めた避難階にかごを移動させる。火災時，一般的にはエレベーターを避難用に使用しないが，所定の条件下で避難の目的のために使用することもできる。

　なお，上述のそれぞれの管制運転については，次の日本エレベーター協会標準が参

考になる。

　①JEAS-405（火災時管制運転に関する標準）

　②JEAS-413（自家発時管制運転に関する標準）

　③JEAS-414（停電時自動着床装置の運転方法に関する標準）

　④JEAS-416（地震時管制運転に関する標準）

　⑤JEAS-417（ピット冠水時管制運転に関する標準）

　⑥JEAS-421（管制運転重複時の運転方式に関する標準）

(6) 高信頼性の作り込み及び維持

　高信頼性の作り込みには，開発，設計，製造技術及びこれらの品質管理が重要であるが，エレベーターは，最終的に建物に据え付けられた後，製品として完成するので，搬入された機器を組み立てて製品にする据付技術及び据付品質管理も重要な位置を占める。

　据付時の信頼性を長期間に亘って維持するためには，適切な日常及び定期的な点検，保守が必要であり，点検，保守技術及び保守品質管理も信頼性の維持では不可欠の要素となっている。

第3章

ロープ式エレベーター

第3章では，ロープ式エレベーターに関する歴史，構造，技術事項について述べる。

3.1　ロープ式エレベーターの歴史

(1) 人力による昇降

古今東西，人，物を楽に上下に移動させることは，そこに建物があるかぎり人類の大きな夢であり課題であった。ギリシャの天才アルキメデス（Archimedes）が，キャプスタンと滑車によるドラム式ホイストを発明した由であり，ローマ時代にはコロッセウムで剣闘士，猛獣を運ぶ昇降装置があったと伝えられている。中世紀以降，人力による昇降装置，すなわちエレベーターは王侯貴族等によって大いに用いられていた。

(2) 動力による昇降

ジェームス ワット（James Watt）による効率，動作の安定性が向上した新方式蒸気機関の開発以来，ほかの乗り物と同じく，エレベーターにおいても蒸気機関が人力にとって代わった。動力による初期のエレベーターは，水をポンプで押し出す「水圧式」であった。後に電動式に変更された，建設当時のエッフェル塔のエレベーターは，水圧式であった。

(3) 非常止め装置の発明

動力により昇降するエレベーターが出現したにもかかわらず，エレベーターの普及は，遅々として進まなかった。その理由は，当時のロープが品質の悪い麻縄であったため，使用中に切れてかごが落下する事故がしばしば発生したからである。エレベー

3.1 ロープ式エレベーターの歴史

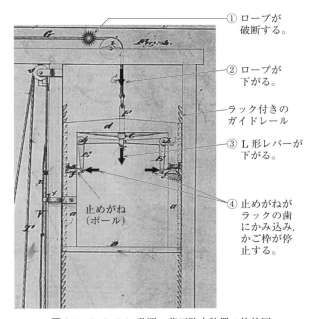

図 3.1 E. G. Otis 発明の落下防止装置の抜粋図

ターが安全な乗り物として認められたのは，オーチス（E. G. Otis）が 1852 年に現在の非常止め装置にあたる落下防止装置を発明して以降である。この落下防止装置を，特許の図の抜粋の図 3.1 で説明する。当時のエレベーターは，かご枠がラック付きのガイドレールに沿って昇降するものであった。ロープが破断すると，かご枠に掛かっているロープが下がることによって，止めがね（ポール）がラックの歯にかみ込み，かご枠が瞬時に停止する仕組みであった。時のニーズに応えた技術的先進性もさることながら，自らの技術を信じ，自らかごに乗り，ロープを切断してその機能を確認した技術者魂は，エレベーターの歴史上特筆されるべきものである。

また，21 世紀初めまでヨーロッパで使用されていたパタノスターと呼ばれるエレベーターの概念図を図 3.2 示す。パタノスターは，扉なしのかごが，複数台数珠つなぎになって循環し，乗降は飛び乗り，飛び降り式である。自己責任をモットーとする国柄ならではのエレベーターであり，異彩を放っている。

(4) 近代のエレベーター

非常止め装置の発明以後，エレベーターに関係する発明，開発は，トラクション式

第3章 ロープ式エレベーター

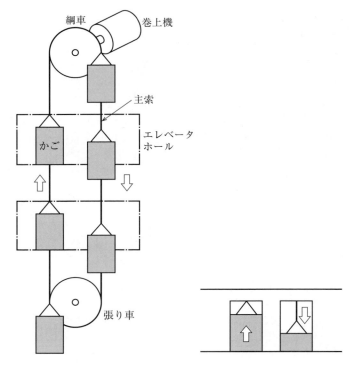

（a）パタノスターの全体構成の例　　（b）エレベータホールのイメージ

図 3.2　パタノスターの概念図

巻上機，次第ぎき非常止め装置，階床選択器，直流可変電圧制御装置，自動式操作方式と進歩が続いた。

第 2 次大戦後では，複数エレベーターを群として有機的に運行管理する「群管理方式」，半導体，マイクロプロセッサーのエレベーターへの適用等，技術は急速に進歩した。

日本では，1963 年まで建物の高さが地上 31 m に制限されていて，エレベーターの最高速度は 210 m/min であった。建物の高さ制限が解除されてからは，建物の高層化とエレベーターの高速化とが一体となって進み，1978 年の 600 m/min 達成以降，1,000 m/min を超えるエレベーターに至る現在まで，世界最高速乗用エレベーターは日本のエレベーター会社が開発している。

また，集合住宅，高層集合住宅等いわゆるマンションが増え，個人住宅にもホーム

エレベーターが設置されるようになり，エレベーターは，人々の日常生活で必要不可欠になっている。そのほか，バリアフリー社会の実現に向けて，段差解消機，いす式階段昇降機も含め，公民館や鉄道駅舎等の公共施設への設置が進んだ。

(5) 最新のエレベーター技術
1) ロープレスエレベーター

　超々高層ビルに設置されるエレベーターは，必然的に長い主索が必要になりその質量が増大する。そして，遂にはロープの質量だけでエレベーターが必要としているロープの安全率を満足しなくなる。そこまでいかなくても，駆動装置の能力のほとんどがロープを駆動するために使われるという不合理なシステムとなる。

　この不具合を解消する1つの方策がロープのないロープレスエレベーターである。

　図3.3にリニアモータを使用したロープレスエレベーターの概念図を示す。昇降路にコイル，かごに永久磁石を配してかごを駆動する仕組みである。

　原理は，リニア新幹線と同じである。ロープレスエレベーターとして実用化されている例もあるが，まだ限定的である。広く世の中に普及するには，常温において超電導を実現する技術が必須であろう。

2) ワンシャフト・マルチカーエレベーター

　ロープレスエレベーターが実現すれば，ロープが複雑に配置されたシステムではなく，図3.4に示す1つの昇降路に複数のかごを設置するワンシャフト・マルチカーエレベーターが可能になる。

　図は，1つの昇降路に2台のかごを設置した例である。3台又はそれ以上のかごを設置することも可能である。

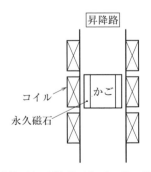

図3.3　ロープレスエレベーターの例

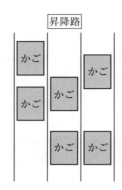

図 3.4　ワンシャフト・マルチカーエレベーターの例

　ワンシャフト・マルチカーエレベーターが普及するためには，先に述べたロープレスエレベーターの課題解決に加え，かごどうしが衝突しない安全装置及び能率よく運行管理する新しい群管理が必要である。

3）昇降及び横行（水平移動）エレベーター

　かごを吊るロープが不要になると，かごを横行させることが可能になる。かごを横行させると運行管理の仕組みがよりフレキシブルになる。

　例えば，図 3.5 において，かご A に乗った利用者が上層階のかご呼びを作ったとする。この時に上方向にある，かご B が隣の昇降路に移動することによって，かご A が上方向に行く妨げを除去ことができる。

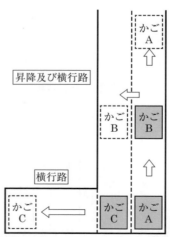

図 3.5　昇降・横行エレベーターの例

また，横行路を設けておけば，かごCを必要な位置にまで横方向に移動させることができる。図3.5は最下階に横行路を設けた例であるが，任意の階に横行路を設けることも可能である。

建物の中でかごを横行させると，昇降路の空間が建物の中に占める割合が多くなる。高層建物では，多くのエレベーターが設置されるので，エレベーターの運行だけにしか利用できない昇降路の空間が建物の中で大きな空間となる。

全ての階においてエレベーターを昇降及び水平移動（横行）するようにするには，昇降路になる空間はほかに利用ができないので，建物の床面積をできるだけ有効に利用できるエレベーターにすることも考慮しなければならない。

昇降及び横行エレベーターを建物の外壁又は外側を囲った外壁に展望用エレベーターのように設置することは，考えられている。

横行ができるエレベーターでは，建物間を繋ぐ渡り廊下をエレベーターが走行し，隣の建物の目的階にエレベーターで行く等，発想は膨らむ。

横行の停止位置を部屋の入口に設けることによって，利用者は玄関の乗場から目的の部屋に直行することが可能になり，利便性を向上させるとともに，IDカードで停止位置を特定することによりセキュリティを強化することもできる。

(6) 稼働中，計画中の超高層，超々高層建物のエレベーター
1) 稼働中の超高層建物及びそれらのエレベーター

超高速，高行程エレベーターを設置するにはそれにふさわしい超高層ビルが必要である。2017年現在稼働中の超高層建物世界ランク上位は，表3.1のとおりである。

表3.1 稼働中の超高層建物

順 位	建物名	都 市	建物高さ	階 数	完 成
1	ブルジュ・ハリファ	ドバイ	828 m	162 階	2010 年
2	上海中心大厦	上海	632 m	128 階	2016 年
3	アブラージュ・アル・ベイト・タワーズ	メッカ	601 m	95 階	2011 年

東京都八王子市にある高尾山の高さが標高599mであることから，それぞれのビルの高さが想像できる。

ギネスブックによると，表3.1に記載の上海中心大厦に設置されているエレベーターが世界最高速（1,230 m/min），世界最長行程（578 m）となっている。

2) 計画中の超々高層建物及びそれらのエレベーター

計画中の超々高層建物の例を表 3.2 に示す。エレベーターにとっては，実現性に疑問はあるが夢のある計画なので，敢えて掲載する。

表 3.2　計画中の超々高層建物（2018 年現在）

順　位	建物名	都　市	建物高さ	階　数	完成予定
1	ジュメイラ・ガーデン・シティ	ドバイ	2,400 m	400 階	未定
2	マイルハイエコタワー	ロンドン	1,500 m	500 階	2025 年
3	バイオニックタワー	上海	1,128 m	300 階	未定

エレベーターの定格速度（分速）は，階数に 10 を乗じたもの近辺で計画されることが多い。これを，これらの建物にあてはめると，3,000～5,000 m/min という，これまでのエレベーターよりも速度が一桁速いエレベーターが計画されることになる。現時点において，具体的検討結果は，未だ発表されていない。

3.2　ロープ式エレベーターの駆動技術

第 3.2 節では，ロープ式エレベーターの代表的な駆動技術として，トラクション式駆動，巻胴式駆動について述べる。

3.2.1　トラクション式駆動

（1）トラクション式駆動の特長

トラクション式は，主索と綱車との摩擦力を利用してかごを動かすエレベーターで，図 3.6 に示すとおり，綱車の両側に主索を介してかごと釣合おもりを吊った，いわゆる「つるべ式」である。この方式は，次の特長があり，低速エレベーターから超高速エレベーターまで広く使われている。

1）所要動力

かご質量にかごの積載荷重の 50％程度を更に付加した釣合おもりを用いているため，駆動動力はかごの積載荷重の 50％程度を昇降させるだけの動力でよい。これは，かごの全積載荷重を昇降させる巻胴式，油圧式と比べ，はるかに有利である。

2）昇降行程

巻胴式のように主索と綱車とが機械的に締結されていないため，主索の安全率が確

3.2 ロープ式エレベーターの駆動技術

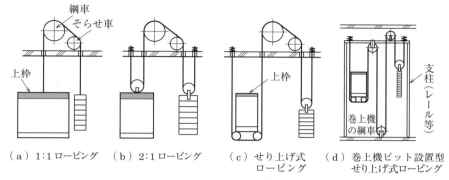

図 3.6　ロービング [s2]

保されれば，理論的には昇降行程に制限がない。

3) 巻き過ぎ
主索を摩擦で駆動するため，かご又は釣合おもりが緩衝器に当たると，かご側とおもり側との張力比が急増し，主索が滑り，巻き過ぎが起きない。

(2) ロービング（かご及び釣合おもりに対する主索の掛け方）
1) ロービングの概念
かご及び釣合おもりに対する主索の掛け方（ロービングという）を図 3.6 に示す。図 3.6(a) に記載したそらせ車（セカンダリーシーブともいう）は，かごの大きさに応じて，かごと釣合おもりとの間隔を調整する目的を持っている。

図 3.6(c)，(d) にせり上げ式を示す。(b) の 2:1 ロービングの一種で，かご上の機器の最上面から昇降路の天井までのすき間寸法であるトップクリアランスを小さくすることができるので，機械室なしエレベーターで多く使われている。また，上枠がかご質量及び積載荷重を支持する必要がないので，かご枠全体の軽量化にも寄与する。

2) ロービングの比較
1:1 ロービングにおける，主索の張力は，積載量，かご（又は釣合おもり）の質量，主索の質量等で決まる。2:1 ロービングでは 1:1 ロービングの半分となる。したがって，綱車が巻き上げなければならないアンバランス負荷も 1:1 ロービングに比べて半分となる。

2:1 ロービングは，かごの定格速度の倍の速さでロープを駆動しなければならないため，ロープの曲げ疲労，綱車に噛みこむ時の騒音が 1:1 ロービングより大きく，超

高速エレベーターには不向きである。一般的には，150 m/min 以下のエレベーターに使用されている。騒音対策等を行なうことで，300 m/min のエレベーターに使用された例もある。

大容量で低速の荷物エレベーターには，電動機のトルクに比して大きな積載量が必要となるため，3:1，4:1，6:1 ローピングも時には使われる。これらのローピングは，上述の特長があるものの，曲げ回数が多いため，主索の寿命が短くなる。また，主索が長くなり，多くの吊り車で生じる損失のため総合効率が低下する等とのトレードオフを考えて適用する必要がある。

(3) 綱車に対する主索の掛け方

綱車に対する主索の掛け方を図 3.7 に示す。

1) シングルラップ

シングルラップ（ハーフラップともいう）は，綱車に主索を 1 回巻きかける方法をいい，中速以下のエレベーターに一般的に採用されている。

2) ダブルラップ

ダブルラップ（フルラップともいう）は，綱車に近接して設けたそらせ車を介して，綱車に主索を 2 回巻きかける方法をいい，高速，超高速エレベーターのように，主索を高速で駆動する巻上機に使用される。巻付角を大きくできるので，トラクション能力が増す一方，摩擦力が大きく曲げ回数も増すため，主索寿命が短くなる。摩擦力増大によるロープ寿命短縮を緩和するため，後述する丸溝又はアンダーカット U

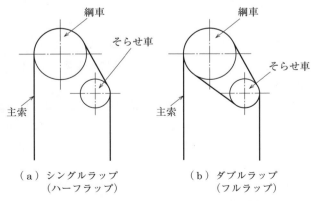

図 3.7　主索の綱車への掛け方 [s2]

溝を使用する。

(4) トラクション能力及び綱車の溝の形状
1) トラクション能力
　トラクション能力 T_A は，綱車と主索との間の摩擦係数，みぞ係数，綱車への主索の巻付角によって決まり，一般に次の式で表される。

$$T_A = e^{\mu \kappa \theta}$$

ここで，

　　T_A：トラクション能力 ≥ 1
　　e：自然対数の底（＝2.7183）
　　μ：綱車の溝と主索との間の摩擦係数（約 0.1）
　　θ：巻付角〔rad〕（図 3.9 参照）
　　κ：みぞ係数（例　丸溝：1.0，アンダーカット U 溝：2.0，V 溝：3.5）

である。

2) 綱車の溝の形状
　みぞ係数 κ は，ロープ溝の形状によって異なる。一般的な綱車のロープ溝の形状は，図 3.8 に示す 3 種類がある。
　みぞ係数の大きさは，材質が同じであれば，次の順である。

　　丸溝 ＜ アンダーカット U 溝 ＜ V 溝

　したがって，摩擦係数及び巻付角が同じであれば，トラクション能力の大きさもこの順となる。トラクション能力を考えれば，溝の形状は，みぞ係数が大きいことが望ましい。一方，みぞ係数が大きい形状は，主索と綱車のロープ溝との間の接触面の面圧が高いため，主索，ロープ溝が摩耗しやすいという欠点がある。

　　（a）丸溝（U 溝）　　　　（b）V 溝　　　　（b）アンダーカット U 溝

図 3.8　綱車のロープ溝の形状[s2]

各溝型の特徴は，次のとおりである。

a) 丸溝

丸溝（U溝ともいう）は，主索との面圧が小さいので，主索の寿命が長いが，みぞ係数は最も小さい。このため，綱車への主索の巻付角を大きくできるダブルラップ方式の巻上機によく使われている。

b) V溝

V溝は，楔（くさび）作用により，みぞ係数が大きいが，面圧が高く主索が傷みやすいこと，また，溝が摩耗すると主索と接する部分の角度 α が小さくなり，トラクション能力が減るという欠点がある。主に，小荷物専用昇降機，小型のエレベーターなどに使われている。

c) アンダーカットU溝

アンダーカットU溝は，丸溝とV溝との中間的な特性を持った溝型で，最も一般的に使われている。形状は，図3.8(c)のとおりである。

図において，アンダーカット中心角 α が大きいほど，トラクション能力が大きい。

(5) トラクション能力の確保

1) トラクション能力及びトラクション比（張力比）

主索が吊っているかご側の荷重と，釣合おもり側の荷重（又は張力）との比をトラクション比と呼ぶ。無負荷と全負荷との両方で確認する（荷重又は張力の大きい側を分子にするので，1.0以上の値となる）。主索と綱車のロープ溝との間ですべりが生じないためには，トラクション比の値をトラクション能力より小さくしなければならない。エレベーターの走行中又は加減速中に主索が滑ることがないよう，設計時にトラクション能力を十分確認する必要がある。

図3.9において綱車の両側の主索の張力を T_1，T_2（$T_1 > T_2$）とすると，主索と綱車のロープ溝との間ですべりが生じない条件は，トラクション能力と比較して，次の式となる。

$$\frac{T_1}{T_2} \leq T_A = e^{\mu\kappa\theta}$$

ここで，

T_1：主索の張力（大きい側）〔N〕

T_2：主索の張力（小さい側）〔N〕

T_A：トラクション能力 ≥ 1

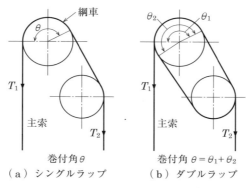

図 3.9　主索の張力及び巻付角 [s2]

である。

2) 主索の巻付角

主索の巻付角は，図3.9の角度 θ で定義される。

$T_A = e^{\mu\kappa\theta}$ から分かるように，巻付角 θ が大きいほどトラクション能力が大きい。

3) オーバーバランス率

a) 釣合おもりの総質量

釣合おもりの質量は，かごの質量にそのエレベーターの使用目的に応じて，積載量の45〜55％の質量を加えた値とするのが一般的である。積載量の何％を加えるかをオーバーバランス率と呼ぶ。この率の選択は，次のb)項で述べるトラクション比を改善して，主索が綱車の上で滑りにくくする上で重要である。

b) オーバーバランス率及びトラクション比

積載量2,000 kg，かご質量3,500 kg，昇降行程25 m，1 mにつき1 kgの質量の主索を6本使用している1:1ロービングのエレベーターで，オーバーバランス率を40％とした場合の，無負荷のかごが最上階から下降する時のトラクション比は次のとおりである（小数第4位四捨五入，以下同じ）。

$$\frac{3500 + 2000 \times 0.4 + 25 \times 6}{3500} = \frac{4450}{3500} = 1.271$$

上式において分母は，かご側の質量，分子は釣合おもり側の質量である。

かごが最上階にあるので，主索の質量 25×6 kg が釣合おもり側に加算される。

同じ条件で，全負荷の積まれたかごを最下階から上昇させる時のトラクション比は以下のとおりである。

$$\frac{3500+2000+25\times6}{3500+2000\times0.4}=\frac{5650}{4300}=1.314$$

上式において分母は，釣合おもり側の質量，分子はかご側の質量である。

かごが最下階にあるので主索の質量がかご側に加算される。

次に，オーバーバランス率を44％とすると，無負荷のかごが最上階にある時のトラクション比は，

$$\frac{3500+2000\times0.44+25\times6}{3500}=1.294$$

同じく，全負荷でかごが最上階にある時，

$$\frac{3500+2000+25\times6}{3500+2000\times0.44}=1.290$$

となる。すなわち，オーバーバランス率を44％とすると，無負荷のかごと全負荷のかごとのトラクション比は，ほぼ同一となる。また，オーバーバランス率が40％のとき，トラクション比の大きいほうは1.314であり，オーバーバランス率が44％のときのトラクション比は1.294であるから，オーバーバランス率が44％のときのほうが，巻上機が必要とするトラクション能力は小さくてもよい（上述で，分母，分子に掛かる重力加速度 g は，計算の簡素化のため省略した）。

4) 釣合鎖，釣合ロープ

前述の 3) のトラクション比の計算で明らかなように，昇降行程が大きくなると，かご側の主索が長いか（かごが下層階にある），釣合おもり側の主索が長いか（かごが上層階にある）によってトラクション比に大きな違いが出てくる。

前例の昇降行程を 2 倍の 50 m とし，主索は本数をそのままとし，一段上の太さの主索を使い，1 m あたり 1.2 kg として計算すると，トラクション比は，オーバーバランス率 44％とし，無負荷のかごが最上階にある時，

$$\frac{3500+2000\times0.44+50\times1.2\times6}{3500}=1.354$$

同じく，全負荷でかごが最下階にある時，

$$\frac{3500+2000+50\times1.2\times6}{3500+2000\times0.44}=1.338$$

このように，昇降行程が短いときに小さかったトラクション比は，昇降行程が長くなると大きくなってくる。

なお，トラクション比が 1.35 を超えると，トラクション能力を出すために綱車のロープ溝にはかなり大きな幅のアンダーカットを施さなければならず，それがロープの寿命を短くする。

3.2 ロープ式エレベーターの駆動技術

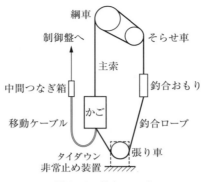

図 3.10 釣合ロープ

トラクション比を小さくするために，次の方法をとる。すなわち，かご枠下端からピットを経由して釣合おもりの下端に，主索とほぼ同じ単位長質量の釣合鎖（コンペンセーティング チェーン）又は図 3.10 に示す，釣合ロープ（コンペンセーティングロープ）を吊り下げる。釣合鎖では，吊り下げられた鎖がピット付近の最下部で回る時にチャラチャラ音がでないようにゴムで鎖を被覆する又は麻縄等を鎖の孔に通す等の処理がされている。釣合ロープでは，相互のもつれ合いを防ぐためにピットに張り車を設ける。

主索と同じロープを吊り下げると 100% 補償となり主索の質量の影響は皆無となり，理想的な状態となる。また，釣合くさりでは，90%程度の補償率であれば良好といえるので，トラクション比を計算すると，次のようになる。

オーバーバランス率 40% の事例では，

  無負荷のかごが最上階にある時 $\dfrac{4660}{3824} = 1.219$

  全負荷のかごが最下階にある時 $\dfrac{5860}{4624} = 1.267$

オーバーバランス率 45% の事例では，

  無負荷のかごが最上階にある時 $\dfrac{4760}{3824} = 1.245$

  全負荷のかごが最下階にある時 $\dfrac{5860}{4724} = 1.240$

すなわち，45%オーバーバランスの釣合おもりと，90%の補償の釣合鎖（又は釣合ロープ）を組み合せると，最大必要トラクション比がほぼ 1.24 に改善される。

なお，精度を高く補償するには，移動ケーブルの質量も考慮する必要がある。

高速，高揚程のエレベーターでは，釣合鎖は騒音の原因となるので図 3.10 に示すとおり，一般に釣合ロープとしている。張り車は，重力により釣合ロープに張力を与えるためのもので，上下に移動可能となっている。したがって，下降運転時，かごが急停止した時は，釣合おもりが慣性ではね上がり，張り車は上方に引き上げられる。タイダウン非常止め装置（ロックダウン非常止め装置ともいう）は，この時に作動し，張り車が跳ね上がるのを防止する。

5）かごの加速度，減速度とトラクション比

かごが上昇方向に加速される時，かご側張力には加速度成分が加算され，おもり側張力には加速度成分が減算されるので，定常状態に比べトラクション比 $\dfrac{T_1}{T_2}$ が増大する。加減速度が大きいほど $\dfrac{T_1}{T_2}$ の値が大きくなり，滑りやすくなる。

（6）トラクション式巻上機及び電動機

トラクション式巻上機には，電動機の回転を減速機で減速して綱車を駆動する方式と，電動機の軸に綱車を直接取り付ける方式がある。前者を歯車付き巻上機（ギヤードマシン），後者を歯車なし巻上機（ギヤレスマシン）と呼んでいる。

1）歯車付き巻上機

a）ウォームギヤ式ギヤード巻上機

歯車付き巻上機の減速機には，振動，騒音の低い歯車が要求され，合金鋼製ウォームギヤとりん青銅等の銅合金製のウォームホイールとを組み合わせた図 3.11 に示すウォーム減速機が専ら使われていた。

b）ヘリカルギヤ式ギヤード巻上機

1980 年代，ウォームギヤと遜色ない低振動，低騒音のヘリカルギヤ（はすば歯車）を製造できるようになり，合金鋼製のヘリカルギヤで 2，3 段減速する減速機も多く使われるようになった。ブレーキの構造はウォームギヤ式と同様である。ヘリカルギヤは，ギヤの伝達機構上，ウォームギヤより伝達効率がよく，省エネルギーの効果がある。ヘリカルギヤを使用した歯車付き巻上機の例を図 3.12 に示す。

2）歯車なし巻上機

歯車なし巻上機（ギヤレス巻上機ともいう）は減速機構としての歯車がないので，振動，騒音は小さい。また，総合効率も高く高速機種に適している。ただし，電動機の回転数が低く，大きな回転力を必要とすること，軸受けの位置次第では，かご等の吊り下げ荷重が電動機の軸に掛かるので，同じ出力の歯車付き巻上機に比べ電動機自

3.2 ロープ式エレベーターの駆動技術

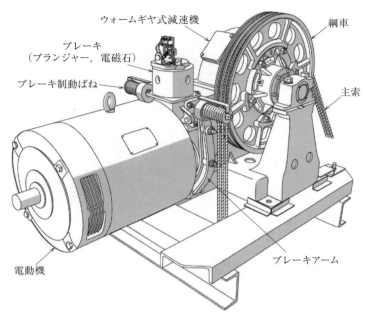

図 3.11 ウォームギヤ式ギヤード巻上機の例[d1]

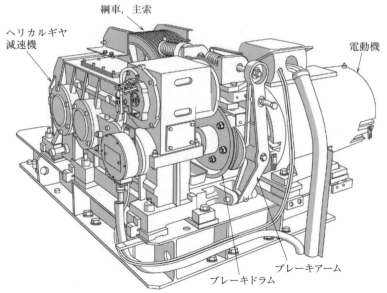

図 3.12 ヘリカルギヤ式ギヤード巻上機の例[d1]

第 3 章　ロープ式エレベーター

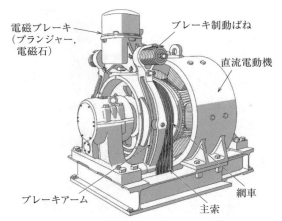

図 3.13　直流歯車なし巻上機の例 [d1)]

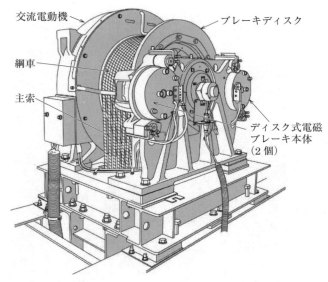

図 3.14　交流歯車なし巻上機の例（薄型，機械室設置型）[d1)]

体の寸法が大きくなる。歯車なし巻上機として，以前は，図 3.13 に示す直流電動機が使われていた。1980 年代から 1990 年以降になると，誘導電動機から永久磁石を使用した同期電動機による交流歯車なし巻上機に変わった。

図 3.14 及び図 3.15 は，交流歯車なし巻上機の外形図の例である。電動機の設計，

3.2 ロープ式エレベーターの駆動技術

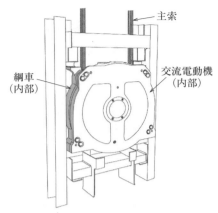

図 3.15 交流歯車なし巻上機の例（薄型，昇降路設置型）[d1]

製造技術の進歩により，軸方向の寸法が大幅に短縮された薄型巻上機となっている。

薄型にすることにより，昇降路への設置が可能になった。また，低騒音であることから，低速から高速まで広く用いられている。

3) 巻上機及び速度

従来は，エレベーターの定格速度が 105 m/min 以下はウォームギヤ式ギヤード巻上機，240 m/min 程度まではヘリカルギヤ式ギヤード巻上機，120 m/min 以上はギヤレス巻上機が使われていた。現在は，エレベーターの定格速度が 30 m/min 以上，つまり全速度範囲でギヤレス巻上機が使われている。巻上機と定格速度との組合せは，およそ図 3.16 のようになっている。

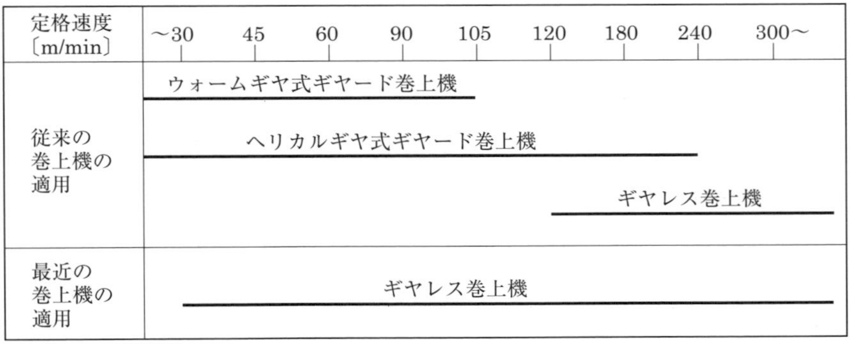

定格速度〔m/min〕	～30　45　60　90　105　120　180　240　300～
従来の巻上機の適用	ウォームギヤ式ギヤード巻上機 ヘリカルギヤ式ギヤード巻上機 ギヤレス巻上機
最近の巻上機の適用	ギヤレス巻上機

図 3.16 巻上機の適用とエレベーターの速度との組合せ

4) 電動機

　巻上機は，全て電動機（モータ）によって駆動される。エレベーター用電動機は，エレベーター独特の負荷条件に対応したものでなければならない。

a) エレベーター負荷条件の特徴

　①起動，減速，停止の頻度が極めて高い。

　②いわゆる4象限運転（無負荷上昇，無負荷下降，全負荷上昇，全負荷下降）及びそれらの加速及び減速の組合せを行なう。

b) エレベーター用電動機に要求される特性

　①高起動頻度による発熱に対応すること。

　　このため，耐熱性の高い絶縁材料の採用，必要に応じ冷却ファンの取付け等を行なう。これにより電動機の小型化を図ることもできる。

　②十分な制動力を持つこと。

　　負荷による逆駆動も考慮し，回転力は，+100〜−80%程度必要である。

　③かごの定格速度を満たす回転特性を持つこと。

　④運転状態で低騒音，低振動であること。

　このような厳しい特性が要求されるので，一般用電動機に比べ寸法が大きくなり，交流電動機で2，3倍，直流ギヤレス用電動機では4，5倍になることも珍しくなかった。しかし，VVVF制御を用いると，電動機の効率がよいので，大幅な小型化ができるようになった。また，薄型の同期電動機化により，更に電動機の効率が向上し，一層の小型化が図られた。

c) エレベーター用電動機の所要動力

　エレベーター用電動機の出力の概算値 P_M は，次の式で計算される。

$$P_M = \frac{LV\left(1-\dfrac{F}{100}\right)}{6120\eta} \quad \text{〔kW〕}$$

ここで，

　　　L：積載量〔kg〕

　　　V：定格速度〔m/min〕

　　　F：オーバーバランス率〔%〕

　　　η：総合効率

である。

　総合効率 η は，次の式で算出する。

$$\eta = \eta_1 \eta_2 \eta_3$$

ここで,

η_1：巻上機の効率（歯車付きでは，歯車の伝達効率を含む）

η_2：主索の掛け方（ローピング）によって決まる効率

η_3：案内装置のガイドローラー等の走行抵抗によって決まる効率

である。

ギヤレスエレベーターには，減速機がない。また，一般にガイドローラーを使用し，走行抵抗も少ないので，総合効率は高く，0.85〜0.90 程度ある。

一方，ギヤード方式は，ギヤ効率で左右され，ウォーム式巻上機では 0.50〜0.70，ヘリカル式巻上機では 0.80〜0.85 程度である。

η_2 は，ほぼ 1.0 に近い。吊り車による損失がある 2:1 ローピングは，1:1 ローピングより少し低い。

なお，電動機自体の効率は，電動機の種類，定格値等で違い，およそ 0.75〜0.90 程度である。前述の 4)c) の電動機出力をこの効率で割ると電動機への入力電力値が得られる。

3.2.2 巻胴式駆動

巻胴式巻上機は，構造が簡単で，低速，低揚程の小容量エレベーター，ホームエレベーター等に適している。

(1) 巻胴式巻上機
1) 構成概念図

巻胴式駆動の概念図を図 3.17 に示す。釣合おもりがないこと，主索の一端が巻上機の巻胴に固定されていることがトラクション式と異なる。

2) 外観

図 3.18 に巻胴式巻上機の例を示す。綱車（巻胴）の幅が広いことが分かる。

(2) 巻胴式の特徴
1) 綱車と主索と間の滑り，巻過ぎ，戻し過ぎ

主索の一端が巻胴に締結されているため，綱車と主索と間の滑りが発生しない。一方，かごが最上階を行き過ぎて巻き続けると，かごが昇降路頂部に衝突する危険がある。また，かごが最下階を行き過ぎて巻き戻し続けると，再巻取りの危険がある。

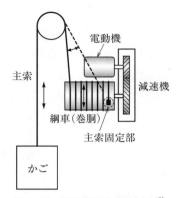

図 3.17 巻胴式駆動の概念図 [s2]

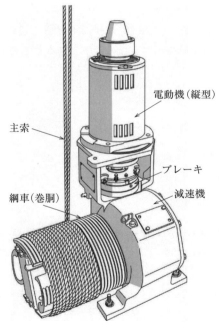

図 3.18 巻胴式巻上機の例 [d1]

2) 所要動力

一般に釣合おもりを設けないため，積載量及びかご質量を合わせた全質量を昇降させる動力が必要となる。

3）適用揚程

昇降行程に相当する長さの主索を巻胴に巻き取るため，昇降行程に応じた大きさの巻胴が必要になる等により，高揚程への適用は，困難である。

したがって，適用は，低速，低揚程のエレベーターに限られる。

3.3　ロープ式エレベーターの制御技術

ロープ式エレベーターは，電動機によって駆動される。したがって，エレベーターの制御とは，電動機の制御を意味し，使用される電動機の種類によって，交流エレベーターと直流エレベーターとに分類される。

第3.3節では，それぞれの代表的な制御技術について述べる。

3.3.1　交流エレベーターの制御

交流エレベーターとは，誘導電動機，同期電動機等の交流電動機を使用したエレベーターの総称であり，定格速度60 m/min以下のエレベーターに適用され，交流一段又は交流二段速度制御が採用されてきた。しかし，半導体の利用技術が進歩して，1970年代になると交流帰還制御が実用化されるようになり，定格速度90，105 m/minまで適用範囲が拡大された。さらに，1980年代には，VVVF制御が実用化され，定格速度120 m/min以上の高速領域も含めた全速度領域に交流エレベーターが適用されるようになった。また，構造が簡単で経済的にも有利なため，大多数の交流エレベーターに使用されてきた誘導電動機に代わって，効率がよく小型化が可能な永久磁石を使用した同期電動機が主に用いられるようになった。

なお，交流帰還制御，VVVF制御ともに広範囲に実用化したのは，日本が最初である。

（1）交流一段速度制御

交流一段速度制御は，最も簡単な制御方式で，三相交流の電動機に電源を投入することで起動及び定速運転を行なう。かごが着床階に近づくと，電源を切った後，機械的にブレーキを掛けることによって減速停止する。

代表的回路図を図3.19に，速度曲線を図3.20に示す。図において，Rは起動抵抗である。起動抵抗の目的は，起動電流を低くすることによって，電動機の起動トルクを下げ，かごの加速度を実用的な程度まで下げることである。この起動抵抗は，かご

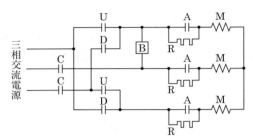

図 3.19　交流一段速度制御回路図 s2)

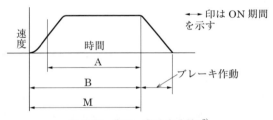

図 3.20　交流一段速度曲線 s2)

がある程度加速すると，アクセラレーティング接点 A によって短絡される。

　交流一段速度制御は，制御回路の構成が簡単という利点があるが，着床誤差が大きいので，定格速度は，最高でも 30 m/min 程度までしか適用できない。着床誤差は，停めるべき負荷トルクがオーバーバランス率を 50% とした時，+50% 〜 −50% まで変化することと，ブレーキライニングの摩擦係数が変動すること等で，定格速度 30 m/min のエレベーターでは ±30 mm 程度となることがある。この制御では，着床誤差は，速度の 2 乗に比例して増大すると考えてよい。

(2) 交流二段速度制御

　交流二段速度制御は，前 (1) 項で述べた交流一段速度の着床誤差を減少させるための制御で，高速用及び低速用の 2 種類の巻線を持つ二段速度の電動機を使用し，起動，加速及び一定速走行を高速巻線で行ない，減速及び着床を低速巻線で行なう。

　例えば，定格速度 60 m/min のエレベーターを 4:1 の速度比で着床させると，定格速度 15 m/min の交流一段速度制御と同じ着床誤差となり，十分実用できる方式と

なる。

二段速度電動機の速度比は、種々の比率が考えられる。着床誤差のほかに、減速度、減速時のジャーク（減速度の変化の割合）、クリープ時間（低速で走行する時間）、電力回生のかね合いから 4:1 が最もよく使われる。

図 3.21 に交流二段速度制御方式の代表的な回路図を、図 3.22 に速度曲線を示す。起動時は、上昇運転用接点 U（又は下降運転用接点 D）、接点及び高速用接点 T、（高速巻線側）接点が入る。起動の中途で 1A 接点によって起動抵抗 R を短絡する。着床

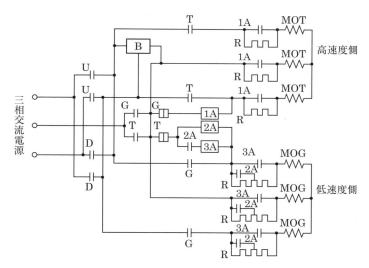

MOT：電動機巻線（高速用）　MOG：電動機巻線（低速用）
1A, 2A, 3A：アクセラレーティング接点
V：ブレーキコイル　　C：主コンタクタの接点　R：起動抵抗
U：上昇運転用接点　　D：下降運転用接点
T：高速用接点　　G：低速用接点

図 3.21　交流二段速度制御回路図 [s2]

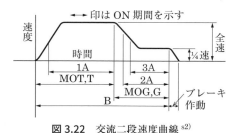

図 3.22　交流二段速度曲線 [s2]

開始の指令が昇降路スイッチによって出されると，高速用接点 T を低速用接点 G（低速巻線側）に切り換えて減速を始め，2A，3A と順次抵抗を短絡し終わり，低速度で走行する．着床階に近づいたところで電源を切ると同時にブレーキを掛ける．

(3) 交流帰還制御

　交流帰還（フィードバック）制御（以下，帰還（フィードバック）を「帰還」という）方式は，前述したように半導体の発達によって実用化された方式で，主として定格速度 45～105 m/min の乗用エレベーターに適用された．交流帰還制御を適用する以前は，定格速度 45 及び 60 m/min には交流二段速度制御を，また，定格速度 90，105 m/min には第 3.3.2 項で述べる直流エレベーターの速度制御を適用していた．

　この方式は，電動機回転速度と指令速度とを比較して，サイリスタの点弧角を変え，誘導電動機の速度を制御する方式である．

　代表的な回路を図 3.23 に示す．

　誘導電動機の一次側各相に力行用サイリスタとダイオードを逆並列に接続し，可変電圧を電動機に供給することによって力行(りきこう)トルクを制御する．また，電動機に制動用サイリスタによって制御された直流を流すことにより，制動トルクを制御する．かごの加速時及び減速時には電動機回転速度を速度発電機により検出し，その信号と速度指令装置からの信号とを比較し，指令値より電動機回転速度が小さい時は力行用サイリスタを点弧して増速し，逆に指令値より電動機回転速度が大きい時は制動用サイリスタを点弧して減速させる．全速走行中は，制動運転中に電力回生を行なって消費電力を抑えるために帰還制御をせず，定格電圧を印加して，かごを走行させる例が

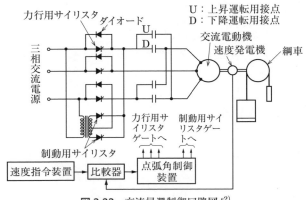

図 3.23　交流帰還制御回路図 [s2]

多い。

このように交流帰還制御方式のエレベーターでは，予め定められた指令速度に沿って正確に制御されるので，乗心地及び着床精度ともに従来の交流エレベーターに較べて大幅に改善された。また，交流二段速度のような低速走行時間がないので起動から着床までの時間が短くなった。

なお，速度指令装置としてマイクロコンピューターを利用した例が多い。上昇/下降の運転方向の切替えに使用される電磁接触器は，通常の運転ではほぼ無電圧状態でON/OFF されるので，接点の消耗が少なく，長期間の使用が可能である。

(4) VVVF 制御

VVVF（Variable Voltage Variable Frequency：可変電圧可変周波数）制御は，インバータ制御とも呼ばれ，交流電動機に印加する電源の電圧と周波数とをともに変えることによって，直流機と同等の制御性能を得ることができる方式である。この方式は1980 年代前半から市場に投入され，従来，直流電動機を使用していた高速エレベーターにも交流電動機を適用することで整流器，ブラシが不要になり，保守の省力を図ることができた。従来，交流帰還制御を採用していた中低速エレベーターでは，乗心地を大幅に向上するとともに，低速制動領域での損失が減り，消費電力が半減した。ヘリカルギヤの採用，ギヤレス方式の採用により更に消費電力を削減している。

図 3.24 (a) に高速エレベーター用 VVVF 制御回路代表例を示す。

三相交流電源は，コンバータで一旦直流に変換され，インバータで再び可変電圧，可変周波数の三相交流に変換されて電動機に給電される。給電時にインバータは正弦波 PWM（パルス幅変調）制御により正弦波に近似された任意の電圧及び周波数を出力する。

コンバータはインバータと同様トランジスタとダイオードとで構成され，電動機が負荷によって回転させられる時にはインバータとして働き，エレベーター負荷側から交流電源への電力を回生する。

なお，回生電力の比較的小さい，定格速度 105 m/min 以下の中低速エレベーターでは，図 3.24 (b) に示すとおりコンバータとしてダイオードが使用される。したがって，回生電力は電源に返還されず，直流回路に接続された制動抵抗で消費される。

インバータ及びコンバータの制御には複雑な演算が必要なため，32 ビットマイクロプロセッサ等の高性能マイクロプロセッサが用いられている。

また，近年は，誘導電動機に替わり，高効率化，小型化及び薄型化が図れる希土類

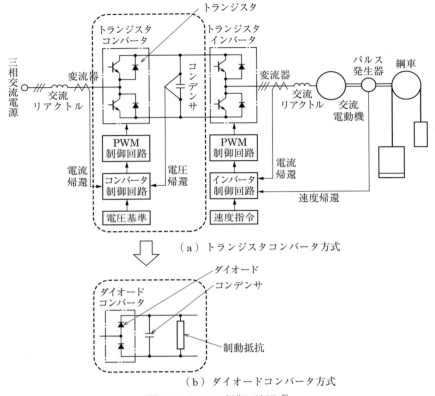

(a) トランジスタコンバータ方式

(b) ダイオードコンバータ方式

図 3.24 VVVF 制御回路図 [s2)]

永久磁石採用の同期電動機（PMSM 電動機）を，機械室なしロープ式エレベーターの駆動電動機として使用する例が増えてきている．この電動機の制御には，回転子の磁極の位置を検出する必要がある．

3.3.2 直流エレベーターの制御

　直流エレベーターは，定格速度 90，105 m/min の歯車付きエレベーターの一部と，定格速度 120 m/min 以上の歯車なし（ギヤレス）エレベーターに適用されていた．現在では前述のとおり，VVVF 制御に取って代わられた．直流エレベーターの制御には電動発電機の界磁を制御する，いわゆるワードレオナード方式が長く使われていた．1970 年代後半には，電動発電機の代わりにサイリスタを使用し，その点弧角を変えて直流電圧を制御する，いわゆる静止レオナード方式が用いられた．

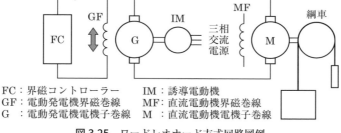

図 3.25　ワードレオナード方式回路図例

(1) ワードレオナード方式

　直流電動機（以下「電動機」という）は，界磁電流が一定ならば電機子に与えられる電圧に比例して回転速度が変化する特性がある。電機子に可変電圧を与えるために，誘導電動機で回転させる電動発電機（以下「発電機」という）をエレベーター1台ごとに1セット設置し，この出力を電動機の電機子に印加する。この方式をワードレオナード方式という。

　図 3.25 に代表的な回路図を示す。界磁コントローラーで発電機界磁電流の方向及び大きさを制御することによって，電動機の回転方向及び回転速度を制御する。発電機の界磁を100%励磁したあと，さらなる高速を出すときは，必要なトルクが維持できる範囲で直流電動機の界磁を弱める。

(2) 静止レオナード方式

　静止レオナード方式は，サイリスタを用いて三相交流を直流に変えて直流電動機に供給し，サイリスタの点弧角を変えることによって直流電圧を変え，直流電動機の回転数を変える方式である。この方式は，交流から直流への変換時のロスがワードレオナード方式に比べて少なく，かつ，保守が容易である等の利点がある。

　代表的な回路を図 3.26 に示す。巻上電動機を正回転させるサイリスタ（SCR-F）は，逆回転させるサイリスタ（SCR-R）と逆並列に接続する。SCR-F は巻上電動機に正回転させるための交流（AC）から直流（DC）への変換と，逆回転時で負荷によって電動機が回される時，DC から AC への変換を行なう。同じように，SCR-R は逆回転させるための AC から DC への変換と，正回転時，電動機が回される時の DC から AC への変換を行なう。速度制御は，電動機の回転速度を速度指令装置からの信号と比較し，差があればサイリスタの点弧角を変えて速度を変える。直流リアクトルは整流した電流の波形を整形し，電動機のトルクリップルを小さくする目的で設

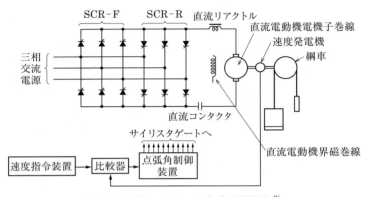

図 3.26 静止レオナード方式回路図例 [s2)]

表 3.3 ロープ式エレベーター制御方式の変遷 [s2)]

定格速度 〔m/min〕	制御方式（巻上機）			
	1970年 — 1980年	1980年 — 1985年	1985年 — 2000年	2000年 — 2015年
30 以下 45, 60	交流一段速度（歯車付き） 交流二段速度（歯車付き）	交流帰還制御（歯車付き）	VVVF 制御（歯車付き）	VVVF 制御（歯車付き, なし）
90, 105	ワードレオナード（歯車付き）			
120～240	ワードレオナード（歯車なし)	静止レオナード（歯車なし）	VVVF 制御（歯車付き, なし）	
300 以上			VVVF 制御（歯車なし）	

けられている．また，直流コンタクタは，かごが停止中に主回路を遮断する安全装置として設けられている．

以上，ロープ式エレベーターの各種制御方式について説明した．これらの時系列的な変遷を表 3.3 に示す．

3.3.3 ロープ式エレベーターの制御理論

エレベーターを安定して確実に，乗心地よく加速，減速させ，かつ，正確に着床させるための制御理論について述べる．現在，コンピューターが普及しシミュレーションによるカットアンドトライで制御系の最適化を図ることが一般的に行なわれてい

る。ここでは，その原点を古典的制御理論によって理解する。

(1) 制御モデル，ブロック線図

ロープ式エレベーターの速度制御系を線形化及び簡略化した，ブロック線図を図3.27に示す。

1) 速度制御概要

速度指令信号 V_p は，後述の「3.5.1 乗心地及び運行能率の両立」の「(1) 速度及び加速度曲線」を実現する指令値である。この速度指令信号 V_p と速度帰還信号 V_f との偏差は，速度制御ゲイン K_v，補償要素 $\dfrac{1+T_2 S}{1+T_1 S}$ を経由してトルク指令信号 T_p となる。

この信号とトルク帰還信号 T_f の偏差信号がトルク制御系伝達関数 $G_t(S)$ を経由して電動機トルク T_m となる。トルク制御系の閉ループゲイン $\dfrac{T_m}{T_p}$ は，$\dfrac{G_t(S)}{1+K_f G_t(S)}$ となるが，$K_f G_t(S)$ は 1 に対して十分大きく設計するので，$\dfrac{G_t(S)}{1+K_f G_t(S)}$ は，ほぼ $\dfrac{1}{K_f}$ となる。

速度制御系伝達関数 $G_v(S)$ は機械系を剛体と考えると，$\dfrac{1}{JS}$ (Jは，かご，釣合おもり，主索等を綱車軸に換算した慣性モーメント，S はラプラス演算子)，すなわち，ボード線上では 20 dB/dec の傾斜を持つ特性となるが，実際には主索のばね特性とかご，釣合おもり，主索との質量で決まる周波数特性を持つ。

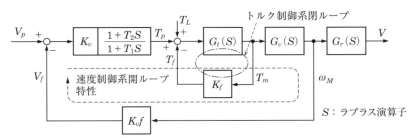

V_p：速度指令信号 ω_M：電動機(綱車)角速度 T_p：トルク指令信号
K_v：速度制御ゲイン K_{vf}：速度帰還ゲイン T_L：負荷トルク指令信号
T_1：速度制御積分時定数 V_f：速度帰還信号 T_f：トルク帰還信号
T_2：速度制御微分時定数 $G_r(S)$：ロープ系伝達関数 T_m：電動機トルク
$G_v(S)$：速度制御系伝達関数 V：かご速度 $G_t(S)$：トルク制御系伝達関数
                                            K_f：トルク帰還ゲイン

図 3.27　エレベーター速度制御系のブロック線図

142 第3章 ロープ式エレベーター

さらに，電動機の角速度（ギアを介さない電動機は，綱車の角速度に同じ）ω_M は，ロープ系伝達関数 $G_r(S)$ を介してかご速度となる。これはオープンループであるので，ω_M は振動源とならないように注意しなければならない。

2) フィードフォワード制御

エレベーターを正確，かつ，安定に制御するためには，前述のように帰還制御するのが一般的である。帰還（フィードバック）制御においては，必ず指令値と実際値との間に偏差（誤差）が発生する。偏差を小さくするためにはゲインを上げればよいが，エレベーターのような複雑な周波数特性を持つシステムにおいて不用意にゲインを上げることは，制御系を不安定にする原因となる。これを避けるため，既知の外乱は予めそれを補償する値を入力する，つまりフィードフォワードすることにより外乱の影響をなくす。エレベーターにおける例として，綱車に掛かるかご側質量と釣合おもり側質量とのアンバランストルクを保証する T_L（負荷トルク指令信号）をトルク制御系の入力として加える方法が行なわれている。

(2) ボード線図

1) 制御系のレスポンス及び安定性設計

速度制御系の設計にあたっては，一巡伝達関数の特性（開ループ特性：図 3.27 の破線）が重要である。この特性を図示したものがボード線図である。

図 3.28 に，速度制御系のボード線図の一例を示す。図は片対数であり，縦軸はゲイン G〔dB（デシベル）〕，横軸は周波数〔rad/s〕を示す。

図において，ω_c はカットオフ周波数，つまりゲインが 0 dB（正確には−3 dB）における角速度であり，速度制御系の応答速度を決するものである。速度制御系の応答速度はできるだけ速くするのが理想である。このために ω_c を大きく，例えば ω_c' にすると，後述するロープ系との干渉が生じ，系が不安定になり，ひいては振動が生じる。逆に，この干渉を避けるために ω_c を小さくすると，速度指令に対する応答が遅くなり，着床時，位置制御が不安定になり，着床レベルを行き過ぎる等の不具合を生じる。これらを勘案し，通常カットオフ周波数は，2〜5 rad/s に設定される。

カットオフ周波数 ω_c 近辺の勾配は，20 dB/dec に設定されている。ほかの制約条件がなければ，この勾配が長く続くと速度制御系の位相余裕が十分確保できて安定である。

低周波数領域におけるゲインを上げ，準定常状態での精度を向上させるため，図

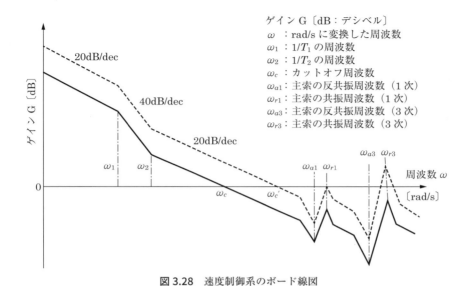

図 3.28 速度制御系のボード線図

3.27 に伝達関数 $\frac{1+T_2S}{1+T_1S}$ で表される微分, 積分特性を持つ補償要素を挿入する. $\frac{1}{T_1}$ である ω_1 と $\frac{1}{T_2}$ である ω_2 との幅が過大又は ω_2 を ω_c に近づけ過ぎると, 速度制御系の位相余裕が減少し不安定になる.

2) 機械系 (ばね, 質量による振動系) との干渉

エレベーターは, 巻上機の回転を, 主索を介してかごに伝え, かごを上下させるので, かご及び釣合おもりの質量と主索の質量及び弾性により振動系を形成する. この系の振動モードとしてかご及び釣合おもりが同期して上下に振動するかご上下振動モードと, かごと綱車, 又は釣合おもりと綱車が逆相で振動する綱車回転モードが優勢である. 共振周波数は, 昇降行程 (主索の長さ), 積載量, かご質量, かご位置等で決まる. 第 1 次振動モードは通常 1～3 Hz, この周波数におけるゲイン上昇は約 20 dB, 第 3 次振動モードにおいてはそれぞれ 5～10 Hz, 40～50 dB である.

これらの周波数特性は, 共振点より低い周波数に必ず反共振が現れるので, 共振点において, 位相の遅れはない. したがって, 一巡ゲインが上昇し, 図 3.28 に破線で示す特性のごとくカットオフ周波数が ω_c' となり, 第 3 次共振周波数 ω_{r3} におけるゲインが 0 dB を上回っても, 理論上は不安定にならない. しかし, 実際には, 速度制御系は高周波で多くの遅れ要素を持つため, 位相余裕が減少し不安定になることが多

いので注意を要する。

　速度制御系の応答速度を下げずに主索との干渉を避けるために，ダンパーを挿入し，共振周波数におけるゲインの持ち上がりを小さくする方法，共振周波数より低い周波数の時定数を持つフィルターを挿入し，ゲイン余裕を増す等の対策がある。ただし，このフィルターの採用により位相余裕が減少し，制御系が不安定になることがあるので注意を要する。

　図3.29にダンパーの設置例を示す。図において，(a)は，ロープとかご及び釣合おもりとの間のシャックルばねに並列にダンパーを設けた例である。また，(b)は，張り車とピット床との間にダンパーを設けた例である。

　図3.30に，速度指令としてステップ状の信号が入力された時の速度応答，つまりステップ応答図を示す。図において横軸は時間，縦軸は速度である。速度が63％に達するまでの時間 T が速度制御系の時定数であり，速度制御系の応答速度である。制御系の安定性からは，図に破線で示すOS（オーバーシュート）がないほうがよいが，その場合は矢印で示すように時定数を大きくして，応答速度を下げざるを得な

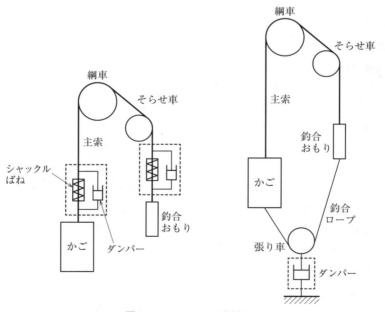

図3.29　ダンパーの設置例

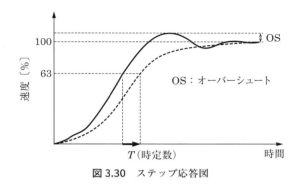

図 3.30 ステップ応答図

い。エレベーターとしての安定性と応答速度とのトレードオフが重要である。具体的数値として，T は 0.2〜0.5 秒，オーバーシュートは 10% 程度が妥当な値である．

3.3.4 省エネルギー技術

ロープ式エレベーター（特にトラクション式）が消費する電力は，一般的な建物で用途が事務所の場合，建物全体の総電力消費量の数パーセントにすぎないが，公共性，稼働台数の多さを考えれば軽視するべきではなく，種々の省エネルギー方策が実施されている．

（1）エネルギー消費構造

図 3.31 にエレベーターのエネルギー消費構造例を示す。エレベーターのエネルギー消費は，運転頻度に関係する消費量とそうでない消費量とに大別できる。前者は主に巻上機の電動機で消費される動力用電力であり，後者は照明，制御装置で消費する電力である．

（2）電動機の省電力

エレベーター用電動機の所要動力，すなわち，定格積載時にかごが上昇する時の所要動力 P_M は，3.2.1 項「トラクション式駆動」に記載のとおり，次の計算式で求められる．

$$P_M = \frac{LV\left(1 - \dfrac{F}{100}\right)}{6120\eta} \quad [\mathrm{kW}]$$

ここで，

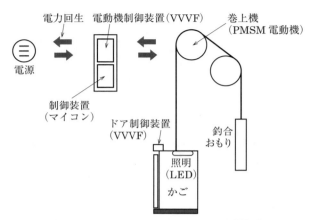

図 3.31 エレベーターのエネルギー消費構造例

L：積載量〔kg〕
V：定格速度〔m/min〕
F：オーバーバランス率〔％〕
η：総合効率

である。

エレベーターは図 3.31 のとおり構成され，また，オーバーバランス率は普通約 50％に設定されていることから，定格積載時にかごが下降する時には，上式 P_M に相当する制動力が必要となる（ただし，η は逆効率となり，分母ではなく分子に乗じる）。エレベーターにおける，最たる省エネルギーは，この原理を利用し，上述の制動エネルギーを電源に返す（回生）することである。電力回生によりエネルギー消費は，電源とエレベーターとの間で動力を授受する時に生じるロスだけになる。このロスを減らすために最も寄与した技術は，電力変換効率が高く力率も高い VVVF，すなわち，インバータ制御であり，PMSM 電動機（永久磁石型同期電動機）を搭載した歯車なし巻上機である。これら技術により，それまでの駆動装置に比べ数十パーセントの省エネルギーを達成している。また，ドア駆動装置にも VVVF 制御を採用し，省エネルギー化を図っている。

（3）制御及び照明の省電力

制御電力については，従来の電磁リレーから IC を利用した半導体へ，さらにはマイクロコンピューターを使用したソフト化により，また，照明に関しては，LED の

採用，待機時にかご内照明を消灯する等により省エネルギー化が図られている。

(4) 群管理による省エネルギー

　群管理は，複数のエレベーターの乗場で発生した呼びに対して最適な運行管理となるよう，各因子（全体待ち時間，長待ち確率，予報外れ確率等）を網羅した評価関数によって割り当てるかごを決定する。群管理においても，エネルギー消費も因子の1つとして評価することによって，省エネルギーを実現している。各因子のうちのどの因子を優先させるかは，建物の用途，エレベーターの台数，利用状況等によって異なる。省エネルギーを重視する建物においては，エネルギー消費因子に対する評価の重みを増すことによって，省エネルギーの効果を高めている。利用者が少ない時に応答するかごの数の制限は，古くから行なわれている。

3.4　ロープ式エレベーターの設置計画及び運行管理技術

3.4.1　設置台数，エレベーター仕様計画

　エレベーターは，建物における縦の交通機関として，建物全体の機能をも左右する重要な役割を果たしている。エレベーターの設置計画では，建物の規模，用途，人の流れ（交通流）等を総合的に考慮しなければならない。

(1) 検討因子

　設置台数，定格速度は，次の因子を勘案して決定する。

1) 平均運転間隔

　基準となる階（エレベーターでは「基準階」と呼ぶ。一般的には，建物の1階が多い）からエレベーターが出発する時間間隔の平均値が平均運転間隔である。詳しくは，かごが出発階に戻ってきた時点から，利用者を乗せ，上方階で利用者を降ろし，再び出発階に戻ってきた時点までの時間（戸開閉時間，利用者の乗降時間等を含む）を，エレベーターの台数で割った値（秒）である。この時間の半分がほぼ「平均待ち時間（乗場で呼びボタンを押してからエレベーターが到着するまでの時間の平均値）」になる。一般的に平均運転間隔は1分以内に設計する。

2) 5分間輸送能力

　5分間輸送能力は，5分間に同一グループの全てのエレベーターを運転した時に，5分間で運び得る最大の利用者数を，そのエレベーターの利用対象者の総数で除した値

〔%〕である。一般的には5%以上が望ましい。

例えば、5分間輸送能力を5%とすると、集合住宅等で居住者全員が出勤時各階から基準階に到着するには100分かかる計算になる。通常居住者全員が移動することはなく、居住者20%が出勤するとした例では約20分となる。

3) 長待ち確率

エレベーター利用者のうち、60秒以上待たされる人の割合が長待ち確率である。利用者が60秒以上待つとイライラ感が急増するので、長待ち確率は極力小さくする必要がある。

(2) 複数台エレベーターの配列

配列するエレベーターの台数により、次の配列が一般的である。

1) 直線配列

図3.32に示すように、エレベーターホールに面して一列に並べる配置であり、設置エレベーターの台数が少ない場合に適している。エレベーター到着時、待ち客が円滑に乗車できるためには、一列は一般的には4台程度である。

2) 対面配列

図3.33に示すように、エレベーターホールの両側に対面してエレベーターを並べる配置である。直線配列に比べ多数のエレベーターが設置可能であるが、乗降の効率を考えると最大でも8台程度である。対面配列の対面距離は、エレベーター前に生じる「エレベーターを待つための場所」に加えて、「エレベーターホールを通行するための場所」を確保しなければない。一方、過剰に対面距離を大きくしてしまうと、待っているエレベーターと反対側のエレベーターが到着した時の移動に不便を感じるため、対面距離は一般的には4m程度までである。

図3.32 直線配列

3.4 ロープ式エレベーターの設置計画及び運行管理技術　　*149*

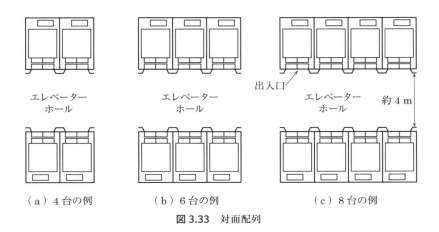

(a) 4台の例　　(b) 6台の例　　(c) 8台の例

図 3.33　対面配列

(3) サービス階分割（ゾーニング）

　高層建物（20 階程度），超高層建物（30 階以上）では，エレベーターがサービスする階を分割するのが一般的である。高層建物では，基準階と低層階の各階をサービスするエレベーター，高層階の各階をサービスするエレベーターの2分割方式，また，超高層ビルでは中間層階の各階をサービスするエレベーターを加えて3分割方式とする。

　図 3.34 にサービス階分割例を示す。図 3.34(a) の高層建物では高層階用エレベー

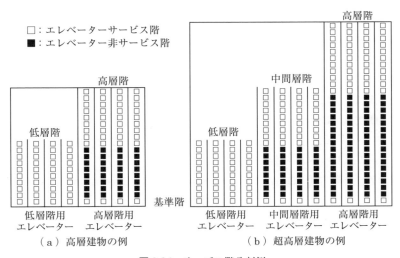

(a) 高層建物の例　　　　　(b) 超高層建物の例

図 3.34　サービス階分割例

ター4台1バンク，低層階用エレベーター4台1バンク，図3.34(b) の超高層建物では高層階用エレベーター4台1バンク，中間層階用エレベーター4台1バンク，低層階用エレベーター4台1バンクの例を示す。

3. 4. 2　運行管理技術

　運行管理技術は，1台又は複数台のエレベーターがどの呼びに応えて走行するかを決定し，指令する技術である。複数のエレベーターにあってはそれぞれのエレベーターの配車に関して互いに連携をとり，主として乗場における待ち時間及び乗車時間を短縮するように管理する。

　1980年代以降，大多数の新設エレベーターは，運行管理にマイクロコンピューターを使用している。マイクロコンピューターは，多数の情報を瞬時に処理して指令を出すことができるので，上述の待ち時間を大幅に短縮することができるようになった。

　第3.4.2項では，この技術を実現する操作方式の分類とそれぞれの特徴について，述べる。

(1) 各台 (1 台) の操作方式
1) 運転手付方式

　運転手（デパートの店員等）がエレベーターのボタン等の操作を担当し，かごの起動停止が全て運転手の意思による方式と，かごの戸の開閉だけが運転手の操作によってなされ，進行方向の決定，停止階の決定は，予め押されているかご内行先階ボタン又は乗場ボタンによって行なわれる方式とがある。現在は，両方式ともにほとんど使われていない。

2) 自動方式

　自動方式は，主に次の3種がある。

a) 単式自動方式 (Single Automatic Operation)

　1つの呼びだけに応答し，運転している間は，ほかの呼びを一切受け付けない。荷物用，ホームエレベーターに多く使われる。

b) 降り乗合全自動方式 (Down Collective Automatic Operation)

　2階から上の階の乗場には，降り方向の操作ボタンしかなく，2階から上の階から上方向に行くには，一旦1階に降りなければならない。つまり，階間交通はないという前提で，集合住宅等に使われる例がある。

c）乗合全自動方式（Selective Collective Automatic Operation）

　乗場の操作ボタンは，「昇り」，「降り」の2個があり，2個とも登録できる。かごは，その進行方向のかごボタンと乗場ボタンとの登録に応答しながら昇降する。日本では，乗用エレベーターは，ほとんどこの方式を採用している。

　この方式は，図3.35(a)に示すとおり，かごの運転方向と同一方向の呼びAにだけに応答するので，上昇方向の運転時には，運転方向と逆方向の呼びBとかごが既に通過してかごの下方向にある背後の呼びCが応答されずに残る。呼びAによる上昇運転の終了後，次に図3.35(b)に示すとおり反転して下降運転となり，下降方向の呼びBに応答する。次に，図3.35(c)に示すとおり先の上昇運転時にかごの背後呼びであった呼びCは，かごが最下階まで運転した後に，かごが上昇方向に反転して応答する。このようにして，反転を繰り返しながら周回運転を繰り返す。

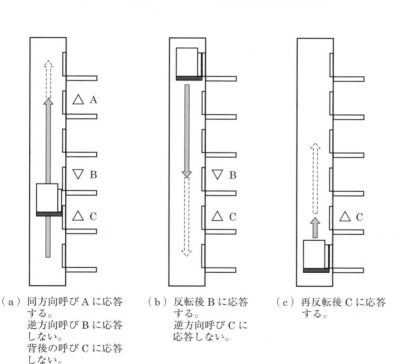

（a）同方向呼びAに応答する。
逆方向呼びBに応答しない。
背後の呼びCに応答しない。

（b）反転後Bに応答する。
逆方向呼びCに応答しない。

（c）再反転後Cに応答する。

図3.35　乗合全自動方式の乗場呼び応答例

(2) 複数エレベーターの操作方式

1) 群乗合全自動方式

　併設された複数台のエレベーターは，互いに連携をとって能率よく運転する必要がある。群乗合全自動方式は，併設された2台から3台に適用される操作方式で，1つの乗場呼びに対して1台のかごが応答して，無駄な停止を省く操作方式である。一般には，呼びがなくなると，次の呼びに備えて分散して待機する。交通需要に対応した運転内容が変わらないことが，次の2) に述べる群管理方式と異なる。

　乗場呼びには，複数台あるかごのうち，進行方向が同じで移動距離が最も近いかごが応答する。その結果，各かごは先行するかごの背後呼びを分担して応答することになる。群乗合全自動方式では，かごの運転間隔の制御を行なっていないために，全ての台数が同一方向に走行する団子運転状態になることが多く，平均待ち時間が悪化する欠点がある。

2) 群管理方式

　群管理方式は，群乗合全自動方式の欠点を解消し，併設された多数台（3台から8台程度）のエレベーターを，相互に関係を持たせながらグループとして，運行能率の高い合理的な運転を行なう方式である。

　1960年代半ばまでは，エレベーターの出発階での出発間隔を調整する循環式群管理方式であった。1970年代には，かごを呼びの分布に応じて分散させるゾーン割当方式が開発された。次いで1970年代後半には，マイクロプロセッサを応用し，乗場呼びごとに，最適なかごを割り当てる個別割当方式が導入された。この結果，平常時の平均待ち時間は，1960年代に比べ30％以上短縮された。また，1990年代からは，AI技術を応用した群管理方式が採用されている。

a) 建物内の交通需要及び運行管理

　群管理の特長は，建物内の交通需要により，運行管理の内容を変化させ，最適なかごの動きを決定することである。すなわち，出勤時の上昇方向運転の集中（アップピーク）需要，退勤時の下降方向運転の集中（ダウンピーク）需要，昼食時の上昇下降両方向運転の集中（アップダウンピーク）需要には予め決められたルールに則り，それぞれの交通需要に最適対応するよう，運行管理を行なう。

b) かご位置の表示

　群管理では，全体のサービス能率を最重点とするため，かごが途中の乗場呼びを飛び越す，すぐ近くまで来ながら折り返す等，個々の呼びに最も近いかごが応えるとは限らない運転をする。群管理されたエレベーターの運行状態を，かご位置を表示する

インジケータを見ている人にとっては期待に反する運転であり，不快感をもよおすことがある。このため，群管理されたエレベーターにはインジケータではなく，かごの到着を知らせるホールランタンを設置するのが一般的である。

c）即時到着予報システム

多くの台数を操作する群管理方式のエレベーターにおいて，到着を知らせるホールランタンの点灯を確認する，又はチャイムの鳴動を聞いてからその方向に歩いて乗車しようとすると，乗り遅れる可能性がある。一方，乗り遅れをなくすために長い時間エレベーターを待機させると，運行能率が悪くなる。この課題を解決するために乗場呼びが登録されると，どのエレベーターが最も早く到着するかを演算し，到着号機を予測してホールランタンを点灯させる，又はチャイムを鳴動させる。利用者は，予測された号機の前でエレベーターを待つことにより，待機時間が短くても乗り遅れることはない。

d）乗場行先階登録システム

通常，かご内に設置されている行先階を登録できる操作盤を乗場に設置し，乗場で行先階を登録する乗場行先登録システムが導入されつつある。このシステムでは，上述の操作盤で行先階を入力すると，操作盤に乗車する号機が表示され，指定された号機に利用者が乗車するシステムである。

利用者が乗場で行先階を登録することで，エレベーターを行先階ごとに割り当て，輸送能率の改善が可能となる。すなわち，複数台のエレベーター全体で利用者の行先階及び乗込む人数に加えて，利用者の各階での待ち時間，乗込む階又は降りる階，待ち時間及び乗っている時間を把握できるようになったことを利用して，よりきめ細やかな配車を実現する新たな群管理割当方式となっている。また，利用者は，荷物を持っている時，混雑でかご内操作盤に遠い位置に立たざるを得なくなった時等でも，かご内で行先階のボタンを押す必要がなく，その利便性が改善される。

e）心理的な待ち時間

乗場呼びに対して応えるかごを割り当てる時に，単に予測される待ち時間だけではなく，利用者の不満足度を最小化する割当方式を用いる。この割当方式で評価する因子は，長時間待ち，満員による通過確率，乗場ボタンからの距離，乗っている時間，かご混雑度等である。これらを予測される待ち時間に加えて不満足度指数とし，これが最小になるように運行管理を行なう。

f）加減速度制御

かごの乗車人数が定員の約20〜80％の時に，加速度，減速度を上げて階から階へ

の走行時間を短縮し，待ち時間の短縮を図る方式である。エレベーターの駆動装置の能力は，定格積載量（定員）でかごが上昇運転における加速時のトルクに対応して決めるので，かご内の負荷が少ない時に加減速度を上げても駆動装置の能力を超えることはない。かごに乗っている人数が0人（無負荷）の時は，人が感じる不快感を考慮する必要がないので，駆動装置の能力限界まで加減速度を上げることも可能である。

g）人工知能（AI）技術

群管理において採用されるAI技術は，過去のデータを記憶し，積み重ねられた情報を運行管理に利用する学習制御システムと，様々な交通需要に対してエレベーター専門家の知識を生かしてエレベーターの動作を決定するエキスパートシステムとに大別される。

学習制御システムにおいては，建物内の交通需要の特徴をエレベーターの運行データから学習し，例えば，「毎月曜日の10時に5階で外部来訪者を集めた大規模な会議が行なわれ，大勢の人が集まる」ことを学習した例では，群管理システムは，この学習結果に基づき，この時間帯には自動的に大部分のかごを1階と5階との往復運転を優先的に運行する。

エキスパートシステムにおいては，コンピューターに，専門家が持つ知識，経験等を知識データとして記憶させ，このデータをもとにして数分先の建物内の交通流を現時点の交通情報から予測し，乗場呼びに対して応える最適なかごを推論して割当を行なう。断片的な知識，あいまいな知識までも「ファジー理論」を応用して専門家たちが考えるのと同じように推論する。

3.4.3　セキュリティシステム

エレベーター群管理システムによって，建物内での入出管理ができるように，建物内の個人個人のIDカードを使用し，予め決められた階にだけ利用者をアクセス可能にする。

（1）セキュリティシステムの構成

図3.36にシステム構成を示す。

図において，エレベーターホールは，セキュリティゲートの内側にある。エレベーターを利用するには，必ずこのゲートを通過する必要がある。このゲートには，IDカードのカードリーダー及び利用号機の表示装置が設けられている。

3.4 ロープ式エレベーターの設置計画及び運行管理技術

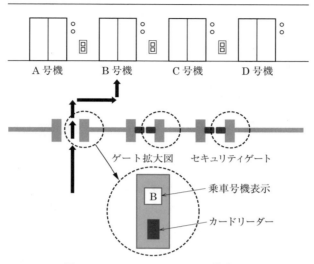

図 3.36　セキュリティシステム構成図

(2) セキュリティシステムの機能，性能

　セキュリティゲートに来た利用者が，ID カードをセキュリティシステムのカードリーダーにかざすことによって，カード情報がエレベーター群管理システムに送られる。ID カードには利用者が勤務等する階が登録されており，群管理システムはエレベーターの呼びとしてその情報を受け取り，この呼びに対し全てのかごの位置，呼びの登録状況を踏まえ，最適な群管理を実現するべく，コンピューターが A 号機から D 号機のうち，どのエレベーターを割り当てるべきかを即時に演算する。割り当てられた号機（図では，B 号機）をゲートの表示器によって表示し，利用者は，表示された号機の前でエレベーターの到着を待つ。到着したエレベーターは既に利用者が行くべき階を認識しているので，通常は，利用者がかごの中ですべき操作はない。エレベーターを割り当てる時，歩く距離を少なくするために，セキュリティゲートからの遠近を評価することもこのシステムの特徴である。

　ID カードに登録された階以外に行く，又は ID カードを持たない利用者に対しては，事前に特別な ID カードを発行する等の処理を実施することによって，乗降履歴が記録されるようにする。

3.5 ロープ式エレベーターの快適性技術

3.5.1 乗心地及び運行効率の両立

(1) 速度及び加速度曲線

　エレベーターの運転能率を高める方法の1つは，出発階での走行開始から目的階への着床までの時間，つまり図3.37における走行時間を短縮することである。このためには，加速度及び減速度を上げればよいが，高い加速度及び減速度は，利用者が不快感を持つことになる。したがって，利用者が不快を感じない限界の加速度及び減速度で制御することが重要になってくる。

　限界加減速度は，国，年齢等によって異なるが，日本においては$0.9\,\mathrm{m/s^2}$が乗心地がよいと感じる限界と考えられている。ホテル，住宅では運転の能率より乗心地を重視する傾向にあり，上記値が$0.6\sim0.7\,\mathrm{m/s^2}$に設定される例もある。また，最大加加速度（加速度の変化率）も乗心地，運転の能率に影響し，乗心地がよいと感じる限界は$1.0\sim1.5\,\mathrm{m/s^3}$である。

　加速度の形は，図3.37に示すとおり，ほぼ台形，又は正弦波がよいとされている。

　速度曲線を実現するための速度指令は，起動後，着床する階までの距離に応じて設定される。最高速度は，加速時間の長さによって決まり，加速度及び加加速度が変化することはない。また，着床階からの距離をエンコーダー等でコンピューターに取り込み，その時々の上述の距離に相応しい速度を演算し，速度指令とすることによって，正確な運行，着床を実現している。

(2) 秤起動

　エレベーターは，通常オーバーバランス率が約50%なので，定格積載量の約半分の利用者を乗せた時，かご側の張力と釣合おもり側の張力とが釣り合う。ほかの積載量ではその張力に違いがあり，ブレーキ開放時，張力差によりかごが移動し，乗心地を害する。

　秤起動（不平衡トルク補償）は，この不具合を解消する方法である。通常，かご床に設置された負荷検出装置の出力に応じたトルクを電動機に発生させ，その後にブレーキを開放することによって，かごを着床位置に維持する。図3.37は，定格積載量を搭載したかごが上昇する場合のトルク曲線である。図において，A時点から負荷トルクに相当するトルクを発生していることが分かる。

　また，かごが目的階の着床レベルに到達した時点Eでは，かごが完全に停止して

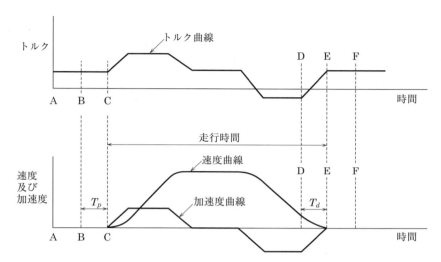

図 3.37 トルク曲線（上），速度及び加速度曲線（下）

いないことが多く，その時点でブレーキを掛けると停止ショックが出る。このため，着床後約1秒程度，電動機の電流を流し続け，かごが十分停止したF時点でブレーキを掛けるよう制御する。

(3) プレリリーズ

エレベーターは，かごの戸及び乗場の戸が閉まり，ブレーキが開放してから走行を開始する。通常，かごの戸及び乗場の戸が閉まってからブレーキの開放指令を発するが，それでは戸閉後にブレーキの動作遅れ時間分だけ走行開始が遅れる。

プレリリーズは，この遅れを解消する方法であり，ブレーキの開放時間を見込んで戸閉前にブレーキに開放指令を与える。これにより，ブレーキ開放と戸閉とが同時になり，ブレーキ動作時間による時間ロス，すなわち，図 3.37 の T_p 相当の時間が短縮される。プレリリーズ期間中，前述の秤起動を行なっているので，ブレーキ開放時，不平衡トルクによりかごが移動することはない。

（4）ランディングオープン

かごが着床レベルに到達しても戸が閉まっていては，利用者は乗降できず，結果的に運転の能率を下げることになる。このため，着床に先立って戸開動作を開始し，着床時には十分乗降できるまでに戸開しておく方法が，ランディングオープン（着床しながらの戸開）である。着床に向けての走行で戸開するので，ランニングオープンとも呼ばれる。T_d はランディングオープンによる実質的な時間短縮である。

3.5.2　かご室の揺れ

（1）上下方向の揺れ

かご室の上下方向の揺れ（縦揺れともいう）は，エレベーターの品質を決定する非常に重要な要因である。上下方向の揺れは，前の第 3.5.1 項で述べたエレベーターの運転曲線に大きな関係がある。ロープ式エレベーターは，かごと釣合おもりとが主索で吊り下げられているが，主索は，ばね特性を持つので，かごに上下方向の力が加わると低い周波数の上下方向の揺れが発生する。

したがって，エレベーターの駆動制御は，電動機をできるだけ滑らかに回転させることによって，滑らかな加速及び減速を実現する高度な制御を必要とする。半導体，マイコン等の進歩により，エレベーターの電動機もそれまでの直流機から交流機に変わり，また電動機制御の主流も VVVF 方式となった。これらの技術により，かご室の上下方向の揺れは，格段に改善された。

がご室は，ガイドレールの継ぎ目に段差があると，案内装置が通過する時に上下方向にも，水平方向にも揺れる。この揺れを抑制するために，継ぎ目の段差部分をできる限り滑らかに仕上げる。

また，主索，かご枠を通してかご室に伝播する振動でかご室が上下方向に揺れるのを抑制するために，かご枠とかご室との間の防振ゴム設置等の対策が行なわれている。

（2）水平方向の揺れ

かご室の水平方向（前後，左右）の揺れ（横揺れともいう）は，ほとんど，ガイドレールの加工時にいかに曲がりを小さくするか，ガイドレールをいかに鉛直に精度よく据え付けるかに依存する。特に，高層建物，超高層建物においては，エレベーターの速度が速いということと相俟って，ガイドレールの据付精度への依存度が大きい。ガイドレールの据付精度は限界があるのでこれを補うために，定尺 5 m のガイドレール長さの 10 m への変更，剛性を高めるために，呼び寸法がより大きいガイドレール

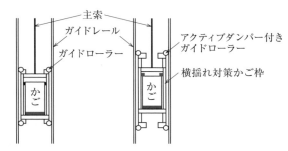

図 3.38 水平方向の揺れ（横揺れ）対策

(30 kg/m に変えて 37 kg/m）を適用する。一方，呼び寸法がより大きく長いガイドレールは質量が大きく搬入等取扱に困難を伴うので，これら得失を勘案した選択が必要である。このほか，かご枠縦柱とかご室との間に設置する揺れ止めゴム，ガイドシューからガイドローラーへの変更，ガイドローラーのローラーをより大径のガイドローラーに変更，図 3.38 のようにガイドローラーの取付け位置を通常より上下方向に伸ばす等の工夫がなされている。

さらに，外部から受ける揺れに対し，それと同じ大きさで逆位相の揺れを加えることで揺れを抑制する，アクティブダンパーをガイドローラー部分に設置した例もある。

3.5.3 騒音
（1）発生原因

エレベーター走行中の騒音は，走行する時にガイドローラーのころがりによって発生する振動，機械室又は昇降路で巻上機若しくは制御盤から発生する騒音の空気伝播音，それぞれで発生した振動が建物の躯体へ，又は主索，かご枠を介してかご室へ，走行時の振動はガイドレール及びレールブラケットを介して居室に伝播する固体伝播音である。したがって，これらの発生を抑えるとともに，伝播経路での対策が必要である。

居室騒音の低減の根本的な対策としては，建築側と建築計画段階において，居室を昇降路に隣接しないようにパイプスペース，室内廊下等を配置する配慮が望ましい。

エレベーターが高速化すると，これらに加えてかご周りの風音が無視できない。風音はエレベーターの走行速度の 6 乗に比例して増加するので，超高速エレベーターでは風音対策が必須である。

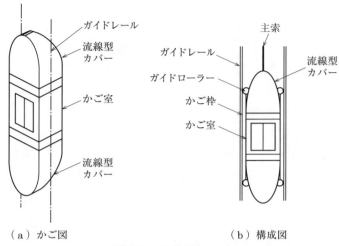

図 3.39　流線型カバー

(2) 風音対策技術
1) かご室壁の二重化
　エレベーターの走行時，昇降路内で発生する空気流の乱れによる圧力変動がかご室の壁を振動させ，かご室内に騒音をもたらす。かご室の壁の振動を抑制し，かご室内に音が透過しにくいように壁を二重壁構造とする。
2) 流線型カバー
　風音の原因となる昇降路内におけるかご室周りの空気流の乱れを抑えるため，かごの上下に図 3.39 に示す流線型カバーを設ける。
3) 吸音二重床
　かご室内で生じる反響を抑制するため，かご室の床に多孔質の敷物と，その下に孔のあいた鉄板（パンチングメタル）床との間に空気層を設けた二重床構造にすることにより吸音する。

3.6　非常用の昇降機

　第 3.6 節では，建物に火災等が発生した時，駆け付けた消防隊員が使用する非常用の昇降機について，述べる。

3.6 非常用の昇降機　　161

3.6.1　建物の高層化及び関係法令
(1) 建物の高層化

建物の高さには，1963年の建築基準法（以下「法」という）の改正まで，建物高さ100尺（31 m）の規制があり，建物高さ31 m，約9階建てを超える建物がなかった。建物高さ147 m，地上36階の霞が関ビルが1968年に竣工して以降，日本においても高層の建物が増えてきた。

例えば，新宿副都心では，1971年に京王プラザホテル，1974年に新宿住友ビル，新宿三井ビル等，1970年代に数多くの超高層の建物が建設された。

建物の高層化の流れを受けて，非常用の昇降機の設置は，1970年6月に建築基準法が改正され，建物高さ31 mを超える建物に規定された。また，非常用の昇降機の構造は，1970年12月に建築基準法施行令（以下「令」という）が改正され，規定された。

(2) 関係法令

1) 法第34条の第2項に「高さ31 mをこえる建築物（政令で定めるものを除く）には，非常用の昇降機を設けなければならない。」と規定されている。
2) 令第129条の13の2において，法第34条の第2項を受けて，非常用の昇降機の設置を要しない建築物を規定している。
3) 令第129条の13の3において，非常用の昇降機（以下「非常用エレベーター」という）及び構造を規定している。
    ①設置及び構造では，令第129条の4から令第129条の10までの規定によるほか，この条の規定による。
    ②この条の規定では，乗降ロビーの構造，かご及び出入口の寸法，かご呼び戻し装置，電話装置，かごの戸を開いたまま，かごを昇降させることができる装置，予備電源，定格速度等が規定されている。
4) 昭和46（1971）年建設省告示第112号で，かご及び昇降路の大きさは，日本産業規格 JIS A 4301（エレベーターのかご及び昇降路の寸法）を指定している。
5) 平成12（2000）年建設省告示第1428号において，非常用エレベーターの機能を確保するために必要な構造方法を規定している。

3.6.2 設置の義務及び目的

非常用エレベーターは，令第 129 条の 13 の 2 の規定から，高さ 31 m を超える部分の各階の床面積の合計が 500 m² を超える建築には，原則として設置が必要である。

また，非常用エレベーターは，火災時に消防隊員が消火活動，救助活動等に使用し，火災時以外には，乗用又は人荷用として利用される。

3.6.3 一般のエレベーターとの相違点

非常用エレベーターは，一般のエレベーターと比較すると，法令上，いくつかの相違点がある。主な相違点について，述べる。

(1) 必要台数

消火活動の範囲は，建物の床面積が大きいほど増加すると考えられる。非常用エレベーターの所要台数は，高さ 31 m を超える部分で最も面積の大きい階の床面積を基準にして規定されている。

高さ 31 m を超える階の最大床面積に応じた非常用エレベーターの必要台数は，表 3.4 のとおりである。

表 3.4 非常用エレベーターの必要台数

最大床面積〔m²〕	台　数
1,500 以下	1
1,500 を超え 4,500 以下	2
4,500 を超え 7,500 以下	3
7,500 を超え 10,500 以下	4
さらに 3,000 を増すごとに 1 台ずつ増加	

(2) 定格速度

消火活動は，特に緊急を要することから，避難階から火災階にできるだけ早く到着できることが望まれる。建物高さ 60 m を前提とし，「避難階から最上階に約 1 分程度の時間で到着できる速度」として，定格速度は 60 m/min 以上としている。

この考え方に従って，非常用エレベーターの定格速度は，建物の高さに応じて選定する。

(3) 設置位置

非常用エレベーターの設置位置は，令第 129 条の 13 の 3 の第 5 項に，次のように規定されている。

1) 建物の外部から進入する消防隊員の活動に至便な位置に配置する必要があるため，屋外への出入口の少なくとも 1 箇所から 30 m 以内の距離に配置する。

2) 屋外への出入口は，消火機材の搬入に支障のないよう，道又は道に準ずる幅 4 m 以上の通路に接する。

(4) かご

1) かごの寸法

かご及び出入口の寸法並びにかごの積載量は，国土交通大臣の指定する日本産業規格 JIS A 4301（エレベーターのかご及び昇降路の寸法）に定める数値以上とする。

消火活動の必要性から，JIS A 4301 の E-17-CO の主要項目は，表 3.5 に示す規定値以上が必要である。

表 3.5　非常用エレベーターの主な規定値

積載量	1,150 kg 以上
定　員	17 名以上
かごの寸法	間口 1,800 mm 以上　奥行 1,500 mm 以上 天井高さ 2,300 mm 以上
有効出入口寸法	有効幅 1,000 mm 以上　高さ 2,100 mm 以上

2) かごの壁，戸等

火災発生時に消防隊員，消火器材等を緊急に搬送するので，消火器材等がかごの壁又は囲い，かごの戸，乗場の戸に強く当たるおそれがある。このため，かごの壁，戸等及び乗場の戸は，消火活動に応じた強度が必要となる。

3) かご操作盤

地下 1 階，地上 12 階，屋上階ありの建物のかご操作盤の例を図 3.40 に示す。図 3.40 は，かご操作盤を 3 分割して表示している。かご操作盤の上部には，非常用エレベーターとして必要な消防運転キースイッチがある。かご操作盤の中間部には，消火等の活動に必要な全ての階への行先階ボタン，非常停止ボタン，戸開時間を延長する開延長ボタンがある。

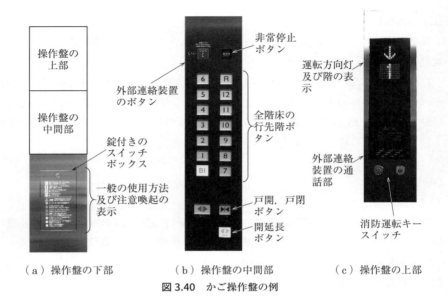

図 3.40　かご操作盤の例

(5) 乗降ロビー

エレベーターの乗場の前の空間である乗降ロビーに関して、非常用エレベーターでは、多くの事項が規定されている。例えば、次の事項である。

① 乗降ロビーの必要床面積は、非常用エレベーター1基あたり $10\ m^2$ 以上とする。また、形態は、消火活動に必要な空気ボンベを背負い、消火に使用するホース、筒先（ノズル）等を携行した消防隊員が円滑に活動できるように、できるだけ正方形に近い形で、最短辺が 2.5 m 以上とする。

② 非常用エレベーターに隣接して設置された一般のエレベーターの昇降路、機械室とは、非常用エレベーターの昇降路、機械室は、耐火構造の壁で区画する。

③ 火災時には全ての階における消火活動、救助活動に使用されるために、原則として、建物の最下階から最上階までの全ての階に乗場を設ける。

④ 各階の乗降ロビーには、非常用エレベーターである旨の標識及び積載量、最大定員を、また、消防隊員の消火及び救出（以下「消火等の」）活動又は避難並びに救出された人の建物外への避難の便宜のため、避難階における避難経路等を表示する。

また、火災時、消火等の活動に使用中は、乗場の呼びに応答しないので、「非常用として使用中」を赤色文字で表示する。

3.6 非常用の昇降機　　*165*

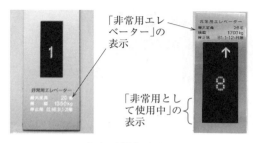

（a）乗場表示器の例　　　　　　　　（b）避難経路の表示の例

図 3.41　乗降ロビーの標識の例

乗降ロビーの標識の例を図 3.41 に示す。

(6) 消防運転

消防運転は，消防隊員が消火活動をする時に必要な，次の機能を備えている。

1) 非常呼び戻し運転

かごを呼び戻す装置は，建物の中央管理室又は防災センター，及び避難階又はその直上階若しくは直下階の，消防隊員等の進入口のある階に取り付けなければならない。

かご呼び戻し装置が作動すると，非常用エレベーターは全てのかご呼び，乗場呼びを無効にして，避難階等の進入口のある階に戻り，戸開状態で待機する。

2) 一次消防運転

一次消防運転及び次の 3) で述べる二次消防運転のキースイッチは，かご操作盤に設けてある。キースイッチの設置例を図 3.40(c) 及び図 3.42 に示す。

一次消防運転では，一般の乗用エレベーターとは異なった動作となっている。

① 消防隊員が避難階等から乗り込んで，乗り込みが完了してから出発する時には，呼び戻されたエレベーターの行先階ボタンを押し続け，戸閉が完了しないと出発しない。

② 火災の時に，目的階で戸を開き，かごに煙，炎等が入って消防隊員が巻き込まれることを防止するために，目的階に到着しても戸開ボタンを押さないと戸開しない。戸閉ボタンを押すとすぐに戸閉する。等

3) 二次消防運転

非常用エレベーターは，通常時に乗用又は人荷用エレベーターとして使用している。火災時等の非常時には，非常用エレベーターとして使用する。

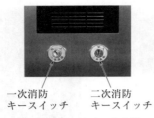

（a）消防キースイッチの例　　（b）消防運転方法の表示の例
図 3.42 かご操作盤の消防運転スイッチ及び消防運転方法の例

　一般のエレベーターは，既に説明したように，令第 129 条の 10 の第 3 項第一号の規定により，乗場及びかごの戸が閉じ，乗場の戸に施錠がされていなければ運転できない構造となっている。
　一方，非常用エレベーターでは，例えば，消火活動によって放水した消防用水により，乗場の戸が完全に閉じなければ，エレベーターが昇降できないと消防隊員が危険にさらされるおそれがあるので，消火等の活動時に消防隊員が必要と判断した時は，一次消防運転中に二次消防キースイッチを操作すると，令第 129 条の 8 の第 2 項第二号に規定されているドアスイッチの機能を無効にして，かごの戸，乗場の戸が完全に閉まりきらなくても運転できる二次消防運転機能を備えている。

(7) 予備電源装置

　火災が発生すると保安上等の理由で常用電源が遮断されること，建物内で火災による停電の発生のおそれがあることを考慮して，建築基準法施行令第 129 条の 10 の第 10 項で予備電源装置の設置が規定されている。
　予備電源の容量は，全ての非常用エレベーターが全負荷で上昇運転する時に必要とする電力を，60 分間以上連続して供給できる予備電源を備えるようにする。この予備電源装置は，一般にエンジン駆動の交流発電機が使用されている。

(8) 外部連絡装置

　非常用エレベーターは，消火等の活動中に，建物内の中央管理室又は防災センターとの連絡を密にとる必要があるため，かごと中央管理室又は防災センターとの間で通話のできる電話装置を設けることが，令第 129 条の 13 の 3 に規定されている。
　この連絡用の電話装置は，ほかのエレベーターの連絡用の電話装置の系統と独立した，非常用エレベーター専用とする。インターホンでもよく，ほかのエレベーターと

同様に，機械室とも通話ができる装置とするのが一般的である。

以上の各機器，運転方式等には，次の日本エレベーター協会標準が参考になる。

① JEAS-401（非常用エレベーターの標識，運転方式に関する標準）

② JEAS-413（自家発管制運転に関する標準）

③ JEAS-405（火災時管制運転に関する標準）

④ JEAS-421（管制運転重複時の運転方式に関する標準）

⑤ JEAS-502（かご内停止スイッチの乱用防止に関する標準）

⑥ JEAS-504（非常用エレベーターの電気配線工事及び予備電源に関する標準）

⑦ JEAS-505（非常用エレベーターの使用機器仕様に関する標準）

3.6.4　機械室なしの適用
（1）法改正に向けた実験の経緯

ロープ式エレベーターは，1980年代後半までは機械室ありのシステムが主流であった。1980年代に開発された機械室なしのシステムは1990年代から設置台数が急速に増加し，低速，中速のエレベーターのほとんどは，機械室なしのシステムが適用されるようになった。

一方，昇降路内に消防用水が入ったことに対する，機械室なしのシステムに関しての安全性の知見は，同システムが開発された1980年代以降にもなかった。

このために，2015年12月の建築基準法関係告示の改正では，駆動装置及び制御装置（以下「駆動装置等」という）をかごが停止する最上階の床面より上方の昇降路内に設けた機械室なしエレベーターは，消火用水がかかりにくいと考えられるため，非常用エレベーターへの適用が可能となった。

第3.6.3節の（2）定格速度で説明したように，非常用エレベーターは定格速度が60 m/min以上と規定され，建物の高さに合った中速以上のエレベーターを適用している。建物高さが31 mを超える建物の，60～150 m程度の建物に設置されるエレベーターは機械室なしのシステムが主流であるので，最上階の床面より下で最下階の床面より上（以下「昇降路中間部」という）に駆動装置等を設置している機械室なしのシステムの，非常用エレベーターへの適用が望まれていた。

この状況を鑑み，一般社団法人日本エレベーター協会は，昇降路中間部に駆動装置等を設置した機械室なしロープ式エレベーターを非常用エレベーターへの適用が可能となるように，昇降路内に流入した消火用水の昇降路内での水の飛散状況に関する技

術的な知見を得ることを目的として，昇降路内での水の落下状況を確認できる実物大の昇降路，実物の乗場装置を用いて実験をした。

この実験で明らかになった，消防用水の昇降路内への落下状況，その影響，昇降路中間部に設置した駆動装置等の必要な防滴処理等が，一般社団法人日本機械学会の 2017 年 1 月に開催された技術講演会「昇降機・遊戯施設等の最近の技術と進歩」（No.16-90）において，「昇降路内に流入する消火用水の駆動装置等への影響に関する実験報告」として発表されている。

この技術的な知見をもとに，平成 12（2000）年建設省告示第 1413 号第 3 号（機械室を有しないエレベーター）が 2017（平成 29）年 6 月 2 日付けで改正され，昇降路中間部に駆動装置等を設置した機械室なしのシステムの適用が可能となった。

（2）実験の概要

実験において，火災時における非常用エレベーターを利用した消防活動は，次のとおりと想定した。
1) 消火用水は，火災階の乗降ロビー以外の場所で放水する。
2) 火災階の乗降ロビーに消火用水が流入する。
3) 非常階段等に入った消火用水は階段を流れ，火災階より下の階の乗降ロビーに消火用水が入ることはない。
4) 乗場の戸は動力がなくても自動的に閉まる構造となっているので，かごが停止していない階で非常用エレベーターの乗場の戸が開くことはない。

また，昇降路内に流入する消火用水は，火災階の乗降ロビー以外の場所で放水した消火用水の一部が火災階の乗降ロビーに流入し，閉まった状態の乗場の戸と敷居とのすき間，及び乗場の戸と三方枠とのすき間から昇降路に流入すると想定した。

上述の 1) から 4) までの想定の下で，実験は，2016 年 8 月 9 日に行なわれた，東京都小平市内の建物の機器搬入口及びその外壁を利用して実物大の模擬昇降路を設け，地上高さ約 8.6 m に設置した実物大の乗場の戸の前に設置した実験装置の水タンクに最悪条件を想定した水位である約 16.5 cm まで消火用水を溜め，一気に仕切り板を外して，乗場の戸を介して消火用水を昇降路に流入させた。

実験開始約 1 秒後の水の流れは，図 3.43 のとおりである。

特徴的な水の流れとして，図 3.43 に示すように，次の①から③までの 3 つ流れに分類することができた。

3.6 非常用の昇降機　*169*

図 3.43　実験開始 1 秒後の消火用水の流れ

① 昇降路奥行方向の流れ

　　乗場の戸の下端と敷居とのすき間で，乗場の戸のドアシューとドアシューとの間から 3 本の流れとなって昇降路奥行方向へ流入し，飛び出した。

② 斜め方向の流れ

　　乗場の戸の下端と敷居とのすき間で，ドアシューと三方枠との間（実験装置では，約 25 mm）からは昇降路奥行斜め方向に水が飛び出した。

③ 間口方向の流れ

　　乗場の戸と三方枠とのすき間から敷居に平行（昇降路間口方向）に水が流れ出ている。時間の経過につれて間口方向に流れる水の一部が敷居の溝からあふれ，昇降路奥行側（かご側）に落ちた。

　水の流れを比較すると，①の流れは水が束となって流れ落ちているのに対して，②，③の水の流れは，束とはならずに分岐し，水滴となって流れ落ち，水量は，明らかに①の流れが多かった。

　昇降路ピット付近の両側面に，それぞれ制御盤 1 台ずつを設置し，制御盤への水のかかり方を確認した。①の昇降路奥行方向の流れが直接制御盤にあたることはなく，しぶきとなった水がかかった。

　①の水の流れは，地上でも出入口幅（1,000 mm）と同等の幅となって落下したことが分かった。①から③までの水の流れでは①の水量が最も多く，①に比較して②，

③の水量は明らかに少ないことが，図3.43の写真及び水が落下する地上付近でも確認できた。

①から③までの3つの消防用水の流れ及び水平到達距離の測定値を非常用エレベーターの昇降路平面図に記載すると図3.44のとおりとなる。

機械室なしロープ式エレベーターの駆動装置等は，昇降路内に配置され，昇降路内をかごが昇降することから，かごと昇降路内機器との衝突を避けるために，昇降路内機器，駆動装置等は，かごの外法線よりも外側，かつ，昇降路の内法寸法よりも内側に配置される。実験によって，昇降路内機器，駆動装置等が配置される範囲においては，水の落下角度が鉛直に対して15度よりも小さいことが確認できた。

この実験では，図3.44に示した網掛けの範囲の外側は水の落下角度が15度以下であることから，かごの外法線の外側に配置される駆動装置等の防滴処理は，保護等級IPX2（次に示す参考を参照のこと）の設定が考えられるとの結論が示されている。

なお，ピット内には消火用水等が滞留することが想定されることから，駆動装置等はエレベーターが停止する最下階の床面より上方に設置する必要がある。

参考

日本産業規格 JIS C 0920:2003（IEC 60529:2001）（電気機械器具の外郭による保

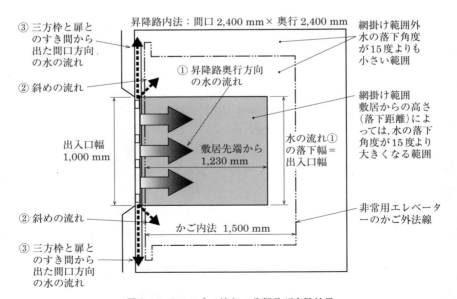

図3.44 3つの水の流れの分類及び実験結果

護等級（IP コード））では，外来固形物及び水の浸入に対する保護の程度を等級で表した IP コードによって保護等級を規定している。

IPX2：外郭が鉛直に対して両側に 15 度以内で傾斜したとき，鉛直に落下する水滴によっても有害な影響を及ぼしてはならない。

第**4**章

油圧式エレベーター

第4章では，油圧式エレベーターの技術，機器について，述べる。

ロープ式エレベーターと共通の事項，例えば，エレベーターの用途等，かご及び乗場関係の機器又はシステム等については第2章で，また同様に，維持管理については第8章で述べる。

4.1　歴史及び関係法令

（1）油圧式エレベーターの歴史

1835年にティーグル（Teagle）と呼ばれた，蒸気を動力源として駆動される荷物用エレベーターが英国で初めて運転されたといわれている。

1845年頃に水圧式エレベーターが使用されるようになってきた。1889年に開催されたパリ万国博覧会の時に建設されたエッフェル塔には，展望台まで行くエレベーターが設置された。このエレベーターは，非常に工夫された，2種類の水圧式エレベーターであった。1つは，地上階から高さ120mにある2階まで，塔の橋脚を斜めに走り，かごが2階建て（ダブルデッキ）の間接式の水圧式エレベーターであった。もう1つは，2階から中間階までのかごと中間階から展望階までのかごとをロープで繋ぐことで釣り合いをとってあり，中間階から展望階までのかごを行程が80mの水圧ジャッキで垂直に駆動する直接式の水圧式エレベーターであった。利用者は，地上階から斜行エレベーターで2階まで行き，2階から中間階まで，中間階から展望階までは垂直に動くエレベーターを中間階で乗り継ぎ，地上から280mの高さにある展望階まで行った。

その後，1930年頃から水圧式エレベーターが油圧式エレベーターに代わった。

日本では，1900年に水圧式エレベーターが初めて設置され，油圧式は1958年に設置された油圧式エレベーターが最初といわれている。それ以降，油圧式エレベーター

の年間設置台数は 300 台から 500 台程度で推移し，エレベーターの用途は荷物用が主体であった。

1976 年に建築基準法が改正されて日影規制が制定された頃から，建物の上部に機械室を設置する必要がない油圧式エレベーターが集合住宅，小規模事務所等の低層階の建物に設置され，エレベーターの用途は乗用が主体で，設置台数が増加した。1997 年には，年間設置台数が 10,000 台を超える台数になった。

1980 年後半になると，建物の上部に機械室を設けないことが特長の機械室なしロープ式エレベーターが市場投入された。これによって，1997 年以降の油圧式エレベーターの設置台数が次第に減少し，2016 年度時点では年間 100 台から 200 台程度となり，エレベーターの用途は荷物用主体になっている。

(2) 関係法令

基本的にロープ式エレベーターと同じ法令が適用される。ここでは，油圧式エレベーターだけに規定された法令を記載する。

1) 平成 12（2000）年建設省告示第 1414 号の第 3 に油圧式エレベーターの強度検証法を規定している。

2) 平成 12（2000）年建設省告示第 1423 号の第 4 において直接式油圧式エレベーターの制動装置を，同第 5 において間接式油圧式エレベーターの制動装置の構造方法を規定している。

3) 平成 12（2000）年建設省告示第 1429 号の第 2 において，油圧式エレベーターの制御器の構造方法を規定している。

4.2　基本構造，特徴

4.2.1　共通事項

(1) 方式

油圧式エレベーターは，かごを駆動する方式によって，第 2.2.1 項の図 2.4（油圧式エレベーターの基本構造の例）に示したように，直接式，間接式及びパンタグラフ式の 3 種類の方式がある。

(2) 特徴

1) 長所

① 昇降路から離れた場所に機械室を配置できる。

昇降路にある，プランジャーとシリンダーとで構成される油圧ジャッキと，機械室にあり，油圧ジャッキに圧油を供給する油圧パワーユニットとを圧力配管で繋いでいる。このために，昇降路が機械室に隣接していなくても，圧力配管の延長によって，油圧パワーユニットから油圧ジャッキに圧油を供給できる。

②建物の上部がエレベーターの機器を支える荷重は，小さい。

直接式，間接式ともに，主に油圧ジャッキは，昇降路のピット床にあるジャッキ台等に固定する。また，機械室を，例えば，最下階である1階付近に設けると，ほとんどのエレベーターの機器の荷重を建物下部で支える。

③下降時に電動機を使用せず，駆動に必要な消費電力量は小さい。

下降時は，かごの積載量，かごの質量等による全ての質量で発生する圧力及び流量を流量制御装置で制御して下降する。

2) 短所

①ロープ式エレベーターと比較して，昇降行程が短く，定格速度が遅い。

プランジャーに適用する鋼管の，直径，肉厚，機械的強度等，さらに表面仕上げ及び一般的な機械加工において限界があるため，油圧式エレベーターの一般的な昇降行程は，直接式では10 m程度，間接式では20 m程度までで，定格速度は，60 m/min程度までと制限される。

②上昇時の電動機容量が大きく，消費電力量も大きい。

一般にはかごの積載量，かごの質量等の全ての質量を，釣合おもりでバランスさせることなく，電動機を用いて上昇させる。

4.2.2　各方式の特徴，構造

直接式，間接式及びパンタグラフ式のそれぞれの構造，特徴について，述べる。

(1) 直接式

1) 直接式の構造

直接式の構造を図4.1に示す。直接式は，プランジャーの上部がかごの床構造部分に直接締結されている。プランジャー上部の締結部分には，プランジャーからの振動の伝搬を遮断するために，防振ゴムを設けることがある。

かごとプランジャーとが直接接続されているので，プランジャー及びかごの昇降する速度，昇降行程は，同じである。油圧ジャッキの全長は，おおよそ，かごの昇降行程に余裕代長さ等を加えた長さになる。

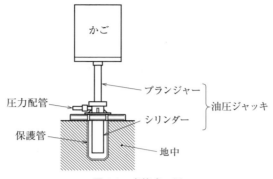

図 4.1 直接式の例

シリンダーが収納される保護管は，地中に埋設される。このため，保護管は，油圧式エレベーターが撤去されるまで健全でなければならないので，防錆処理が必要である。また，保護管は，地下水がある場所では浮力を受けるので，保護管の浮き上がりを防止する措置が必要である。

シリンダーの外面は，保護管内に地下水が入った時に備えて，保護管と同様に防錆処理が必要である。シリンダーの防錆処理は，防錆テープ処理，電気防食等である。

シリンダーの保護管については，日本エレベーター協会標準 JEAS-206（直接式油圧エレベーターのシリンダー保護鋼管と埋設法に関する標準）が参考になる。

2) 直接式の特徴

① 油圧ジャッキがかごの下にあるので，かごの周りに釣合おもり，油圧ジャッキ等がなく，昇降路の平面寸法が小さい。

② 屋内展望用に使用した時，主索，そらせ車等の機器，部品がなく，全体がすっきりとしている。

③ かごが油圧ジャッキで支えられているので，自由落下することがなく，非常止め装置が不要である。

④ かごの質量及び積載量がそのまま油圧ジャッキのプランジャーに作用する。かごの質量及び積載量の何倍かがプランジャーに作用する間接式と比較して，かごの積載量の変動に対して，かご停止時の乗場におけるかご床の沈み量の変動が少ない。

　なお，かごの積載量が増加する（利用者が乗り込む）と，かごの床面は，油に微小に含まれた空気の圧縮，間接式では主索の伸び等の影響で，かごが停止している乗場の床面よりも沈む。これをかご床の沈みという。一方，かごの積

載量が減少する（利用者が降りる）と，かごの床面は，かごが停止している乗場の床面よりも浮き上がる。
⑤ 主に地下水による，シリンダーの外側の錆等を保護するために，シリンダーを収める保護管を地中に設ける必要がある。
⑥ シリンダーが地中の保護管の中に収められているので，シリンダーの点検が困難である。

（2）間接式
1）間接式の構造

間接式は，図 4.2 に示すように，プランジャーの上に設けられた，そらせ車と呼ぶ滑車に掛けられた主索又は鎖の一端にかごが吊られており，他端は綱止め金具に締結

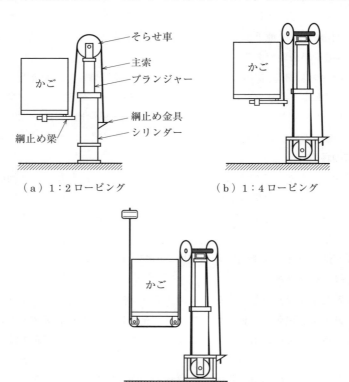

図 4.2　間接式のロービングの例

されている。プランジャーの動きは，主索等を介して，かごに伝達される。

　間接式の場合は，プランジャーの速度よりもかごの速度のほうが速い。また，プランジャーが昇降する行程よりもかごの行程（昇降行程）のほうが長い。速度，行程は，主索の掛け方によって異なる。

2) 主索の掛け方

　主索の掛け方をローピングと呼ぶ。主なローピング例を図 4.2 に示す。

　図 4.2(a) は，1:2 ロービングで，プランジャーの速度，行程に対して，かごの速度，昇降行程は 2 倍である。

　図 4.2(b) は，1:4 ロービングで，プランジャーの速度，行程に対して，かごの速度，昇降行程は 4 倍である。

　図 4.2(c) は，せり上げ式の 2:4 ロービングである。せり上げ式は，かごの下にも滑車を設けている。

　油圧ジャッキの全長は，1:2 及び 2:4 ロービングでは昇降行程の 1/2 の長さ（行程）に余裕代長さ等を加えた長さ，1:4 ロービングでは昇降行程の 1/4 の長さ（行程）に余裕代長さ等を加えた長さである。

3) 間接式の特徴

①　昇降路の内法（昇降路内側の有効寸法）とかごの周囲との間に，油圧ジャッキを設置する場所が必要である。

②　主索が切断した時又は緩んだ時に備えて，非常止め装置が必要である。

③　油圧ジャッキが受ける荷重はかごに掛かる荷重よりも大きいので，かごの積載量の変動に対して，直接式よりもプランジャーの沈み量の変動が大きくなる。これに加えて，主索に掛かる荷重による主索の伸びが重畳することから，かご停止時の乗場におけるかご床の沈み量は，直接式よりも大きい。

④　昇降路内に油圧ジャッキがあるので，シリンダーの点検が容易である。

（3）パンタグラフ式

1) パンタグラフ式の構造

　パンタグラフ式は，図 4.3 に示すように，かごの下にパンタグラフ機構がある。

　パンタグラフ機構は，昇降路の底部に固定する。パンタグラフ機構は，その上部と下部とにおいて，パンタグラフの一端が固定されており，他端はローラーで移動することができる。油圧ジャッキによってパンタグラフを伸縮すると，他端が移動し，かごが昇降する。

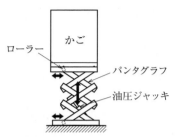

図 4.3　パンタグラフ式の例

4.3　油圧ジャッキ及び配管の関連機器

4.3.1　油圧ジャッキの構造及び動作

　図 4.4(a) に示すように，油圧ジャッキは，油圧ジャッキの外側を構成する，円形のパイプ状のシリンダーと，シリンダーに圧油が供給されるとシリンダーに沿って動く，円形パイプのプランジャーとで構成されている。

　また，図 4.4(b) に示す，異なる径の中間部のプランジャーが数段ある多段式油圧ジャッキ（テレスコピック油圧ジャッキ）もある。中間部のプランジャーは，シリンダーの機能も有している。

　油圧ジャッキの構造例を図 4.5 に示す。

　油圧ジャッキが昇降路内に据え付けられ，機械室にある油圧パワーユニットから初めて供給される圧油が，シリンダーの配管口からシリンダー内に流入する。プラン

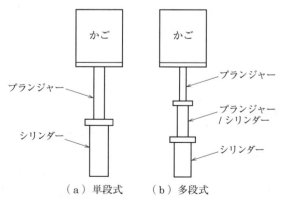

図 4.4　単段式，多段式油圧ジャッキの例

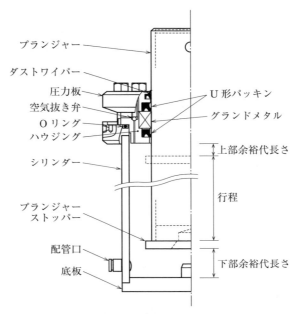

図 4.5 U形パッキンが二段ある油圧ジャッキの構造例

ジャーは，最初シリンダーの底に着座している。シリンダー内に圧油が満たされると，プランジャーは，シリンダー内に流入した油量（体積）に相当する長さだけ，シリンダーから出始める。圧油が更に供給されると，プランジャーは，シリンダーから更に出て，最終的にはプランジャーのストッパーがシリンダーの上部に当たって止まる。通常の最上階と最下階との往復時には，プランジャーがシリンダーの上部及び底に当たることはない。

シリンダーの長さは，プランジャーのストッパーがシリンダーの上部に当たらないようにする上部余裕代長さ，プランジャーがシリンダーの底に着かないようにする下部余裕代長さ，さらにシリンダーの圧力板及びハウジングの厚みを考慮する。

また，プランジャーの長さには，行程に上部及び下部の余裕代長さ等を考慮し，シリンダーに着座している時にシリンダーよりも突出している長さには，そらせ車をプランジャー上部に取り付ける寸法が必要である。

4.3.2　シリンダーの構造

油圧ジャッキの基本部品であるシリンダーについて，述べる。

図 4.5 の油圧ジャッキの構造例に図示したように，シリンダーの上部には，ねじ穴がある輪状の板がシリンダーの鋼管に溶接されている。輪状の板の上にハウジングを載せ，ハウジングを圧力板で押さえて，ボルトで締結する。輪状の板とハウジングとの間には，油が漏れないように，Ｏリングが取り付けられている。

圧力板には，シリンダー内に外部のゴミ等が入らないようにするダストワイパー（スクレーパー）及び上のパッキンが取り付けられている。

ハウジングには，プランジャーの摺動面で圧油を封止するパッキン，プランジャーの摺動を支持するグランドメタルが入っている。

また，圧油を蓄えているシリンダー内の最上部分となるハウジングには，空気抜き弁が設けてある。初めて圧油をシリンダー内に充填した時及び油圧式エレベーターが稼働しだしてからも定期的に，シリンダー上部に溜まった空気を抜く必要がある。

シリンダーの底部には，底板が溶接されている。圧油が供給される配管口は，直接式においてはシリンダー側面の上部に，間接式においては一般的にはシリンダーの鋼管の下部に，稀に底板部分に取り付けられている。

シリンダーは，内部に圧油が供給されるので，圧力容器である。このために，シリンダーの全ての溶接部分は，例えば，鋼管と底板との溶接，鋼管と配管口との溶接は，油が漏れないように油密となっている。

一般的にシリンダーに用いる鋼管は，日本産業規格 JIS G 3445（機械構造用炭素鋼鋼管（STKM）），JIS G 3454（圧力配管用炭素鋼鋼管（STPG））等の継ぎ目なし又は電気抵抗溶接管を用いる。肉厚は，作用する圧力によって選定し，5～15 mm 程度である。底板は，一般的には，日本産業規格 JIS G 3101（一般構造用圧延鋼板（SS））等で，形状は平板又は半球形で，作用する圧力によって，底板の厚み，溶接方法等を選定する。

各部分の強度は，一般的な作動圧力が 1～6 MPa 程度に対して十分な強度があるように，平成 12（2000）年建設省告示第 1414 号第 3 第二号イで，常時の安全率として 3.0（脆性金属にあっては，5.0 とする）以上，安全装置作動時の安全率として 2.0（脆性金属にあっては，3.3 とする）以上を確保するように規定されている。

油圧ジャッキの全長が約 5 m を超えるシリンダーは，建築物内での搬入経路の確保が困難になるので，2 分割又は 3 分割される。分割部分の接続には，分割部分の直径を小さくする設計では，大口径の細目ねじでの接続が採用される。大口径の細目ねじを用いると，接続部分の直径がシリンダーの直径よりも少し大きい程度となるが，慎重な接続作業が求められる。一方，フランジ継ぎ手の接続部分は，シリンダー上部

4.3 油圧ジャッキ及び配管の関連機器 **181**

の直径とほぼ同等の直径程度で製作できる。一般的には，締結ボルトに六角穴付きボルトを用いたフランジ接手が採用されていることが多い。

次に，シリンダー上部に取り付けられている部品について，述べる。

(1) ダストワイパー（スクレーパー）

昇降路の中には，建設時に出たコンクリート小片，砂埃，稼働後にエレベーターの乗場のすき間から入ってきた塵埃等がある。これらのゴミ等が油で潤滑されているプランジャーの表面に付着する。

油圧ジャッキの外部のゴミ等を内部に入れないようにするダストワイパーは，図4.5 の油圧ジャッキの構造例に図示したように，シリンダーの最上部に取り付けてある。

プランジャーが動いた時に，自動車のワイパーのように，ダストワイパーの先端部分で，プランジャーの表面に付着したゴミ等を付着している油とともに除去する。

ダストワイパーがないと，プランジャーに付着したゴミ等がプランジャーの表面を傷つける，パッキンの油切り部（図 4.6 のリップ部）に傷をつける等によって，油漏れの原因になる。

また，シリンダー内の圧油の中に塵埃等が入ると，油の汚染の原因となり，流量制御装置の制御弁のパッキンを損傷する，流量制御装置に設けられた絞り（オリフィス）に詰まることがある。

ダストワイパーの材料には，耐油性のあるニトリルゴム等が使用されている。

(2) パッキン

プランジャーが円滑に動き，かつ，圧油が漏れないようにするために，プランジャーの摺動部分にはパッキンを取り付けている。

パッキンには，V 形パッキン，U 形パッキン等が使用される。取換え等が容易な U 形パッキンが比較的よく使用されている。

U 形パッキンの例を図 4.6 に示す。リップ型 U 形パッキンは，パッキンの先端部分（リップ）がプランジャーの表面に当たり，油を封止する。

U 形パッキンの断面は，下が開いた U 字形をしている。このため，U 形パッキンは，圧力が U 字部分の内側に掛かるように取り付ける。U 字部分の内側に圧力が掛かると，U 字部分が圧力に比例して開き，リップ部分でより封止力が増す自己シール型の構造である。油圧式エレベーターは，自己シール型の U 形パッキンが使用され

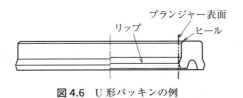

図 4.6　U 形パッキンの例

ていることが多い。

　パッキンの材料には，ダストワイパーと同様に，耐油性のあるニトリルゴム等が使用されている。

　ハウジングに二段にパッキンを設けた例では，下のパッキンで漏れた油を上のパッキンで封止し，その油はハウジングに取り付けた還流用配管で油圧パワーユニットのタンクに戻す。この配管があると，下のパッキンでの少量の油漏れは，還流によって対処ができる特長がある。

　エレベーターは夜間に使用頻度が低下し，停止している時間が長くなる。プランジャーの停止が継続すると，パッキンのリップ部とプランジャー表面との間に油分が少なくなり，潤滑がされていない状況になりやすい。この状況で翌朝等にプランジャーが動き出すと，パッキン部分でのスティックスリップ振動が発生し，そのびびり振動が，例えば，間接式ではそらせ車，主索を介して，かごまで伝わり，かご内で騒音，振動を感じることがある。

　この対策として，パッキンのリップ部を滑らかに動くようにするために，フッ素樹脂系の材料をリップ部に使用することがある。

(3) グランドメタル

　グランドメタルは，プランジャーの上下の摺動を案内しながら支えるように取り付けられている。このため，グランドメタルの内径は，プランジャーの外径よりも若干大きい。また，接触した時のために，表面に油溝等が施してある例もある。

　グランドメタルの材料は，表面に鋼管よりも柔らかい金属材料を溶着した鋼管製，非金属材料系の樹脂製等である。

4.3.3　プランジャーの構造

　油圧ジャッキの基本部品である，プランジャーの構造は，図 4.5 の油圧ジャッキの構造例に示した。

4.3 油圧ジャッキ及び配管の関連機器 *183*

プランジャーの材料は，単段式の場合は一般的には鋼管で，日本産業規格 JIS G 3445 機械構造用炭素鋼鋼管（STKM）の冷間又は熱間の継ぎ目なしが用いられる。

鋼管の肉厚は，5〜20 mm 程度である。多段式の場合は，最上部のプランジャーが鋼管ではなく鋼棒もある。プランジャーにはかご側の全ての荷重が掛かるので，プランジャーが座屈を起こさないように強度計算する等，強度には十分配慮しておく必要がある。

プランジャーの安全率は，一般的な作動圧力が 1〜6 MPa 程度に対して，プランジャーが十分な強度があるように，平成 12（2000）年建設省告示第 1414 号第 3 第二号イで，常時の安全率として 3.0（脆性金属にあっては，5.0 とする）以上，安全装置作動時の安全率として 2.0（脆性金属にあっては，3.3 とする）以上を確保するように規定されている。

プランジャーの表面は，一般的には研磨仕上げ又はめっきされている。研磨仕上げの表面粗さは，1〜3 μm 程度である。めっき仕上げは，傷がついた時に修復が困難であること，分割形の接続部の段差修正でめっきが剥げること等から，プランジャーの長さが長い油圧式エレベーターでの使用例は少ない。

分割された油圧ジャッキのプランジャーには，プランジャーの内側に大口径細目ねじを加工してあり，プランジャーの接続部分の内側と同じねじを加工したスリーブによって接続する。接続後のプランジャーの表面は，ほかの部分と同程度にベルト状のサンドペーパー等を用いて滑らかに仕上げる。

プランジャーの下部にはシリンダーからプランジャーが抜け出ることを防ぐため，プランジャー本体の直径より大きく，シリンダーの内径よりも小さい径のプランジャーストッパーが取り付けられている。ストッパーの外径は，プランジャーが傾いた時にシリンダーの内側になるべく接触することがないように選定する。

プランジャーの底には，組み立てた時，油圧ジャッキの搬送時に，プランジャーが中央で支えられ，傾かないように，シリンダーの底にあるピンに嵌る，又はストッパーがシリンダーの底に嵌る等の加工がしてある。

4.3.4 配管関連部品

圧力配管及びその関連の機器について，述べる。

（1）圧力配管

油圧パワーユニットから油圧ジャッキまで圧油を送る配管を圧力配管といい，圧力

配管には，鋼管，高圧ゴムホースが用いられる。

　油圧パワーユニットから油圧ジャッキまでの圧力配管の経路には，空気が溜まる箇所がないように配管経路を設計する。逆 U 字形等の，空気が溜まるおそれのある配管経路では，その箇所の一番高い場所に空気抜き弁を設けておくことが必要である。

　圧力配管の設計には，日本エレベーター協会標準 JEAS-205（油圧エレベーターの圧力配管施工に関する標準）が参考になる。

1）鋼管

　直管は鋼管製で，日本産業規格 JIS G 3454（圧力配管用炭素鋼鋼管（STPG））等を用いる。角度を付けて曲げて配管するには，90 度エルボ等を用いる。曲管（エルボ）の材料は，一般的に鋳物製である。

　鋼管，鋳物管の安全率は，一般的な作動圧力が 1〜6 MPa 程度に対して十分な強度があるように，平成 12（2000）年建設省告示第 1414 号第 3 第二号イで，常時の安全率として 3.0（脆性金属にあっては，5.0 とする）以上，安全装置作動時の安全率として 2.0（脆性金属にあっては，3.3 とする）以上を確保するように規定されている。

2）高圧ゴムホース

　高圧ゴムホースは，圧油によって伝搬する圧力脈動を抑制する，配管経路の中心線のずれ又は大きな曲率での曲がりに対応する等のために使用する。

　高圧ゴムホースには，1〜6 MPa 程度の作動圧力に耐えることができる，日本産業規格 JIS B 8360（液圧用鋼線補強ゴムホースアセンブリ）等を用いる。

　高圧ゴムホースは，使用長さを最小限度とし，最小曲げ半径は JIS の規定による等とし，点検が容易な場所に使用する。ねじれがないように設置し，建築物の壁，床等の貫通，地面，床等への埋め込みは避けなければならない。

　高圧ゴムホースの安全率は，一般的な作動圧力が 1〜6 MPa 程度に対して十分な強度があるように，平成 12（2000）年建設省告示第 1414 号第 3 第二号ロで，常時の安全率として 6.0 以上，安全装置作動時の安全率として 4.0 以上を確保するように規定されている。

　高圧ゴムホースを用いた配管設計には，日本エレベーター協会標準 JEAS-708（油圧エレベーターの高圧ゴムホースに関する標準）が参考になる。

（2）管継ぎ手

　油圧パワーユニットから油圧ジャッキまでを複数本の圧力配管で繋ぐ。それぞれの配管の接続には，図 4.7(a)，(b)，(c) に示すような，管用ねじを用いた (a) ねじ継

4.3 油圧ジャッキ及び配管の関連機器　　185

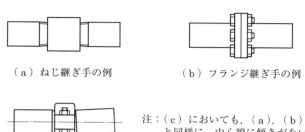

（a）ねじ継ぎ手の例　　　（b）フランジ継ぎ手の例

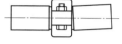

（c）可とう継ぎ手の例

注：（c）においても，（a），（b）と同様に，中心線に傾きがない取付けが基本である。

図 4.7　管継ぎ手の例

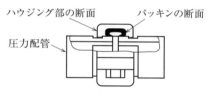

図 4.8　ハウジング形可とう継ぎ手の説明図

ぎ手，圧力配管に溶接されたフランジとフランジに挟まれたガスケット（Oリング等）とで油漏れを防ぎ，ボルトとナットとで締結する(b)フランジ継ぎ手，図 4.8 に示すように，ハウジングの中にあるゴムリングで油漏れを防いでいる(c)可とう継ぎ手等の管継ぎ手が使用される。

　ねじ継ぎ手，フランジ継ぎ手では，接続する両方の配管の中心線はできる限り傾かないように取り付けなければならない。

　可とう継ぎ手では少しの中心線の傾きは許容され，施工誤差を継ぎ手の可とう性で吸収できる。圧力配管の据付時に配管の傾き調整が容易であることから，低圧力で稼働している油圧式エレベーターには，可とう継ぎ手が比較的よく使用されている。

（3）圧力配管の支持部材

　圧力配管は，配管経路の途中で，図 4.9 に示すように，床，壁，天井等の強固部分に設けられた支持台等に配管バンド等を用いて固定する。固定部分から床，壁，天井等に圧力配管から比較的低周波の振動等が伝わりにくいように，配管と配管バンドとの間に防振ゴムを挟んで固定される。

　圧力配管の施工については，日本エレベーター協会標準 JEAS-206（油圧エレベー

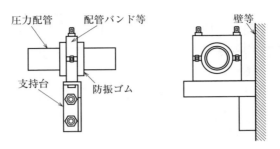

図 4.9　配管支持の例

ターの圧力配管施工に関する標準）が参考になる．

4.3.5　プランジャー，シリンダー及び圧力配管の強度検証法

　プランジャー，シリンダー，圧力配管等の内部は，1～6 MPa 程度の圧油で満たされている．そのため，プランジャー，シリンダー，圧力配管等はこれらの圧力に対しても十分な強度を有するように設計されなければならない．

　第 4.3.5 項では，プランジャー，シリンダー，圧力配管等を円筒と考え，円筒の円周方向に作用する応力（以下「フープ応力」という）について，述べる．

　なお，圧力配管として高圧ゴムホースを使用する場合には，製造会社が製品ごとの許容圧力を製品資料等に示しているので，安全率を考慮し，圧油の圧力に応じた高圧ゴムホースを選定する．

　図 4.10 のように，圧油の圧力（以下「内圧」という）P を受ける，長さ l，内径 D，肉厚 t の配管を考える．

　肉厚 t が内径 D の約 10～12% 以下の薄肉円筒では，肉厚部に働く応力が円筒の内側と外側で等しいと仮定して，次のようにフープ応力を考える．

　図 4.11 のように，長さ l，高さ $\dfrac{D}{2}d\theta$ の微小な長方形に内圧 P が及ぼす半径方向の

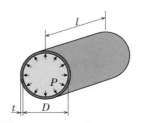

図 4.10　内圧を受ける円筒

4.3 油圧ジャッキ及び配管の関連機器

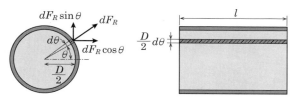

図 4.11 内圧による荷重

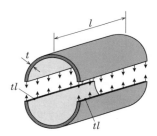

図 4.12 円筒に働く応力

荷重 dF_R は,

$$dF_R = Pl\frac{D}{2}d\theta \tag{4.1}$$

である。

この微小な長方形に作用する半径方向の荷重 dF_R により, 図 4.12 のように円筒の上半分が上下方向に引っ張られる荷重 dF は,

$$\begin{aligned}dF &= dF_R \sin\theta \\ &= Pl\frac{D}{2}\sin\theta d\theta\end{aligned} \tag{4.2}$$

である。

これを円筒の上半分, つまり半周に渡り積分すれば, 内圧 P により円筒の上半分が上下方向に引っ張られる荷重 F は,

$$\begin{aligned}F &= \int_0^\pi Pl\frac{D}{2}\sin\theta d\theta \\ &= Pl\frac{D}{2}[-\cos\theta]_0^\pi \\ &= DPl\end{aligned} \tag{4.3}$$

となる。

これを, 図 4.12 のように面積 $2tl$ の断面で受けるから, 薄肉円筒のフープ応力 σ は,

188　　第4章　油圧式エレベーター

$$\sigma = \frac{DPl}{2tl}$$
$$= \frac{DP}{2t}$$

(4.4)

となる。

　一方，肉厚 t が厚い厚肉円筒では，円筒の内側と外側とに作用する応力に大きな差が生じる。最大フープ応力は，円筒内側で発生する。円筒の内径を D_1，外径を D_2 とすれば，円筒内側のフープ応力すなわち最大フープ応力 $\sigma_{\max}$ は，

$$\sigma_{\max} = \frac{P\left(D_2^2 + D_1^2\right)}{D_2^2 - D_1^2}$$

(4.5)

となる。

例題4.1

　次の仕様の油圧式エレベーターについて，通常の昇降時の圧力配管の強度を検証せよ。

　なお，数値を丸めるときには安全側になるよう，各部に生じる荷重等は切り上げ，安全率は切り捨てとする。

プランジャーの総押上質量	$m = 2,000$〔kg〕
プランジャーの外径	$D_p = 100$〔mm〕
圧力配管の外径	$D_t = 60.5$〔mm〕
圧力配管の肉厚	$t_t = 3.9$〔mm〕
圧力配管の破壊強度	$F_O = 370$〔N/mm^2〕
圧力損失	$P_L = 0.5$〔MPa〕

　通常の昇降時に昇降する部分に生じるの加速度を考慮した値　$\alpha_1 = 1.3$

解4.1

　通常の昇降時にプランジャーに作用する荷重 F_N は，

$$F_N = \alpha_1 mg$$
$$= 1.3 \times 2000 \times 9.8$$
$$= 25480 \text{〔N〕}$$

(4.6)

である。

　また，プランジャーの受圧面積 A_P は，

$$
\begin{aligned}
A_P &= \frac{\pi D_P^2}{4} \\
&= \frac{100^2 \pi}{4} \\
&= 7850 ~[\text{mm}^2]
\end{aligned}
\tag{4.7}
$$

であるから，シリンダー内の圧力 P_N は，

$$
\begin{aligned}
P_N &= \frac{F_N}{A_P} \\
&= \frac{25480}{7850} \\
&= 3.246 ~[\text{MPa}]
\end{aligned}
\tag{4.8}
$$

となる。

　プランジャーが作動する時には各部で圧力損失があると考えられるから，強度検証で考慮する圧力 P は，シリンダー内の圧力 P_N に圧力損失 P_L を加えて，

$$
\begin{aligned}
P &= P_N + P_L \\
&= 3.246 + 0.5 \\
&= 3.746 ~[\text{MPa}]
\end{aligned}
\tag{4.9}
$$

となる。

　また，圧力配管の内径 D は，

$$
\begin{aligned}
D &= D_t - 2t_t \\
&= 60.5 - 2 \times 3.9 \\
&= 52.7 ~[\text{mm}]
\end{aligned}
\tag{4.10}
$$

であり，薄肉円筒としてフープ応力 σ を求めると，

$$
\begin{aligned}
\sigma &= \frac{DP}{2t} \\
&= \frac{52.7 \times 3.746}{2 \times 3.9} \\
&= 25.31 ~[\text{N/mm}^2]
\end{aligned}
\tag{4.11}
$$

となる。

　以上より，通常の昇降時の安全率 S_{f_N} は，

$$
\begin{aligned}
S_{f_N} &= \frac{F_O}{\sigma} \\
&= \frac{370}{25.31} \\
&= 14.6
\end{aligned}
\tag{4.12}
$$

となるから，平成12（2000）年建設省告示第1414号第3第二号イの常時の安全率は3以上であり，十分な強度を有している。

4.4 油圧パワーユニット

第4.4節では，油圧式エレベーターの駆動制御装置である油圧パワーユニットの構造，構成機器等について，述べる。

4.4.1 油圧パワーユニットの構造

一般的な油圧パワーユニットの例を，図4.13に示す。

油圧パワーユニットは，油圧式エレベーターを駆動する装置であり，主な機器としては，油タンク，電動機，油圧ポンプ，流量制御装置，圧力計，油面計，油ろ過装置等で構成されている。

一般的な油圧パワーユニットにおける圧油の流れの概要は，次のとおりである。

油圧式エレベーターの上昇運転時，油タンクの中の作動油は，油ろ過装置から，電動機によって回転している油圧ポンプの背面側にある吸込口から油圧ポンプの中を流れ，吐出口から圧油として流量制御装置に送り出す。流量制御装置では，電動機の起動当初は，全油量を油タンクに戻す。流量制御装置の制御によって，圧油の圧力が上がると流量制御装置からサイレンサーを介して油圧ジャッキへと圧油を送り出し，油

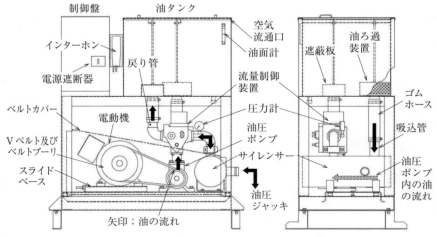

図4.13　一般的な油圧パワーユニットの例 [d1]

圧ジャッキのプランジャーが上昇して，かごが上昇する。

下降運転時は，かごの積載量等による圧力によって，流量制御装置が圧油を制御することで，油圧ジャッキからの圧油がサイレンサー，流量制御装置，油圧タンクへと戻る。これによって，プランジャーが下降して，かごも下降する。

これらの装置のほか，制御盤及びインターホン，サイレンサー，ストップバルブ，油冷却装置，油保温装置等は，機器の構成，積載量，速度等によっては，油圧パワーユニットに組み込まれたり，油圧パワーユニットとは別に設置されたりする。油の冷却，保温装置は，必要に応じて設置する。

制御盤は，ロープ式エレベーターと同様に，油圧式エレベーターの運転制御について，昇降路スイッチ，ドア装置，かご及び乗場の操作盤等からの情報によって，電動機，流量制御装置に指令を出す。制御盤は，機械室の面積を小さくするために，中容量，小容量の油圧式エレベーターでは，油圧パワーユニットと一体形にまとめている。大容量の油圧式エレベーターでは，油圧パワーユニットとは独立して設置する。

一般的に使用されている油圧式エレベーターの積載量は，ホームエレベーター等の小積載量のエレベーターの 150 kg 程度，大積載量は荷物用エレベーターの 10～50 ton 程度である。定格速度は，10～60 m/min 程度である。これらの油圧式エレベーターの作動圧力範囲は 0.5～6 MPa 程度であり，流量範囲は 50～1,500 ℓ/min 程度である。

また，図 4.14 に電動機，油圧ポンプ等が油タンクの油の中に浸漬されている油浸形（サブマージ形ともいう）油圧パワーユニットの機器構成の例を示す。

油浸形油圧パワーユニットは，油タンクの中に油浸形電動機，電動機の回転数を計測する油浸形エンコーダー，油吸込口に油ろ過装置が取り付けてある油浸形油圧ポンプを使用している。電動機と油圧ポンプとは，双方の軸がキー溝で直接接続されており，これらは，油タンクの中に防振ゴムを介して吊り下げられている。エンコーダーは，第 4.5.4 節で述べる VVVF（インバータ）制御による運転制御を適用するために必要な装置である。

油浸形油圧パワーユニットにおける，油タンクの中の油浸形機器の働き及び圧油の流れの概要は，VVVF 制御による運転制御を例にすると，次のとおりである。

油圧式エレベーターの上昇運転時，速度指令信号と，エンコーダーで計測された速度帰還信号との差信号により回転数が VVVF 制御で制御され，電動機が油圧ポンプを駆動する。油圧ポンプは，油タンク内の油を油ろ過装置から吸い込み，圧力を上げて，油タンクの上にある流量制御装置に圧油を送る。流量制御装置は，停止保持，圧

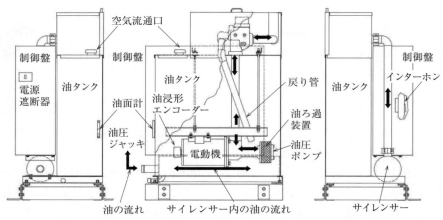

図 4.14 油浸形油圧パワーユニットの機器構成の例 [d1]

力異常時,手動下降時の対応に作動する。

　下降運転時は,流量制御装置から戻ってきた圧油が油圧ポンプを通る。この時,VVVF 制御されている電動機で油圧ポンプの回転数が制御され,油圧ポンプを通った圧油は油タンクに戻る。

　電動機及び油圧ポンプから発生する熱は,油タンクの油で冷却され,油タンクの表面から放熱される。一方,高頻度で使用すると油の温度が上がりやすい。

　また,電動機,油圧ポンプからの放射騒音は,油及び油タンクの鉄板によって低減される。

　機械室に設置する機器の設計には,日本エレベーター協会標準 JEAS-703（油圧エレベーターの機械室に関する標準）,JEAS-706（油圧エレベーターの機械室に関する騒音・振動に対する建築設備計画上の配慮事項に関する標準）及び JEAS-707（油圧エレベーターの機械室発熱量と換気に関する標準）が参考になる。

4.4.2　電動機

　電動機は,一般に 2 極又は 4 極の三相誘導電動機で,その出力は 2〜100 kW 程度である。電動機の出力を同じ積載量及び速度のロープ式エレベーターと比較すると,油圧式エレベーターのほうが大きい。

　電動機の取付けは,図 4.13 に示した V ベルト駆動方式では,保守点検時にベルト張力の調整ができるように,スライドベース等の上に設置する。稼働後に,ベルト張

力が緩めば，電動機を動かして調節する．Vベルトの張力を調整範囲に調節しても，調節後にベルトを動かすと，調整範囲になっていないこともある．何度も調整する間に，ベルトとプーリとの間に指，作業着等が挟まれないように，ベルトカバーを取り付ける等して，作業安全に注意しなければならない．

電動機の軸と油圧ポンプの軸とがカップリング等で接続している方式では，両方の軸の中心線が一致するように調整して設置する．カップリング等での接続方式は，稼働後の調整がほとんどない．

図4.14に示した油浸形油圧パワーユニットの電動機の軸と油圧ポンプの軸とは，キー溝による接続である．

4.4.3 油圧ポンプ

油圧ポンプは，一般的にポンプの駆動軸の1回転あたりの吐出量が負荷にほとんど関係なく一定の容積形と，一定でない非容積形とに大別される．容積形の油圧ポンプには，歯車（ギヤ）ポンプ，ベーンポンプがある．油圧式エレベーターに用いられることが多いポンプは，歯車ポンプに属する外接ギヤポンプ，スクリューポンプ，ベーンポンプに属するスライディング形ベーンポンプ等である．

一般的な油圧式エレベーターには，吐出圧力の脈動が少なく，騒音の少ないスクリューポンプが多く使われている．

スクリューポンプの例を図4.15に示す．

スクリューポンプは，ねじが切られた主駆動軸の上下にある2本の従動軸及びケーシングに囲まれた容積に，吸込口から入ってきた作動油が入る．主駆動軸が回転すると，吐出側に連続的に運ばれ，吐出口から圧油として送り出される．

主駆動軸の先端付近に取り付けられたメカニカルシールで，回転部分からの油漏れを防いでいる．

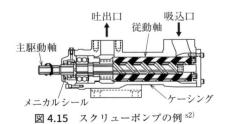

図4.15　スクリューポンプの例 [s2]

4.4.4　油タンク

　油タンクは，日本産業規格 JIS G 3101（一般構造用圧延鋼材（SS材））の SS400 材等を用いた溶接構造で，容量は使用する板材の大きさから約 600 ℓ/台が最大である。これ以上大きい油タンク容量が必要であれば，油タンクを2台連結する事例もある。

　油タンクの油量は，プランジャーがシリンダーの底に着いた時に，全ての油が油タンクに戻り，最高油量，すなわち，最高油面となる。また，プランジャーのストッパーがシリンダー頭部に当たった時に最低油量，最低油面となる。

　油タンクの高さは，最高油面の時に油面が地震そのほかの原因で揺れても容易にはこぼれない，また，最低油面に至るまでの間に，油圧ポンプの吸込管に供給する油の流速で油タンクの中の作動油にできる渦によって，吸込管から空気を吸い込まない高さにする。

　最低油面が高いと，使用しない油量が多くなるので，最低油面をできる限り下げるために，吸込管の入口部分の油ろ過装置の周囲を覆う等の措置をする。

　油タンク内の油面高さは，運転中に変動する。この変動による空気の流通のために，油タンクの上部には空気流通口を設ける。

　また，油タンクの表面からの放熱によって，油タンク内の油温の上昇を抑制する。油タンクの表面積が大きく，高さがあると放熱がよい。

　油タンクは，これらの条件を満たす体積，高さが必要である。

（1）作動油

　油圧式エレベーターに使用する油には，石油系作動油と難燃性系液体とがある。石油系では，一般作動油又は耐摩耗性作動油の粘度が ISO VG32 又は VG46 が一般的に使用される。この作動油は，消防法の第4類危険物に相当するため，油タンクの鋼板の厚み及び容積は，消防法の関係法令を満たさなければならない。

　難燃性系液体は，非危険物となる，水－グリコール系が使用される。

　作動油には，塵埃等が混入するので，定期的に別の油ろ過装置を油圧パワーユニットの横等に持ち込んで，油タンク内の油の塵埃を取り除く。また，作動油の酸化又は水分の含有で変色した油，塵埃が混入して汚染が激しい油は，油圧ジャッキ，圧力配管の作動油を含めた全量を取り換える。

（2）空気流通口

　油タンクには，空気の流通口（エアブリーザー）を設ける。空気流通口としては，

油タンクの蓋と油タンクの側面上部との間にすき間，塵埃が多い場所では，フィルター付きのエアブリーザー等がある。

油圧式エレベーターの上昇運転時には油タンクの油を油圧ジャッキに供給するので，油タンク内の油面が下がり，空気流通口から油タンクに空気が流入する。下降運転時には，油が油タンクに戻ってくるので，油面が上がり，空気流通口から空気が放出される。

このため，空気流通口の開口面積が小さいと，油タンク内の空気の圧力が上がり，油タンクの側面が膨らんだり，減圧になってへこんだりする。また，空気流通口を空気が通過する時に音が出たりしない，適正な開口面積を確保する。

(3) 油面計

油タンクには，少なくとも最低油面以上の油量がなくてはならない。このために，油面の高さを確認するための油面計を油タンクの側面に設ける。油面の高さによって，かごの位置は推測できる。

(4) 油ろ過装置

油タンク，油圧ジャッキ等から鉄粉，砂等の塵埃が油に入り，油圧装置の機器を損傷することがある。これらの塵埃は，油圧ジャッキのパッキンを損傷して油漏れ，摺動部分に入り込んで摺動面を摩耗させる等によって，故障の原因になる。これらの塵埃を取り除くために，油ろ過装置（フィルター）を設ける。

タンク中の油圧ポンプの吸込管，及び油圧ジャッキから油圧パワーユニットまでの圧力配管に，油ろ過装置が取り付けられる。

油圧ポンプの吸込側の油ろ過装置に用いる金属網目の粗さ（メッシュという）は，一般的には 60〜150 メッシュ程度（0.10〜0.25 mm）である。

なお，流量制御装置内の弁のパッキン部を傷つけたり，油圧制御回路の絞り（小孔）に詰まったりしないように，油タンク，圧力配管，シリンダー内部の塵埃をそれぞれの製作時，部品の取替修理時の洗浄油等によって除去する。さらに，稼働後の定期的な維持管理では，油ろ過装置に溜まった塵埃を取り除くことが必要である。

(5) 遮蔽板

流量制御装置から油タンクに配管を通して，作動油が戻ってくる。油タンクから戻り油の噴出を抑止し，油タンクの底面と平行に油が流れるように，油タンク内の戻り

管の上部に遮蔽板を設置する。遮蔽板の代わりに，油タンク内の戻り管に90度エルボ等で油を油タンクの底面と平行に流す例もある。

(6) 油止め板

油タンクに繋がった油圧ポンプへの吸込管，流量制御装置からの戻り管には，油タンクからの油を止めるために，油ろ過装置及び遮蔽板に代えて油タンク内のそれぞれの管口に油止め板，又はタンクの外のそれぞれの管にストップバルブを設ける。

4.4.5　圧力計

平成12（2000）年建設省告示第1429号第2第二号に「圧力配管には有効な圧力計を設けること」が規定されている。

圧力計は，圧油の圧力を測定するために，油圧ポンプの吐出口からシリンダーの配管口までの圧力が必ず掛かる箇所に設ける。

圧力計は，日本産業規格 JIS B 7505（ブルドン管圧力計）又は圧力センサーが用いられる。圧力センサーでは，圧力がセンサー本体又は制御盤内の表示器に表示される等がある。

圧力計は，一般には，圧力が繰り返し圧力計に掛かることを避けるために，ストップバルブを介して取り付ける。

4.4.6　サイレンサー

油圧ポンプ，流量制御装置等から発生する圧力脈動は，圧油とともに，圧力配管を通る。そして，シリンダーに到達して，プランジャーを揺らして，かごを振動させ，かご内の騒音になる要因となる。

また，油圧パワーユニットの機械室床への固定部分，圧力配管の支持台の壁又は床への固定部分，シリンダーの昇降路壁への固定部分から，建物の壁等に固体伝播して，周囲の居室等での騒音の要因にもなる。

サイレンサーは，上述の振動，騒音を低減するために，圧力脈動を低減する装置で，油圧パワーユニット内，圧力配管の経路内に1台又は複数設ける。

油圧式エレベーターに使用されているサイレンサーは，直径が圧力配管の直径よりも大きい空洞形，又は共鳴形等がある。

空洞形は，サイレンサー部への入力になる圧力配管の断面積からサイレンサーの胴（空洞）部分の断面積を急拡大することで，圧油の圧力脈動を減衰させる。圧力配管

とサイレンサーの膨張部との断面積比で減衰量が決まり，膨張部の長さで低減される脈動の周波数が決まる。

共鳴形は，圧力配管に対して直角に設ける。圧力配管への取付け部の孔と孔の後の容積とで所定の周波数に合わせた共鳴器を形成し，特定の周波数の脈動を減衰させる。

4.4.7 ストップバルブ

圧力配管のストップバルブ（ゲートバルブともいう）は，油圧パワーユニットから油圧ジャッキに至る圧力配管の途中に設ける手動弁である。ストップバルブは，一般的には，油圧パワーユニットの近くに設ける。配管機器等の交換作業時等に油圧ジャッキからの油を止めるために，油圧ジャッキの配管口付近に2個目を設けることもある。

圧力配管のストップバルブは，通常時には，全開で使用する。機器の点検，修理時に，ストップバルブを閉じ，油圧パワーユニットから油圧ジャッキへの圧油の供給，油圧ジャッキから油圧パワーユニットへの圧油の戻りを停止することができる。

4.4.8 冷却装置，保温装置

平成12（2000）年建設省告示第1423号第4第二号ハに，「油温を5℃以上，60℃以下に保つための装置」を備えることが規定されている。法令が規定する油温を油タンク等からの放熱，機械室及び昇降路の保温，放熱によって，規定の油温を保持できるなら，冷却装置，保温装置は，不要である。

（1）冷却装置

油圧式エレベーターでは，かごの下降時にかご等の位置エネルギーが熱に変換され，圧油の温度を上昇させる。

通常は，主に油タンク，サイレンサー，圧力配管，シリンダー，プランジャーの表面から自然放熱している。一般的に油圧式エレベーターの稼働状況が頻繁と想定される時，積載量が大きい油圧式エレベーター等では，油温が60℃以上に上昇しないように，水冷式又は空冷式の冷却装置を設ける。

冷却装置は，一般的には空冷式が設置される。空冷式では，機械室の温度が上昇するので，機械室の換気能力を上げる，空気調和装置を設ける等が必要になる。一方，水冷式は，冷却能力が大きいが，熱交換器の故障時に熱交換器の故障部分から油が冷却水に混入するおそれがあることに注意が必要である。

（2）保温装置

　寒冷地，山間部等に設置された油圧式エレベーターでは，法令で規定された油温以下にならないように，油タンクの中に加熱装置（ヒータ）を浸漬する方式，油タンク内の作動油を油圧ポンプ，流量制御装置を経由して油タンクまでリリーフ圧力で循環させる方式等を設ける。加熱装置を浸漬する方式では，作動油を直接加熱する，大きな容量の加熱装置を設けると油温上昇が速いが，部分的な油の過熱による発火のおそれがある。

　また，作動油の循環方式は，温度の上昇が遅いので，時間がかかる，温度上昇運転中に電動機，油圧ポンプ，流量制御装置からの騒音を伴う。このほかに，機械室に空気調和装置を設け，油温の低下を抑制する方法もある。

4.5　流量制御

　第 4.5 節では，流量制御用の油圧回路部品，主な流量制御回路による運転制御について，述べる。

4.5.1　流量制御装置

（1）流量制御弁による運転方式

　油圧パワーユニットに設けられた流量制御装置によってかごの速度を制御する油圧式エレベーターでは，上昇運転時に，電動機は定格回転数で回転し，電動機によって直接又はベルトを介して回転する油圧ポンプがプランジャーの移動の最高速度に相当する流量の圧油を吐出する。この圧油の流量を流量制御装置で制御する。圧油は，流量制御装置を出た後，圧力配管等を通り，油圧ジャッキのシリンダー内に送り込まれる。シリンダー内の圧油がプランジャーを押し上げ，かごが上昇する。

　下降運転では，油圧パワーユニットの流量制御装置内の下降弁を開けることによって，油圧ジャッキから油圧パワーユニットまで圧油が戻ってくる。戻ってくる圧油の流量を下降用流量制御弁で制御することによって，かごの下降速度を制御している。

　流量制御弁を用いた速度制御の方式では，オープンループ制御が一般的であり，より走行性能を向上するため，次の運転方式も採用されている。

　　1）　かご内の負荷，作動油の温度による上昇速度及び下降速度の変動を少なくするために，圧力，温度（粘度）を補償した流量制御弁による運転方式

　　2）　流量（温度）を帰還する流量帰還形制御弁による運転方式

3) かご速度を検出することで，かご速度が遅い時は高速走行からの減速開始点を遅らせ，着床前の低速運転をできるだけ少なくする運転方式

(2) 流量制御用の油圧回路部品

流量制御用の油圧回路に用いられる基本的な部品である上昇用流量制御弁，下降用流量制御弁，逆止弁，安全弁の機能及び動作について，述べる。

1) 上昇用流量制御弁

上昇用流量制御弁は，上昇運転時の流量を制御する油圧回路により，油圧ポンプから油圧ジャッキまで送る圧油を制御する。

上昇用流量制御弁の弁を動かす方法には，弁を動かす補助回路（パイロット回路という）を用いる方法と，外部に設けた電磁石，小型の電動機等で弁を直接動かす方法とがある。上昇用及び下降用等が一体にまとめられた流量制御装置では，パイロット回路方式が主に用いられている。

パイロット回路には，電磁弁，固定絞り（オリフィス），調整ねじ付きの可調整絞り等が組み込まれいて，制御弁の動きを調整できる。固定絞りは，小さな直径の孔で，出荷時に適切な直径が選定されている。調整ねじ付きの可調整絞りは，油圧式エレベーターを据え付けた後にかごの速度曲線を確認し，絞りを調整する。調整後は，絞りを固定ねじで緩み止めし，調整状態を保持する。

2) 下降用流量制御弁

下降用流量制御弁は，下降運転時に油圧ジャッキから油タンクまで戻る圧油の流量を制御する弁によって，高速走行，低速走行を制御する。この下降用流量制御弁を動かす方法は，上昇用流量制御弁と同様の方法である。

停電時又はそのほかの原因で油圧式エレベーターが階間等に停止した時のために，手動下降弁を備えている。手動下降弁が低速用の電磁弁と同等の機能を果たすように設計された下降用流量制御弁もあり，閉止している手動下降弁を手で回して開にすると，下降流量制御弁が少し開き，かごが目的階に停止する前と同じ低速度で，かごが下降する。手動下降用の閉止弁を閉にすると，下降流量制御弁が閉じ，かごは停止する。

3) 逆止弁（チェックバルブ）

逆止弁は，ばねの力又は圧力で常時閉止している弁で，油を一方向だけに流す弁である。例えば，次の第4.5.2項の図4.16において，油圧ポンプから流量制御装置への管路にある逆止弁，流量制御装置の下降用流量制御弁にある逆止弁ともに，停止時に

は閉止している。

　油圧ポンプから流量制御装置への管路にある油圧ポンプ用逆止弁は，下降運転時の圧油が油圧ポンプに流れ込まないようにしている。

　流量制御装置の下降用流量制御弁の逆止弁機能は，上昇運転時に停電，そのほかの原因で油圧ポンプの吐出圧力が油圧ジャッキ側の圧力よりも下がった時に閉止する。これによって，圧油が油圧ジャッキから油タンクに戻り，かごが無制御で下降することを防止する。この逆止弁の，停止時の機能は，かごの停止した状態を保持する機能で，ロープ式エレベーターの電磁ブレーキに相当する。

　また，油圧式エレベーターの戸開走行保護装置（UCMP）では，ロープ式エレベーターのブレーキに相当する逆止弁を待機型又は常時作動型によって二重系にする。待機型では，一般的な流量制御装置を用いて，第2章の図2.60のように追加すると二重系になる。常時作動型では，流量制御装置に2つの逆止弁を設けて二重系を構成する。いずれにおいても，一方の逆止弁の故障が発生した時に，他方の逆止弁でかごが移動できないように構成する。

　逆止弁が故障して，確実に閉止できないと，かごが微小速度で下降する。逆止弁の故障での油漏れの状態は，例えば，床沈み補正機能による，単位時間当たりの補正回数を把握すること等で油の漏れ量が分かる。補正回数の把握は，逆止弁の故障状況の判断に利用できる。

4) 安全弁（リリーフ弁）

　安全弁は，平成12（2000）年建設省告示第1423号第4第二号イに，「かごの上昇時に圧力が異常に増大した場合において，作動圧力（油圧ポンプからの吐出圧力をいう）が常用圧力（積載荷重を作用させて定格速度で上昇中の作動圧力をいう）の1.5倍を超えないようにする装置」を備えることが規定されている。

　安全弁の機能は，圧力調整弁の一種である。安全弁は，何らかの異常で油圧ポンプから吐出する圧力が設定値を超えた時に，油圧回路内の圧力が設定値以上に上昇することを防止するために，作動する。

　例えば，次の第4.5.2項の図4.16において，安全弁が作動すると，上昇用流量制御弁が全開し，油圧ポンプからの吐出油の全量が油タンクに戻る。

4.5.2　ブリードオフ回路による運転制御

　油圧式エレベーターで最も一般的に使用されているブリードオフ回路の一例を図4.16に示す。図4.16では，流量制御装置内の作動油の主な流路を実線で示す。また，

4.5 流量制御

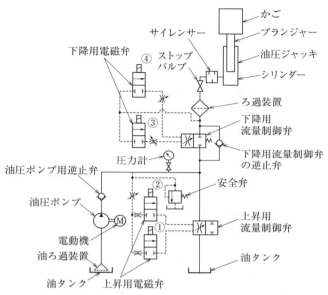

図 4.16 ブリードオフ回路を用いた油圧回路の例 [s2]

それぞれの弁を動かすための，パイロット回路と呼ばれる油圧回路を破線で示す。図記号は，日本産業規格 JIS B 0125-1（油圧・空気圧システム及び機器－図記号及び回路図，第 1 部図記号）による。

(1) 上昇運転

ブリードオフ回路による上昇運転時の速度並びに油圧ポンプの吐出油量及び油圧ジャッキへの送油量の流量線図を図 4.17 に示す。

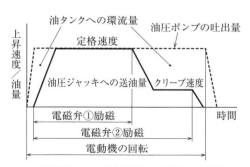

図 4.17 上昇運転時の速度曲線及び油量の流量線図の例

制御盤から上昇運転指令が出ると，図 4.17 に示したように，電動機が起動し，定格回転数で回転する。油圧ポンプの回転数は，かごが最大流量時に定格速度が出るように，Vベルト及びベルトプーリーの直径比によって電動機の回転数より増速される。

第 4.4.1 項の図 4.13 の油の流れに示したように，油圧ポンプが回転すると，作動油が油タンクから油ろ過装置を通して油圧ポンプに供給される。この時，上昇用流量制御弁は全開しており，かつ，下降用流量制御弁及びその逆止弁は全閉している。このため，油圧ポンプから吐出された圧油の全流量は，油圧ポンプ用逆止弁を押し開け，上昇用流量制御弁を通って油タンクに戻る。

次に，図 4.16 及び図 4.17 の上昇用電磁弁①の高速用と上昇用電磁弁②の低速用との両方が励磁され，上昇用流量制御弁を徐々に閉じる。上昇用流量制御弁が開閉する速度は，パイロット回路にある可調整絞りによって調整できる。調整後の可調整絞りは，動かないように固定する。

上昇用流量制御弁が閉まりだすことで，圧油の圧力が徐々に高くなる。油圧ポンプの吐出圧力が上がり，下降用流量制御弁の逆止弁の油圧ポンプ側の圧力が油圧ジャッキ側の圧力より高くなると，油圧ポンプからの圧油は，下降用流量制御弁の逆止弁を押し開き，油圧ジャッキへと流れ始める。この時，かごが上昇方向に起動する。上昇用流量制御弁が更に閉じることで，油圧ジャッキに流れる油量が増加し，かごは加速しながら上昇する。上昇用流量制御弁が全閉すると，油圧ポンプからの吐出油の全量が油圧ジャッキへと流れ，かごは定格速度で上昇する。

図 4.17 のように，かごが目的階に近づくと，制御盤から減速指令が出る。減速指令で上昇用電磁弁①の高速用が消磁され，上昇用流量制御弁が次第に開きだす。油圧ポンプからの吐出された圧油は，上昇用流量制御弁を通って油タンクに戻り始める。

これによって，かごは，定格速度から着床前の低速度まで減速する。この低速度をクリープ速度という。クリープ速度は，一般に定格速度の 10〜20％程度で，およそ 5〜7 m/min である。

目的階に更に近づくと，制御盤からの停止指令によって，上昇用電磁弁②の低速用が消磁され，上昇用流量制御弁が更に開き，全開する。この時，油圧ポンプからの吐出油の全量が油タンクに戻る。

一方，下降用流量制御弁の逆止弁は，逆止弁にあるばね力で次第に閉じ，逆止弁を通過する流量が減少する。上昇用流量制御弁が全開した時に，下降用流量制御弁の逆止弁は全閉する。この時，かごは，クリープ速度から減速し，停止する。かごが停止した後に，制御盤からの停止指令で，電動機は停止する。

4.5 流量制御

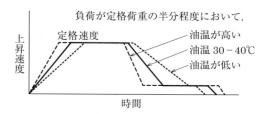

図 4.18　上昇運転時の速度曲線への油温の影響の例

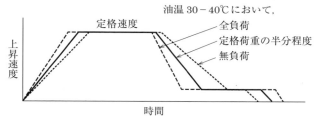

図 4.19　上昇運転時の速度曲線への負荷の影響の例

図 4.17 に示した速度曲線は，油の温度が，例えば，30〜40℃程度の曲線である。上昇用流量制御弁の動作は，パイロット回路に設けてある固定絞り等の小さな孔を流れる油で制御しているので，油の温度の影響を受ける。油の温度が高い時及び低い時の速度曲線を油温が 30〜40℃程度の時との比較を図 4.18 に示す。油温の影響で，加速時間，減速時間等，クリープ速度での走行時間に影響を受ける。また，かご内に乗客がいない無負荷と定員が乗っている全負荷とによる圧力の違いも，油温と同様に，速度曲線に影響する。負荷による影響を図 4.19 に示す。

(2) 下降運転

下降運転時の速度曲線及び油量の流量線図を図 4.20 に示す。下降運転では，速度

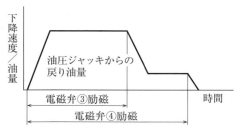

図 4.20　下降運転時の速度曲線及び油量の流量線図の例

曲線と油量の流量線図とは，ほぼ同等の曲線になる。

制御盤から下降指令が出ると，図 4.20 のように，下降用電磁弁③の高速用と下降用電磁弁④の低速用とが同時に励磁される。図 4.16 において，電磁弁が励磁されると，下降用流量制御弁が徐々に開き，やがて全開する。下降用流量制御弁の開く速度は，パイロット回路にある可調整絞り（オリフィス）によって調整する。

下降用流量制御弁が開くことで，かごは下降方向に起動し，加速する。下降用流量制御弁が全開すると，かごは定格速度又はそれ以下で走行する。

下降時の最高速度は，下降用流量制御弁の全開位置によって決定される。このため，全開位置を決めるストッパーがある。ストッパーは，ねじ構造部分があり，下降時の定格速度になる位置に調整できる。

油圧ジャッキからの圧油は，下降用流量制御弁で制御された後，油圧ポンプへの経路が油圧ポンプ用逆止弁によって閉止されているため，全開状態の上昇用流量制御弁を通って油タンクへ戻る。

かごが目的階に近づくと，制御盤からの減速指令によって下降用電磁弁③の高速用が消磁され，下降用流量制御弁が徐々に閉じる。かごは，定格速度又はそれ以下からクリープ速度まで次第に減速される。

目的階に更に近づくと，制御盤からの停止指令によって下降用電磁弁の低速用④が消磁される。下降用流量制御弁は，次第に閉じて，全閉する。かごは，クリープ速度から減速し，停止する。

下降用流量制御弁の最大速度の調整は，全負荷時に定格速度が出るようにストッパーの位置を調整する。このために，例えば，無負荷では，定格速度以下で走行することになる。

下降運転時の速度曲線への温度及び負荷の影響をそれぞれ図 4.21 及び図 4.22 に示す。

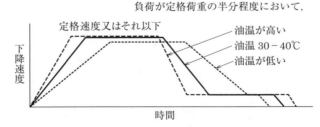

図 4.21　下降運転時の速度曲線への温度の影響の例

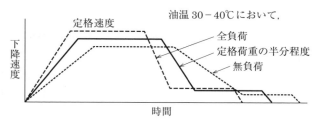

図 4.22　下降運転時の速度曲線への負荷の影響の例

(3) 減速開始点制御

　ブリードオフ回路による速度制御は，上述のとおり，油の温度，負荷によって速度曲線に影響を受ける。

　上昇運転の図 4.18 の油温の影響及び図 4.19 の負荷の影響に示したように，油温が高い，負荷が大きいとクリープ速度での走行時間が延びている。

　例えば，図 4.23 に示したように，油温が 30〜40℃における全負荷時の上昇運転において，減速開始点を遅らせると，定格速度での運転時間が延びるので，クリープ速度で走行する時間は短くなる。これによって，全負荷時においても定格荷重の半分程度の速度曲線に近い走行特性になる。

　減速開始点制御は，運転時の油圧回路内の油温及び負荷による圧力を測定した結果によって，減速点を通過した信号から所定の時間だけ遅延させる。

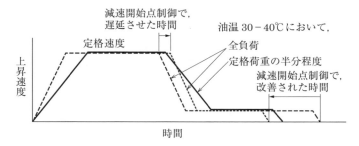

図 4.23　減速開始点制御でのクリープ時間の改善の例

4.5.3　圧力補償弁を付加したブリードオフ回路による運転制御

　前の第 4.5.2 節で述べたブリードオフ回路は，油圧式エレベーターに多く使用されている油圧回路である。また，ブリードオフ回路の特徴に記載したように，この方式は，油の温度による粘度，圧力の変化等によって，かごの走行速度への影響を受けや

すい．

　ブリードオフ回路を用いた油圧回路に，粘度，圧力の変化に影響されにくい圧力補償弁を付加した油圧回路について，次に述べる．

　基本的な上昇運転，下降運転等の制御は，ブリードオフ回路と同様である．圧力補償弁は，例えば，下降用流量制御弁から油タンクへの戻り側に設け，流量制御弁の前後の差圧が一定になるように調整することで，かご内の負荷による油圧ジャッキの圧力変化に対して，常に一定のかごの走行特性を得る．

　次に，圧力補償機能について，述べる．

　油圧式エレベーターに用いられている圧力補償弁を付加した油圧回路の一例を図4.24に示す．この図で主回路を実線で示し，パイロット回路を破線で示す．図4.24に示したように，圧力補償弁は，上昇用流量制御弁から油タンクへ戻る管路に設けてある．圧力補償弁には，パイロット回路を介して油圧ジャッキ側の圧力と上昇用流量制御弁の後ろの圧力とを導いている．この2つの圧力を比較し，2つの圧力差を一定に保つように，圧力補償弁の開口面積を調節する．例えば，油圧ジャッキの圧力が変化するとその変化分だけ，上昇用流量制御弁の後ろの圧力，すなわち圧力補償弁の上

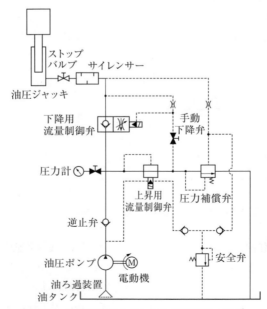

図 4.24 圧力補償弁を付加した油圧回路の例 [s2]

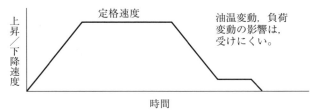

図 4.25　圧力補償ありの速度曲線の例

流の圧力を圧力補償弁の開口面積の調節で変化させ，2 つの圧力差を一定にする。

かごの上昇運転時及び下降運転時をブリードオフ回路で制御する時に，上昇用流量制御弁の後の圧力を一定に保つことによって，かご内の利用者による負荷にかかわらず上昇用流量制御弁，下降用流量制御弁が開閉する動作時間及び走行速度をほぼ同じにすることができる。

この回路を用いた走行特性は，圧力変動の影響が小さいので，次の特長がある。
(1) 無負荷時及び定格負荷時におけるクリープ速度で走行する時間がほぼ同じである。
(2) 定格速度は，無負荷時及び定格負荷時で変動幅が小さい。

圧力補償ありの上昇運転及び下降運転の速度曲線の比較を図 4.25 に示す。

4.5.4　VVVF（インバータ）制御による運転制御
(1) VVVF 制御の特長

VVVF 制御による速度制御の特長は，次のとおりである。
1) 流量制御装置によるオープンループ制御ではなく，上昇運転時及び下降運転時に必要な流量をかごの走行速度指令と，電動機と繋がった油圧ポンプの回転数とを比較して適正な回転数になるように電動機の回転数を帰還制御する。
2) 滑らかに起動し，流量制御装置での制御で必要であった，かごの停止前にクリープ速度での走行の必要がなく，滑らかに目的階に停止する。ロープ式エレベーターと同様の速度曲線である。
3) 速度を帰還しているため，油の温度（粘度）の変化，圧力の変動等の影響を受けにくい。

VVVF 制御の上昇運転及び下降運転の速度曲線を，図 4.26 に示す。

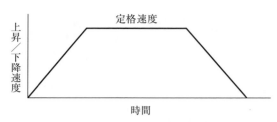

図 4.26　VVVF 制御の速度曲線の例

（2）VVVF 制御の構成

VVVF 制御の油圧式エレベーターに用いられている油圧回路の例を図 4.27 に示す。図 4.27 では，主回路を実線で示し，パイロット回路を破線で示す。

（3）VVVF 制御による運転
1）上昇運転

制御盤から上昇運転指令が出ると，電動機が起動する。電動機軸と油圧ポンプ軸とが直接接続されているので，油圧ポンプは電動機と同じ回転数で回転し，作動油が油

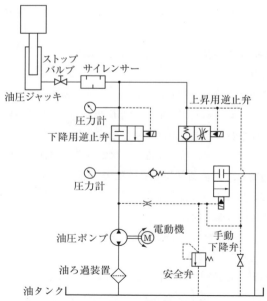

図 4.27　VVVF 制御のときの油圧回路の例 [s2]

タンクから油ろ過装置を通して油圧ポンプに供給される。

次に，かごの速度指令とエンコーダーで検出した油圧ポンプの回転数とを比較しながら，VVVF制御で回転数が制御される電動機が，所定の上昇速度に相当する回転数まで高められると，油圧ポンプの吐出圧力が次第に高くなる。油圧ポンプの吐出圧力が上昇用逆止弁の油圧ジャッキ側の圧力より高くなると，油圧ポンプからの圧油は，上昇用逆止弁を押し開き，油圧ジャッキに供給される。かごは，上昇方向に起動し，加速上昇する。かご速度が定格速度に到達したことを検出すると，電動機及び油圧ポンプを一定の回転数で回転させ，かごは定格速度で上昇する。

かごが目的階に近づくと，制御盤からの減速指令により油圧ポンプの回転数を下げる。油圧ポンプが供給する油量が減少するので，かごは，定格速度から減速され，最終的に目的階に停止する。この時，上昇用逆止弁は，油圧ポンプから油圧ジャッキに供給する流量の減少に従って次第に閉じ，油圧ポンプからの吐出量がなくなると全閉する。かごが停止した後に，電動機を停止する。

2) 下降運転

制御盤から下降指令が出ると，電動機が起動し，上昇運転と同じ方向に回転する。速度指令に従って，電動機の回転数を更に高め，油圧ポンプの吐出圧力は高くなる。下降用逆止弁の油圧ジャッキ側の圧力まで連続的に回転数を上げる。下降用逆止弁の油圧ポンプ側と油圧ジャッキ側の圧力とが同じになると，下降用逆止弁の電磁弁を励磁する。この時，かごは，停止状態である。

次に，油圧ポンプの回転を，上昇運転時と逆回転方向にし，油圧ポンプを通して圧油を油タンクに戻す。そして，戻りの圧油で回転する油圧ポンプの回転数を，エンコーダーで検出した信号を速度帰還信号とし，かごの走行速度指令と比較して，電動機の回路数を制御（制動）する。油圧ジャッキからの圧油は，電動機及び油圧ポンプで制御され，油タンクへ戻る。この時，かごは，下降方向に起動し，加速の後，定格速度で走行する。

かごが目的階に近づくと，制御盤からの減速指令によって，油圧ポンプの回転数を下げると，油圧ポンプを通過する油量は減少し，かごは，定格速度から減速され，停止する。目的階付近において，制御盤からの指令によって下降用逆止弁の電磁弁が消磁され，下降用逆止弁は全閉する。

第5章

エスカレーター及び動く歩道

第5章では，エスカレーター及び動く歩道に関する，歴史，法令，構造，主要な機器について，述べる。

5.1　エスカレーターの歴史

5.1.1　特許から実用化へ

人は，太古の昔から住居の中又は周辺の，斜面にある段差を上ったり，下りたりしていた。その後，段差の蹴上げが均等で，かつ，連続的になった梯子，階段が住居，建物等に設けられ，その静止している梯子，階段を人は長く利用してきた。

1859年に，階段を動かし，人が回転式で連続して出てくる踏段に乗ることにした特許「回転式階段」が認められたことによって，動いている踏段に乗って上の階又は下の階に行けることになった。この特許が，身近に利用しているエスカレーターの，踏段を循環させる基本形といわれている。

エスカレーターの基本形が発明された1859年から，実際に利用できる装置が建物等に設置されるまでには，30年から40年かかっている。

この間には，エスカレーターの基本構造が検討され，1892年に，動力で駆動される移動手すり（ハンドレール），水平な踏段で構成された「自動階段」の特許，踏段が30度傾斜し，踏面に溝と桟（クリート）とを設けた特許が認められた。

1899年頃には，これらの発明，実用化に向けた開発が更に進んだことで，エスカレーターは，より実用的な装置として発展した。

なお，エスカレーターという名称は，ラテン語で階段を意味する「scala」と，上下する装置の「elevator」とを組み合わせた造語といわれている。

5.1.2 輸入から国産へ

日本で最初に設置されたエスカレーターは，1914年に，東京の日本橋にある三越呉服店（現在の日本橋三越本店）に，米国のオーチス社から輸入して設置された「踏段式自動階段」とされている。

また，直線形エスカレーターの国産第1号機は，『国立科学博物館 技術の系統化調査報告 第14集』の「エスカレーター技術発展の系統化調査」によると，1928年に大阪の新京阪電車駅ビルに設置されたとされている。

エスカレーターは，上述のほかにらせん形エスカレーター，車いすを搭載できるエスカレーター，中間踊り場付きエスカレーター等が開発され，商業施設のデパート，スーパーマーケット，鉄道の駅，駅舎，空港，そのほかの建物等に設置されている。

第5章で使用する，一般的なエスカレーターの各部の名称を図5.1に示す。

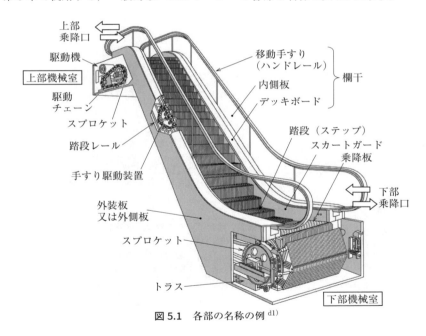

図 5.1　各部の名称の例 [d1]

5.2　関係法令

エスカレーターの構造等に関する法令は，建築基準法令に規定されており，次の(1)から(8)までのとおりである。

(1) 建築基準法第 34 条

建築基準法（以下「法」という）第 34 条では，「建築物に設ける昇降機は，安全な構造で，かつ，その昇降路の周壁及び開口部は，防火上支障がない構造でなければならない。」と規定している。

(2) 建築基準法施行令第 129 条の 3

建築基準法令のなかで，建築基準法施行令（以下「令」という）第 129 条の 3 第 1 項第二号において，建物に設ける昇降機の 1 つとして，「エスカレーター」を規定している。法令では，動力で運転され，専ら人を乗せる踏面が水平となり，昇降する部分が連続階段状になる装置をエスカレーター，かつ，踏面に段差がなく連続平面状の装置を「動く歩道」とし，これらを広義に「エスカレーター」としている。

専ら荷物を運搬するベルトコンベアー，自転車搬送用装置等は，上述のエスカレーターには含まない。

(3) 建築基準法施行令第 129 条の 12

令第 129 条の 12 は，エスカレーターの構造を規定している。規定されている主な項目は，表 5.1 のとおりである。

表 5.1　令第 129 条の 12 に規定された主な項目

	項　目	要　件
第 1 項	安全性	通常の使用状態において人又は物が挟まれ，又は障害物に衝突することがない
	勾配	30 度以下
	踏段，手すりの構成	踏段及び両側に移動手すりを設け，移動手すりの上端部が踏段と同じ方向に同一速度で連動するようにする
	踏段の幅，手すりまでの距離	踏段の幅は，1.1 m 以下。踏段の端から当該踏段の端の側にある手すりの上端部の中心までの水平距離は，25 cm 以下
	地震等の対応	地震そのほかの震動によって脱落するおそれのないこと
第 2 項		構造上主要な部分の構造要件，強度検証法の，エレベーターに関する規定の読み替え
第 3 項		積載荷重の規定
第 4 項		制動装置及び非常停止ボタンの規定
第 5 項		制動装置の構造

(4) 平成 12 (2000) 年建設省告示第 1413 号第 2

この告示第 1413 号の第 2（特殊な構造又は使用形態のエスカレーター）の第一号
で，勾配が 30 度を超えるエスカレーターの要件を表 5.2 のように規定している。

表 5.2　告示第 1413 号に規定された各項目の要件

項　目	要　件
勾配	35 度以下
定格速度	30 m/min 以下
揚程（階間距離）	6 m 以下
踏段の奥行き	35 cm 以上
踏段と踏段との段差	昇降口においては，二段以上の踏段のそれぞれの踏段と踏段との段差が 4 mm 以下
用途	車いす用のエスカレーターでない

(5) 平成 12 (2000) 年建設省告示第 1417 号

この告示第 1417 号は，通常の使用状態において人若しくは物が挟まれ，又は障害
物に衝突することがないようにしたエスカレーターの構造及びエスカレーターの勾配
に応じた踏段の定格速度を規定している。

第 1 で，利用者若しくは物が挟まれることを防止する又は衝突するのを防止するた
めの構造を規定している。第 2 で，勾配及び定格速度の関係を規定している。

(6) 平成 12 (2000) 年建設省告示第 1418 号

この告示第 1418 号は，エスカレーターの強度検証法の対象となるエスカレーター
及びエスカレーター強度検証法を規定している。

第 1 で，強度検証法で対象としているエスカレーターを規定している。

第 2 で，強度検証法で主要な支持部分等の断面に生ずる通常の昇降時及び安全装置
作動時の各応力度を，令第 129 条の 4 第 2 項第二号に掲げる式によって計算する時，
昇降する部分に生ずる加速度を考慮した値として，α_1，α_2 をそれぞれ 1.0，1.5 と規
定している。

強度検証法において用いる各部の安全率を規定している。各部の安全率は，表 5.3
のとおりである。

表 5.3 において，通常の昇降時の荷重は，繰返し荷重である。このため，材料が疲
労破壊を生じない応力度，すなわち長期許容応力度以下とする必要がある。

214　　第 5 章　エスカレーター及び動く歩道

表 5.3　各部の安全率

	通常昇降時		安全装置作動時	
	設置時	使用時	設置時	使用時
鋼製そのほかの金属製の踏段	3.0	－※	2.0	－※
鉄骨造のトラス又ははりの鋼材の部分	3.0	－※	2.0	－※
踏段を吊る鎖，そのほかこれに類するもの及びその端部	7.0	4.0	2.5	2.5
ベルト	7.0	4.0	4.0	2.5

※「－」は，規定されていないことを示す。

　一方，安全装置作動時に作用する荷重は短期荷重であり，短期許容応力度以下であればよい。

　また，踏段チェーン等，ゴムベルトは，稼働年数，稼働状況等を考慮して，設置時及び使用時の安全率が規定されている。それらの部材等では，エスカレーターの設置時と使用時とにおける安全率を経年変化による材料の摩損，疲労破壊による強度低下を考慮して規定している。

(7) 平成 12（2000）年建設省告示第 1424 号

　この告示第 1424 号は，エスカレーターの制動装置の構造方法を規定している。主な規定項目は，表 5.4 のとおりである。

表 5.4　告示第 1424 号に規定された各項目の要件

項　目	検知する要件
踏段くさり	異常に伸びた状態
動力	切断された状態
昇降口	床の開口部を覆う戸（垂直シャッター，防火戸）を設けた場合，その戸が閉じようとしている状態
昇降口付近	人又は物が踏段側面とスカートガードとの間に強く挟まれた状態
手すり	人又は物が手すりの入り込み口に入り込んだ状態
停止距離	上述の状態を検出した時，次の式で計算した数値以上，かつ，勾配が 15 度を超えるエスカレーター又は踏段と踏段との段差が 4 mm を超えるエスカレーターにあっては，0.6 m 以下とすること。 $$S = \frac{V^2}{9000}$$ ここで，S：踏段の停止距離〔m〕 　　　　　V：定格速度〔m/min〕 である。

(8) 平成 25 (2013) 年国土交通省告示第 1046 号

この告示第 1046 号は，地震そのほかの振動によって，エスカレーターが脱落することがないように，構造，性能等を規定している。

5.3 定格速度，積載荷重等

(1) 踏段幅

エスカレーターの分類は，踏段（ステップともいう）の幅によって，踏段の幅が約 600 mm の S600 形，約 800 mm の S800 形，約 1,000 mm の S1000 形がある。踏段 1 段には，例えば，S600 形では大人 1 名，S800 形は大人 1 名に子ども 1 名，S1000 形は大人 2 名が乗れる。

駅，デパート等で見かけるエスカレーターは，S1000 形が多い。S600 形は，稼働している台数全体の約 30 % である。残りの稼働台数のうちのほとんどが S1000 形である。S800 形の稼働台数は，S600 形と比較すると更に少ない。

(2) 定格速度

令第 129 条の 12 の第 1 項第五号では，定格速度は 50 m/min 以下と規定され，平成 12 (2000) 年建設省告示第 1417 号の第 2 で勾配ごとの定格速度が表 5.5 のように規定されている。ここでいうエスカレーターの定格速度とは，踏段に利用客が乗っていない状態で上昇する速度をいう。

表 5.5 勾配及び定格速度

勾配	定格速度
8 度以下	50 m/min 以下
8 度を超え，30 度以下	45 m/min 以下
30 度を超え，35 度以下	30 m/min 以下

なお，表 5.5 の勾配が 30 度を超え，35 度以下では，平成 12 (2000) 年建設省告示第 1413 号第 2 の規定から揚程が 6 m 以下でなければならない。

また，勾配を 8 度以下にすると，定格速度 50 m/min のエスカレーターができるが，エスカレーターでは適用されていない。その理由は，勾配を小さくすると，エスカレーターの水平投影長さが長くなり，建物の床に開ける開口部分が大きくなる。商業施設では，店舗等に使える床面積が減るので，実用的でない。

216　　第5章　エスカレーター及び動く歩道

逆に，勾配35度は，同開口部分が小さくなり，店舗等に使える床面積が増えることから，採用されている。

(3) 積載荷重

積載荷重は，令第129条の12の第3項に，次のように規定されている。

$$P = 2600A$$

ここで，

　　P：エスカレーターの積載荷重〔N〕

　　A：エスカレーターの踏段面の水平投影面積〔m^2〕

である。

積載荷重を決めるために用いる踏段面の水平投影面積 A は，次の1），2）に示す式により求める。

なお，勾配が30度を超えるエスカレーターにもこの式を使用してよい。

1) 動力伝達部の計算

勾配部分の利用者の質量だけを考慮する。

$$A = SL_1 \ \text{〔m}^2\text{〕}$$

2) トラス又ははりの計算

乗降口の乗降板上の利用者の質量も考慮する。

$$A = SL_2 \ \text{〔m}^2\text{〕}$$

ここで（図5.2参照），

　　S：踏段の幅〔m〕

　　L_1：据付図の基点間の水平投影長さ〔m〕

　　L_2：トラス両端間の水平投影長さ〔m〕

である。

(4) 輸送能力

エスカレーターの輸送能力には，公称輸送能力と実際の輸送能力とがある。

公称輸送能力とは，エスカレーターで輸送が可能な，理論上の輸送できる最大人数であるので，全ての踏段に利用者が乗ったとして，計算する。

輸送能力（人/時）は，次の式で表せる。

$$輸送能力（人/時） = \frac{60Vn\beta}{p}$$

5.3 定格速度，定格荷重等

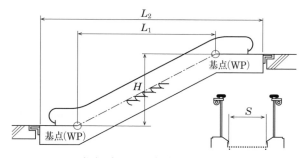

H：揚程（階間距離）[m]
L_1：基点間の水平投影長さ [m]
L_2：トラス両端間の水平投影長さ [m]
S：踏段の幅 [m]

図 5.2　エスカレーターの水平投影面積の計算に用いる寸法

ここで，

　V：エスカレーターの速度 [m/min]
　n：踏段 1 段あたりの輸送人数
　　　S600 形では 1 人，S800 形では 1.5 人，S1000 形では 2 人
　β：乗込率
　　　乗込率 β は，公称輸送能力では 1.0（100%）である。
　p：踏段の取付けピッチ [m] $= 0.4$ m

である。

上述の式で計算すると，公称輸送能力は，定格速度ごとに表 5.6 の数値になる。

表 5.6　エスカレーターの公称輸送能力 [人/時]

定格速度 呼　称	20 m/min	30 m/min	40 m/min	45 m/min
S600 形	3,000	4,500	6,000	6,750
S800 形	4,500	6,750	9,000	10,125
S1000 形	6,000	9,000	12,000	13,500

実際の輸送人数は，公称輸送能力に対し，乗込率を乗じた人数となる。

実際の利用状況では，前の利用者との間に踏段を 1 枚空けていたり，利用している踏段の横が空いていたりする。これらを考慮すると，実際の乗込率は，一般的には平均 50% 程度である。

また，多くの利用者が短時間に利用する，イベント会場，交通機関の駅等では，一時的に80％を超えることがある。

5.4 エスカレーターの構造

第5.4節では，エスカレーターを構成している，機器の構成，主要な機器について，述べる。

5.4.1 機器構成

機器の構成は，駆動装置の設置位置の違いで，第5.1節の図5.1に示した上部駆動方式と，本第5.4節の図5.3に示した中間部駆動方式とがある。

図5.1の上部駆動方式の上部機械室には，電動機と減速機とで構成された駆動機があり，駆動機が駆動チェーンを介して上部にあるスプロケットを駆動する。上部のスプロケットには，踏段チェーンが掛かっているので，踏段チェーンが駆動される。踏段チェーンには，踏段が取り付けられている。踏段チェーン及び踏段は，下部にあるスプロケットで反転して，回転している。

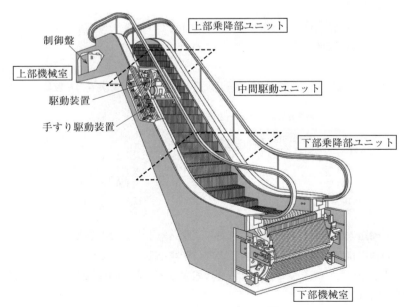

図 5.3 中間部駆動方式の例 [d1]

移動手すりは，手すり駆動装置によって，駆動されている。

次に，図 5.3 の中間部駆動方式は，上部機械室がある上部乗降部ユニット，電動機及び減速機で構成された駆動装置，手すり駆動装置が納められた中間駆動ユニット，下部機械室がある下部乗降部ユニットの 3 つのユニットで構成されている。

中間部駆動方式は，下部乗降口の位置から上部乗降口の位置までの高さ（揚程という）が高い，すなわち，高揚程のエスカレーターにおいて，中間駆動ユニットの数を増すことで対応ができる特長がある。中間駆動ユニットの数に制限はないので，揚程に限界はない。

一方，上部駆動方式では，高揚程の時，大容量又は超大容量の電動機及びそれに対応した駆動機又は減速機が必要になる。また，その電動機及び駆動機等を収める上部の機械室を大きくしなければならず，揚程に限界がある。

2 階床，3 階床に亘っての高揚程のエスカレーターの設置台数は少ないので，上部駆動方式が一般的である。

5.4.2　トラス

エスカレーターの荷重を支える構造体は，トラス構造と梁構造とがあり，トラス構造が一般的である。

（1）部材

トラスを構成する部材には，日本産業規格 JIS G 3101（一般構造用圧延鋼材）の等辺山形鋼，不等辺山形鋼，JIS G 3466（一般構造用角形鋼管）の角パイプ等が使用される。

梁構造の部材は，JIS G 3101（一般構造用圧延鋼材）の H 形鋼等である。

（2）支持部分

トラスの上部端及び下部端にある支持部分を建築梁等に掛け，エスカレーターの，全ての荷重を支える。支持部分の構造は，固定支持部と非固定支持部とがある。支持部分の組合せには，トラスの上部又は下部の一端が固定支持部で他端が非固定支持部の組合せと，両端ともに非固定支持部の組合せとがある。

2011 年に発生した東日本太平洋沖地震の時に，エスカレーターの支持部分が建築梁等から外れて，エスカレーター全体が脱落した。このために，地震そのほかの震動（以下「地震等」という）によって，トラス又ははり構造体（以下「トラス等」とい

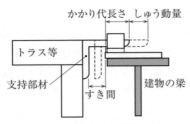

図 5.4 支持部分の詳細の例

う）が建物の梁等に衝突しないように，トラス等と建築梁等とのすき間を以前よりも大きく，図 5.4 のように設ける。

また，新規に設置された又は改修工事がなされたエスカレーターの支持部分は，十分なかかり代長さを持ち，地震等による建物の揺れに応じて，しゅう動するように構成する。

(3) 部材の強度
1) 荷重

トラス等に加わる常時の荷重は，第 5.3 節 (3) の積載荷重 P (2600A) に通常の昇降時に昇降する部分に生ずる加速度を考慮して，平成 12 (2000) 年建設省告示第 1418 号に規定されている値 $\alpha_1 = 1.0$ を乗じた値とエスカレーターによる荷重との和である。

また，安全装置作動時の荷重は，積載荷重 P (2600A) に安全装置が作動した時に昇降する部分に生ずる加速度を考慮した値 $\alpha_2 = 1.5$ を乗じた値とエスカレーターによる荷重との和である。

2) 強度計算

図 5.5 に示すトラス等の強度計算は，前の 1) で求めた常時及び安全装置作動時における荷重について，それぞれをトラスの各作用点に振り分け，クレモナの図式解法による方法，詳細な強度計算による方法がある。トラスではクレモナの図式解法による方法が一般的である。

また，安全率は，表 5.3 に示す各部材の各条件に合った安全率を用いる。

5.4 エスカレーターの構造   *221*

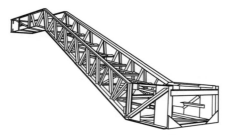

図 5.5　トラス構造の例 [s2)]

5.4.3　踏段
(1) 踏段面

　踏段の構造を図 5.6 に示す。踏段は，踏段面，ライザー，踏段面とライザーとを締結する補強材，先端にローラーが付いた2本のステップ軸等で構成されている。上部ステップ軸は，踏段チェーンに取り付けられている。

　踏段面（図 5.7）は，アルミダイキャスト又はステンレス鋼板の折り曲げで製造される。ライザー，補強材は，アルミダイキャスト等である。

　乗り込み時に踏段の真ん中に乗り，靴等が踏段とライザーとのすき間，及び踏段とスカートガードとのすき間に挟まれないようにする注意喚起として，黄色のデマケーションを取り付ける又は黄色の塗色がしてある。黄色のデマケーション等は，踏段のライザー付近の端部及びスカートガード付近の両端部の三方に付けた踏段，四周に付けた踏段がある。

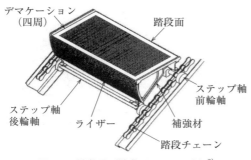

図 5.6　踏段及び踏段チェーンの例 [s2)]

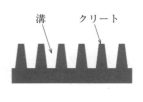

図 5.7　踏段面の断面の例

(2) ライザー

ライザーは，踏段と踏段との間に靴のつま先等が入らないように塞いでいる曲面をいう。

エスカレーターの上部の降り口付近に近づいた時に，利用者の特にゴム靴等の先端と乗っている踏段の1つ前の踏段のライザーとが接触していると，乗っている踏段と前の踏段との高さが次第に近づき，靴等が挟み込まれることがある。このため，ライザーにも溝及びクリートが付けてあり，踏段面のクリートとライザーの溝とのかみ合わせは，第5.4.3項の (4) で述べる降り口のくしと同様の働きをする。

(3) ステップ軸

図5.6のように，ステップ軸は，踏段1段に対して2本ある。踏段面に近い軸を前輪軸と呼び，踏段チェーンに取り付けられている。ライザーに近い軸を後輪軸と呼ぶ。前輪軸及び後輪軸の両端には，ローラーが取り付けられている。ローラーは，踏段チェーンが上方向又は下方向に駆動されると，トラス等に設けられたガイドレール上を転動する。

図5.8のように，エスカレーターの上部及び下部では，踏段が反転するために，コの字形の断面を持ち，全体が横向きU字形ガイドレールが取り付けてある。後輪軸が横向きU字形ガイドレールに導かれて，反転する。

(4) くし

エスカレーターの上部及び下部に取り付けられているくしの取付け状況を図5.9及び図5.10に示す。くしは，踏段の溝の中に沈んで，かみ合っており，利用者の靴等

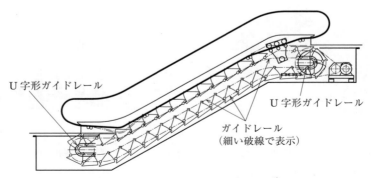

図5.8　トラス等内の踏段の状態の例 [s2]

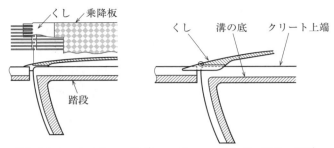

図 5.9 溝とくしとのかみ合いの例 s1)　　図 5.10 くし部の詳細の例 s1)

が降り口でくしに乗った時に靴等を強制的に押し上げることで，靴等が降り口付近で挟み込まれないようにしている．

5.4.4 踏段チェーン等
(1) 踏段チェーン

　踏段チェーンは，踏段の左右に各1本ある．踏段チェーンは，周回できるように両端が繋がれていて，上部駆動方式では，エスカレーターの上部及び下部のスプロケットに掛かっており，前出の図5.6のように，踏段ごとに1本のステップ軸（前輪軸）が取り付けられている．

　中間部駆動方式では，図5.11の踏段リンクが踏段チェーンに相当する．踏段リンクの駆動用のラックは，後掲の図5.17のように，駆動ユニットとかみ合っている．

(2) 踏段チェーン緊張装置

　踏段チェーン緊張装置の構成例を図5.12に示す．踏段チェーンは，稼働時間，負荷等の使用状況，経年の摩耗等によって伸びるため，エスカレーターの下部にある踏段チェーンのスプロケットには，踏段チェーン緊張装置を設けている．

　踏段チェーンの緊張装置は，前後にしゅう動できるようにしてある下部のスプロ

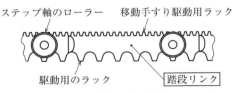

図 5.11 中間部駆動方式の踏段リンクの例

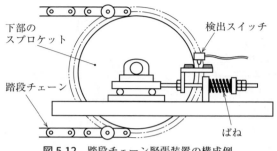

図 5.12 踏段チェーン緊張装置の構成例

ケットの軸を圧縮ばねで引っ張り，踏段チェーンに張力を与えている。

検出スイッチについては，第 5.7.1 項の (4) 踏段チェーン安全装置で述べる。

5.4.5 欄干

利用者がエスカレーターの側面から転落等しないように，踏段の左右に設けた側壁を「欄干」と呼ぶ。

(1) 欄干の構造

欄干の構造例を図 5.13 に示す。欄干は，移動手すり部分，移動手すり部分を支える柱，内側板，デッキボード等で構成されている。

欄干は，エスカレーターの安全性及びデザインを左右する重要な部分である。特に，欄干のデザインでは，内側板部分を透明でない材料の，古くは木製，その後，鋼板塗装製，ステンレス鋼板製等を使用したデザインから，透明な材料であるガラスを中間部分だけ又は上部から下部までの全部へと変遷してきた。

1950 年の半ば頃までは，欄干部分は鋼板製等で，その後，図 5.13(a) のような内側板に乳白色等の曲面ガラスで照明付又はなしであった。

1960 年代の後半頃，移動手すり部分を支える柱を鉛直にして，平面ガラスにしたり，図 5.13(b) のように移動手すりを支える柱をなくし，平面ガラスで支えたりした形がでてきた。内側板部分の主流は，図 5.13(b) の照明付又はなしのガラス製，図 5.13(c) のステンレス鋼板製である。

(2) 内側板

内側板は，欄干を構成し，移動手すりの下部にあり，エスカレーターの利用者が側

5.4 エスカレーターの構造

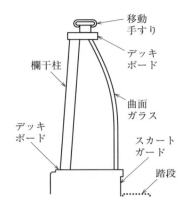

（a）曲面ガラス，柱あり

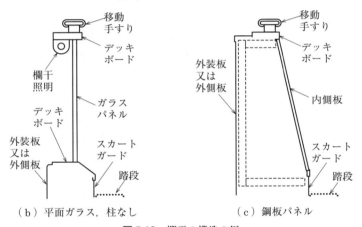

（b）平面ガラス，柱なし　　　（c）鋼板パネル

図 5.13　欄干の構造の例

面から転落等しないように設けてある。このため，側面外側方向に押されても，内側方向に引っ張られても，十分な強度がなければならない。

　鋼板パネル形の内側板は，ステンレス鋼板のヘアライン仕上げが一般的で，エッチングで仕上げ，絵柄を付けた凝ったデザインもある。

　透明形の内側板は，欄干の支柱あり若しくはなしの強化ガラス又は合わせガラスである。ガラスが割れると，破片が飛散することがあるので，透明の飛散防止フォルムを貼る。

　内側板に使用するガラスについては，日本エレベーター協会標準 JEAS-525（エスカレーター内側版のガラス適用に関する標準）が参考になる。

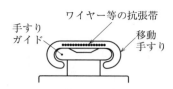

図 5.14　移動手すり及びガイドの断面の例

(3) 移動手すり及びそのガイド

　移動手すりの取り付け例を図 5.14 に示す。移動手すりの形状は，断面が C 形をしている。C 形の内側に手すりガイドが嵌まっており，移動手すりは手すりガイドに沿って動く。

　移動手すりの基本的な素材は，天然ゴム，合成ゴム又は表面の光沢がよいウレタン樹脂である。内部構造は，帆布を何層か重ねて補強成形し，その上から前述のゴム等で再度成形してある。図 5.14 にあるように，移動手すりの伸びを抑制するため，移動手すりの平面部分ではワイヤー又はスチールベルト等の抗張帯で補強されている。

　性能面では，移動手すりは手でつかむので，汚れが付きにくいこと，耐油性に優れていることが必要で，抗菌性を付加することもある。

　また，設置場所によって，移動手すりの色が選択されるので，着色性に優れていること，日光が直接当たる箇所に設置されることがあるので，耐候性が求められる。

　ガイドの素材は，アルミの引き抜き材，低摩擦の合成樹脂の成型材等である。全長が長いエスカレーターの直線部分，乗降口で移動手すりが反転している曲線部分等には，手すりガイドと移動手すりとの接触面での摩擦抵抗を更に下げるため，ローラーを取り付けることがある。

(4) 照明

　欄干に照明を取り付けることで，デザインが華やかになる。また，踏段の視認性がよくなり，安全性にも寄与する。

　照明を取り付けた当初は，例えば，乳白色の曲面ガラスの裏側に蛍光灯を取り付けて，曲面ガラス全体を光らせていた。

　その後，曲面ガラスが平面になると，蛍光灯は，移動手すりの下側で，移動手すりに沿って配置するデザインになった。照明は，省エネルギー化が進み，蛍光灯から LED に変わってきている。

　そのほかの照明の例としては，乗降口の踏段部分がよく見えるように，鋼板製の内

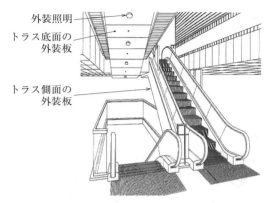

図 5.15 外装板,外装照明の例 [s2]

側板に付けた円形等の照明,スカートガード部分に付けた照明によって,乗降口付近の踏段面を照らす例もある。

(5) 外装板,外側板

外装板は,図 5.15 に示したようにトラスの外側の底面,側面全体を覆っており,主に装飾のために取り付けている。外側板は,トラスの外側の側面付近を覆っている。

外装板等は,トラスの側面,底面を覆って,トラス等に固定される。エスカレーターの設置場所によっては,かなり大きな面積になることがある。このため,トラスに掛かる荷重には,外装板等があれば,外装板等の質量も考慮しなければならない。

外装板等は,設置場所に応じてデザインされる。塗装された鋼板製,化粧鋼板,カラーステンレス鋼板製,エッチング加工したステンレス鋼板製等様々である。トラスの底面の外装板には,下の階までのエスカレーターのステップ等を照らす外装照明が付いていることもある。

5.5　エスカレーターの駆動

第 5.5 節では,踏段の駆動,移動手すりの駆動について,述べる。

5.5.1 駆動機
(1) 踏段チェーンの駆動

上部駆動方式のエスカレーターの上部機械室における駆動機器の配置の例を，図5.16に示す。

エスカレーターの機械室は，エスカレーターの上部と下部とにある。上部機械室には制御盤，駆動機，上部のスプロケット等が，下部機械室には下部のスプロケットが配置されている。

また，駆動機は，電動機，減速機構又は減速機，制動装置等から構成されている。

駆動機は2種類ある。1つは電動機の回転をウォーム歯車で減速している駆動機，もう1つは電動機の回転を，Vベルトを介してはすば歯車（ヘリカルギヤ）を適用した減速機で減速する駆動装置である。

駆動機等とスプロケットとは，駆動機又は減速機に設けた小径のスプロケットに駆動チェーンが掛けられ，駆動チェーンは踏段チェーンを駆動する，大径のスプロケットに掛けられている。

この構造によって，電動機が回転すると，駆動機内の減速装置又は減速機で減速され，駆動機等の小径のスプロケットと踏段チェーンを駆動する大径のスプロケットとの直径比で更に減速されて，踏段が所定の速度で運転される。

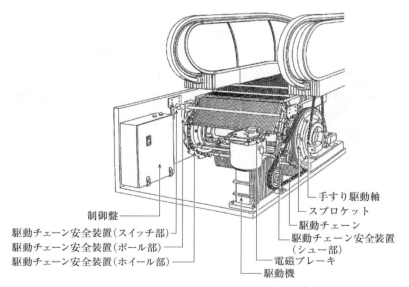

図 5.16　上部機械室の駆動機器の配置の例 [s2]

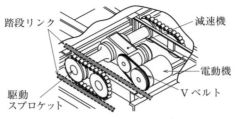

図 5.17 駆動装置の例 [d1]

また，中間部駆動方式の駆動装置では，図5.17に示すように，電動機の回転は，Vベルトを介してヘリカルギヤ減速機に伝える。減速機に設けられた駆動スプロケットが踏段リンクを直接駆動する。

(2) 移動手すりの駆動

移動手すりの移動速度は，踏段の移動と同一方向で，同一速度で連動することが令第129条の12の第1項第三号に規定されている。

上部駆動方式では，図5.16のように，踏段チェーンを駆動するスプロケットの左右両側に同軸で設けた移動手すりを駆動するスプロケットが，移動手すりの駆動源になっている。この移動手すりの駆動用スプロケットから手すり駆動装置まで，チェーンが掛けられている。

中間部駆動方式では，図5.17及び図5.11に示したように踏段チェーンに相当する踏段リンクの上側と下側にラック（直線状の歯車）がある。下側のラックは，駆動装置とかみ合って踏段リンクを動かしている。踏段リンクの上側のラックは，移動手すりの駆動用として，手すり駆動装置の手すり駆動用歯車とかみ合っている。

上部駆動方式の手すり駆動装置には，図5.18に示す方式のほかにシーブ駆動式もある。図5.18の手すり駆動装置では，手すり駆動ローラーと従動ローラーとで移動手すりを挟み，手すり駆動ローラーと移動手すりの内側のキャンバス布地との間の摩擦力で移動手すりを駆動している。

従動ローラーは，加圧ローラーと呼ばれ，ばね等の力で移動手すりを押し付けている。チェーンのスプロケットの歯車比によって，移動手すりの速度は，踏段の速度と同期するようになっている。

法令で踏段と移動手すりとが同一速度で動くことが規定されているが，上述のように移動手すりを最終的には摩擦力で駆動しているので，条件によっては踏段の速度と

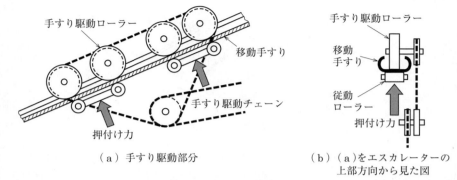

図 5.18　手すり駆動装置の例

に差異が発生する．速度差異が大きくなると利用者が転倒するおそれがあるので，調整する．

5.5.2　電動機の出力

電動機の出力を勾配が 30 度の例で示す．勾配が異なる例では，次の式の sin 30° の勾配 30 度を該当する勾配に変更する．

$$P = \beta \frac{G\,V \sin 30°}{6120\,g\,\eta}$$

ここで，

　　P：電動機出力〔kW〕

　　β：利用者の乗込率 $= 0.85$

　　G：積載荷重 $= 2600\sqrt{3}WH$〔N〕

　　W：踏段幅〔m〕

　　H：階高〔m〕

　　V：速度〔m/min〕

　　η：エスカレーターの全体効率（例：0.6）

　　g：重力加速度（9.8 m/s^2）

である．

5.6　エスカレーターの運転

第 5.6 節では，エスカレーターの基本的な運転方式，自動運転システムについて，述べる。

5.6.1　運転方式

エスカレーターの運転は，例えば，デパートの商業施設等であれば，始業時に，運転員がエスカレーターの踏段の上に利用者がいないことを確認した後に，乗降口にある起動停止スイッチで電動機を起動し，定格速度で連続運転する。終業時になると，運転員が利用者のいないことを確認の後，起動停止スイッチでエスカレーターを停止するという，連続運転方式が一般的である。

上述のように，通常の運転時に定格速度で連続運転している方式から，省エネルギー化の要求，多様な利用方法への対応が必要になり，1980 年後半からエスカレーターの駆動機の速度制御に VVVF（インバータ）制御技術が適用された。

また，利用者がエスカレーターを利用する時に運転を開始する自動運転システムは，光電装置を活用することから始まった。その後，自動運転システムの性能は，センサー技術を応用することで更に向上し，利用者及びエスカレーターの利用状況を感知し，利用者の利便性の向上及びエネルギー消費の低減が図られている。

運転方式については，日本エレベーター協会標準 JEAS-410（エスカレーター自動運転方式の標準）が参考になる。

5.6.2　自動運転システム

省エネルギー化の代表例としては，利用者を感知するセンサーを追加した自動運転方式がある。この自動運転方式には，待機時に停止している運転システム，待機時に微速又は低速で踏段が動きながら待機する運転システムがある。

（1）待機時に停止する方式

光電管による自動運転システムを図 5.19 に示す。光電管による自動運転システムは，上下部の乗降口付近の壁又はポールに利用者を感知する光電装置が設置してある。このため，ポールとエスカレーターの移動手すりとの間には柵を設け，利用者が必ず光電装置を通過し，検出できるようにする。

運転システムを上昇運転で説明する。下の階の乗降口で利用者を検知すると，エス

図 5.19　光電装置による自動運転システムの例

カレーターが上昇運転を開始する．利用者が上の階のセンサーを通過した後に，下の階からの利用者の検出がなければ，エスカレーターは一定時間後に停止する．

また，停止時に運転方向と反対の降り口から利用者が進入すると，ブザーが鳴動し，かつ，所定の上昇方向に踏段を運転し，利用者が更に進入して乗り込まないよう注意を喚起する．

光電管による自動運転システムは，利用者がない時にはエスカレーターが停止しているので，設置場所，利用者の数にもよるが，一般的な連続運転と比較して，停止時間分だけの省エネルギー効果がある．このため，電車が到着した時に利用者が多く，それ以外の時には利用者が少ない鉄道の駅，利用者が間欠的に訪れる施設，ホテル等に設置すると，省エネルギー効果が期待できる．

このシステムでは，利用者が稼働していない，運転方向が分かりにくいと感じること等に配慮して，図 5.19 のように，「自動又は停止の運転方式」，「運転方向」等を表示している．

(2) 待機時の微速又は低速する方式

利用者の閑散時にエスカレーターの速度を定格速度よりも下げることによって，省エネルギー化を図るシステムである．

この時の速度は，次の 3 種類がある．

① 定格速度よりも 5 m/min 程度下げた低速運転にする．
② 定格速度の 3 分の 1 程度，例えば 10 m/min 程度の微速運転に下げる．
③ ①及び②の組合せ

5.7 エスカレーターの安全装置 233

　この運転システムにおける利用状況の把握は，VVVF 制御の負荷情報を活用する，移動手すりの入り込み口付近に人感センサーを設置する等である。

　負荷情報を活用するシステムでは，例えば，電動機の負荷等を検出して，無負荷運転に近い状況であると判定すると，VVVF 制御によって定格速度から次第に低速運転の速度まで円滑に減速する。また，負荷が増加したと判定すると，定格速度まで円滑に加速する。

　人感センサーを設置したシステムでは，利用者の検出がなくなれば，定格速度から微速運転の速度まで円滑に減速する。また，利用者を検出すると，踏段に乗った時に転倒しないような加速度で円滑に定格速度まで増速する。また，利用者がなくなったと判定すれば，低速運転の速度まで円滑に減速し，その後も利用者がないと微速運転の速度まで減速して運転を継続する。

　このシステムでは，利用者が乗降口に来た時に微速又は低速で動いているので，利用者は，エスカレーターの運転の状況及び運転の方向を判別できる。このため，前の(1) 待機時に停止している自動システムのような「運転方式」及び「運転方向」の表示及びポールがない例，また，表示の例では，乗降口付近のデッキボード，移動手すりの入り込み口付近等に運転方向の矢印及び進入禁止を表示する例もある。

5.7　エスカレーターの安全装置

　第 5.2 節にまとめた法令で規定されたエスカレーターに備えている機器の安全装置を第 5.7.1 項で，建物に備える安全装置を第 5.7.2 項で，それらの安全装置の役割，構造等について，述べる。

5.7.1　エスカレーターに備えている安全装置
（1）非常停止スイッチ

　機器からの異常な音，振動等の不具合又は機器の故障，利用者にかかわる事故等が発生すると，直ちにエスカレーターを停止させなければならない。このため，非常停止スイッチは，誰でもが見つけやすい場所に取り付け，所有者，管理者，運転員，利用者等はもちろん，エスカレーターの利用者以外でも押すことができるように，エスカレーターの上部及び下部の乗降口のスカートガード付近に設置されている。

　非常停止スイッチを押すと，電動機に供給する電源が遮断されると同時に，制動装置が作動し，エスカレーターは停止する。

234   第5章　エスカレーター及び動く歩道

　一方で，非常停止スイッチを押すと，エスカレーターは急停止する。いたずら等で押すと，利用者が転倒するおそれがあり，非常に危険である。このために，非常停止スイッチに容易に触れることがないように，赤色等のプラスチックカバーで非常停止スイッチを覆い，非常時にはプラスチックカバーを押し割ってスイッチを押すようにしていることが多い。

（2）制動装置

　制動装置は，駆動機に取り付けられている。基本機能は，停止時にエスカレーターを停止保持すること，非常時にはエスカレーターを確実に停止させることである。

　制動装置の構造は，令第129条の12の第5項に，次に示す①から④までの事象が発生すると自動的に作動し，踏段に生ずる進行方向の減速度が1.25 m/s^{2}を超えることなく，安全に踏段を制止させることができるものと規定されている。

　①動力が切れた。

　②駆動装置に故障が生じた。

　③人又は物が挟まれた。

　④人が危害を受け又は物が損傷するおそれがある。

　踏段を減速度が1.25 m/s^{2}を超えないように制止させ，その時の停止距離は，平成12（2000）年建設省告示第1424号に，次の式が規定されている。

$$S = \frac{V^2}{9000}$$

ここで，

　　S：踏段の停止距離〔m〕

　　V：定格速度〔m/min〕

である。

　例えば，エスカレーターが初速30 m/minから減速した時は，停止距離が0.1 m以上でなければならない。

　また，制動装置の方式には，ドラム式とディスク式とが主に使用されている。ドラム式には，ロープ式の巻上機の制動装置と同じ方式のドラムを2個のシューに取り付けられたパッドで挟む方式と，ドラムをバンドで締める方式とがある。ディスク式は，ロープ式エレベーターと同じである。

　いずれの制動装置も，運転中には電磁コイルによる吸引力がばね力に打ち勝って制動装置を開放する。停止時は，電磁コイルが消磁され，ばね力が掛かりドラム又は

ディスクが保持される。

制動装置については，日本エレベーター協会標準 JEAS-527（エスカレーターの制動装置に関する標準）が参考になる。

（3）駆動チェーン安全装置

駆動チェーン安全装置の例を図 5.20 及び図 5.21 に示す。図 5.21 は，図 5.20 中の白抜き矢印の方向から見た図である。

エスカレーター上部の踏段チェーン用スプロケットに，駆動チェーンを掛けるスプロケットが取り付けてある。そして，駆動チェーンは，踏段チェーンのスプロケットと同軸に取り付けられている駆動チェーンのスプロケットと，駆動機又は減速機に取り付けられた駆動スプロケットとの間に掛けられている。

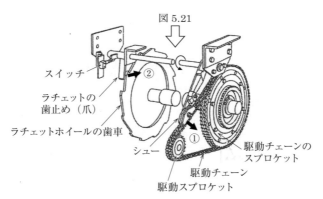

図 5.20 駆動チェーン安全装置の例 [s2]

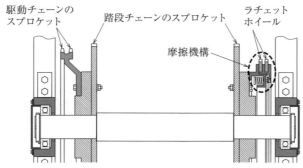

図 5.21 エスカレーター上部のスプロケット等の構成の例 [s2]

駆動チェーン安全装置は，駆動チェーンが切れた時に利用者が乗っている踏段が下降方向に動くことを防止するために，踏段チェーン用のスプロケットの回転を制止する。同時に，ラチェットの歯止めが動いたことをスイッチが検出し，電動機の電源を遮断するとともに，制動装置を作動させる。

具体的な動作は，駆動チェーンに接触しているシューが設けてあり，このシューは，駆動チェーンが切れたり，異常に緩んだりした時に，駆動チェーンの張力がなくなったことを検出する。シューが，図 5.20 の太い黒矢印①のように下方向に下がると，リンク機構により，反対側に設けてあるラチェットの歯車にラチェットの歯止めが，図 5.20 の太い黒矢印②のように挟まることで，踏段チェーンのスプロケットの下降方向の回転を阻止する。

ラチェット機構が作動すると，瞬間的に踏段を停めることになり，利用者が転倒するおそれがある。このために，図 5.21 に示すように，ラチェットの歯車は踏段チェーンのスプロケットに摩擦機構で保持され，緩やかに停止するようになっている。

駆動チェーン安全装置については，日本エレベーター協会標準 JEAS-532（エスカレーター及び動く歩道の駆動鎖切断時停止装置に関する標準）が参考になる。

(4) 踏段チェーン安全装置

踏段チェーンが何らかの原因で切断する，又は経年による，チェーン本体及びスプロケットの歯の摩耗等によって伸びると，踏段と踏段との間のすき間が大きくなる。チェーンの伸びが更に著しいと，スプロケットで歯飛び等の不具合が生じる。

第 5.4.4 項で述べたように，踏段チェーン緊張装置には，図 5.22 のように，チェーンの伸び方向又縮み方向の動きを検出するスイッチが設けてある。

例えば，エスカレーターを停止状態から起動すると，踏段チェーンが駆動力で引っ

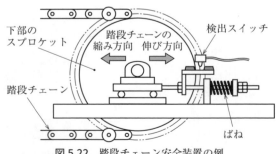

図 5.22　踏段チェーン安全装置の例

張られて，踏段チェーンの下部のスプロケットは，縮み方向に動く。

踏段チェーンが所定の値を超えて伸縮した時には，検出スイッチが働き，駆動装置の電動機への電源を遮断するとともに制動装置が作動する。

(5) 手すり入り込み口安全装置

移動手すりは，上昇運転では上の階の乗降口付近，及び下降運転では下の階の乗降口付近で，欄干の下部に入る。

移動手すりの入り込み口には，図5.23に示すように，手，物等が近づいたこと又は入り込んだことを検出する，移動手すりの周囲を囲んだ検出部及び検出部が作動したことを検出するスイッチが取り付けられている。この検出装置の構造は，製造会社によって異なる。

移動手すりが入り込む方向に検出部が押し込まれると，検出スイッチが作動して，電動機の電源を遮断するとともに，制動装置が作動する。

このほか，移動手すりの入り込み口付近での安全対策には，次の対策例がある。

① 注意喚起のアナウンスを流す。
② 注意喚起のステッカーを貼る。

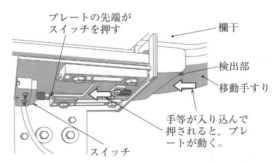

図5.23　手すり入り込み口安全装置の例 d1)

(6) スカートガード安全スイッチ

スカートガードは，欄干の構成部品として，踏段の両端の外側に，踏段の端部からのすき間が5 mm以下で取り付けられている。

このスカートガードと踏段の端部とのすき間に，靴，物等が挟まることがある。特に，踏段と踏段との高さが縮まる動きの時に挟まれることが多い。このため，平成12（2000）年建設省告示第1424号の第1項第二号ニでは「昇降口の近い位置」，踏段

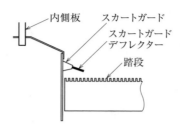

図 5.24　スカートガード デフレクター取付けの例 [s1]

の運転が傾斜部から水平部へ移行する曲率部付近で人又は物が強く挟まると，運転を停止することが規定されている。

　スカートガード安全スイッチは，乗降口の近い付近のスカートガードが強く押し付けられて，撓(たわ)んだことを検出する。スイッチが作動すると，電源を遮断するとともに，制動装置が作動する。

　このほかの挟まりを防止する対策として，次の①から⑤までに示すような対策例がとられている。

①スカートガードの表面に低摩擦材をコーティングする。
②踏段の側部にクリートの一部を高くする等した，黄色のデマケーション（注意標色）を取り付ける。
③エスカレーターの下部から上部までのスカートガード全長に亘って，スカートガードに接触しにくいように，図5.24に示すようなスカートガード デフレクター（ブラシ状の部品）を取り付ける。
④注意喚起のステッカーを貼る。
⑤注意喚起のアナウンスをする。

5.7.2　建物に備える安全装置

　建物に設置されたエスカレーターは，子どもから高齢者まで，健常者も，障がい者も，全ての利用者が安全に利用できなければならない。このために，エスカレーターの所有者，管理者等は，通常時はもちろんのこと非常時においても，エスカレーター利用時の利用者の安全への配慮が必要である。

　第5.7.2項では，安全確保のため，建物に設ける，エスカレーター周辺の設備について，述べる。

　安全確保のため，建物に設けるエスカレーター周辺の設備については，日本エレ

5.7 エスカレーターの安全装置 239

ベーター協会標準 JEAS-422（エスカレーター及び動く歩道の安全対策と管理に関する標準）が参考になる。

建物に備える，エスカレーター周辺設備の名称及び設置場所の例を図 5.25 に示す。

(1) シャッター連動安全装置

エスカレーターと図 5.25 に示した防火シャッターとのシャッター連動安全装置は，建物内で火災が発生した時に，エスカレーターが設置されている建物の床の開口部が煙の通り道にならないよう，平成 12 (2000) 年建設省告示第 1424 号の第 1 項第二号ハに規定されている。

シャッター連動安全装置は，エスカレーターの乗降口の付近にある，防火区画を形成する垂直の防火シャッター又は防火戸が閉じようとした時に，この閉じる動作と連動して，エスカレーターの運転を自動的に停止する装置である。

エスカレーターの設置に関する設計段階において，エスカレーターの制御盤と防火シャッター又は防火戸の装置との間の信号授受について，それぞれの設計仕様に反映している。

防火シャッター又は防火戸の装置に閉動作を開始した信号が供給されると，その信号をエスカレーターの運転制御回路に取り込み，エスカレーターの運転を停止する。

シャッター連動安全装置については，日本エレベーター協会標準 JEAS-407（エスカレーター乗降口の防火シャッター・防火戸との連動停止に関する標準）が参考になる。

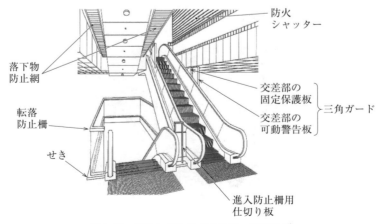

図 5.25 建物に備える安全装置の設置例 [s2)]

（2）交差部の保護板等

　上昇運転しているエスカレーターが上の階に近づくと，エスカレーターの外側で，エスカレーターと上の階の床とが交差する。上昇運転中に，利用者が頭，顔，手，鞄等を移動手すりよりも外側に出すと，上の階の床の下面に衝突したり，床との交差部に挟まれたりすることがある。

　上述の交差部において，利用者等が床，柱等と挟まれたり，衝突したりすることとがないように，「三角ガード」と呼ばれる，交差部の保護板が平成12（2000）年建設省告示第1417号第1第三号で規定された。

　交差部の保護板は，図5.25，図5.26及び図5.27に示すように，可動警告板と固定保護板とで構成される。

　可動警告板は，交差部に近づいていることを予告し，衝突を警告するために設け，固定保護板より下の階側に鎖等で吊り下げている。また，図5.27に示すように，可動警告板が突然の風，利用者のいたずら等で揺れることを防止するために，下側をエスカレーターの外側等に鎖で留めていることもある。

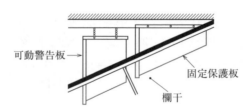

図 5.26　保護板等（三角ガード）の取り付けの例

図 5.27　駆け上がり防止の設置例

5.7 エスカレーターの安全装置 **241**

固定保護板は，交差部に衝突し，挟まれないように，上の階との交差部の手前に設けられ，上側を建物の壁又は床に固定されている。

固定保護板，可動警告板ともに，アクリル樹脂製で，厚さは6mm以上，下の階側の端部にはϕ50mm程度のアクリル樹脂パイプで，保護板等に衝突してもけが等をしないように配慮されている。

保護板等の下端は，特に可動警告板が揺れた時に利用者に当たらないように，移動手すりの上面から下に20cm以上ある。

また，エスカレーターのデッキボードの斜面を登ると途中でぶら下がったり，転落したりするおそれがあるので，デッキボードをふざけて登らないように，図5.27に示す駆け上がり防止板を設ける。

また，図5.27のようなアクリ板等の駆け上がり防止板のほかに，エスカレーター本体に移動手すりの外側にはみ出している物を検出するセンサーを設け，三角ガード，駆け上がり防止等の安全性を強化している例もある。

交差部の保護板等の安全対策については，日本エレベーター協会標準JEAS-422（エスカレーター及び動く歩道の安全対策と管理に関する標準）が参考になる。

(3) 転落防止柵，落下防止網等
1) 転落防止柵及びせき

エスカレーターは，建物の床に開口部を設けて，上の階と下の階との間に設置される。このために，図5.25に示したように，各階の床では，開口部に人又は物が落下しないように，転落防止柵を設ける。転落防止柵の下端と床との間には，せきを設けて，転がってきた物等が容易に階下に落下しにくいようにする。

2) 落下物防止網

落下物防止網は，図5.25に示したように，エスカレーターと床との間，エスカレーターとほかのエスカレーターとの間に設ける。不注意で又は思いがけず，さほど大きくない物が落下してきた時に，落下物が更に下に直接落下しにくいようにするために設ける。

落下物防止網は，目が粗い網又はパイプを何本か並べた棚等であるので，網の目等よりも細かな物，重量物の落下を防ぐことはできない。

3) 進入防止用仕切り板

図5.25に示したように，進入防止用仕切り板は，例えば，上昇運転のエスカレーターが複数階に亘って，複数台が併設又は折り返して設置してあると，乗降口の付近

で，それぞれの移動手すりとの間に空隙ができる。この空隙に子ども等が入って転落しないように，進入防止用仕切り板を設ける。

（4）誘導手すり等の安全措置

図5.28のように，例えば，1階から2階又はそれ以上までの吹き抜きになった箇所にエスカレーターを設置すると，エスカレーターの片側面又は両側面が開放状態になる。

吹き抜きになった箇所に設置されたエスカレーターにおいて，下降運転時に上の階の乗降口で移動手すりに利用者が身体を乗り上げ，階下に転落した事故を受け，国土交通省は，平成29（2017）年7月に「エスカレーターの転落防止対策に関するガイドライン」を公表した。このガイドラインの骨子は，次のとおりである。

建築基準法令で定められた対策に付加した一定の措置が設計者，建築物の管理者等により講じられるべきとして，設計，管理にあたって，次の事項について，個別の建築物ごとに実施されることが必要である。
○ 利用者特性から生じるリスクの検討
○ エスカレーターの設置環境から生じるリスクの検討
○ リスクに対する配慮が必要な場合には，想定されるリスクに対し，建築基準法令で定められた安全対策に付加して，「建築計画による対策」，「物理的なハード対策」，「運用上のソフト対策」を選択し，組み合わせての実施

1）物理的なハード対策

具体的な，物理的な対策として，転落しそうになることを防ぐための転落防止柵，エスカレーター外側の駆け上がり，ぶら下がり，転落等を防ぐ駆け上がり防止板，混雑時における利用者の動線の整理，エスカレーターの移動手すりへの不意の接触防止にも有効な，図5.28に示した誘導手すりの設置等が示されている。

乗降口の誘導手すりについては，日本エレベーター協会標準 JEAS-524（エスカレーター乗降口の誘導手すりに関する標準）も参考になる。

2）運用上のソフト対策

エスカレーターは，踏段上での転倒防止，危険回避のために，利用時には移動手すりにつかまり，立ち止まって乗ることが推奨されている。

また，前述のガイドラインでは，「エスカレーターにおける事故を防止するために

5.7 エスカレーターの安全装置

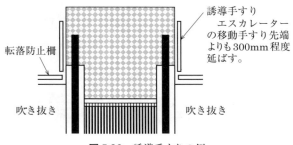

図 5.28 誘導手すりの例

は，正しい乗り方が守られることが重要である。このため，各種団体や製造者において，安全教育を実施することが有効である。」とされ，各種団体，製造者による活動，行政による活動を紹介している。

次に各種団体の安全キャンペーンの事例を紹介する。

一般社団法人日本エレベーター協会では，10年以上前から毎年の11月10日「エレベーターの日」に，健常な方も，障がいのある方も，子ども達も，全ての方がエレベーター，エスカレーターを安全に，かつ，快適に利用できるよう，安全を周知するキャンペーンを全国で実施している。2016年頃からは，国土交通省がこのキャンペーンを後援している。

キャンペーンのポスター例を図5.29に示す。キャンペーンのポスター及びステッカーは，デザインを毎年少し変更している。ステッカーは，電車内の出入口付近，窓に掲載される。

また，全国鉄道事業者51社局，商業施設，森ビル，羽田空港，成田空港，（一社）日本民営鉄道協会，（一社）日本地下鉄協会，（一社）日本エレベーター協会，川崎市，千葉市が実施事業者，国土交通省及び消費者庁が後援して，毎年夏休みの時期の7月20日頃から8月31日まで，エスカレーター利用者に対してエスカレーターの安全な利用を呼び掛ける，エスカレーター「みんなで手すりにつかまろう」キャンペーンを実施している。

このキャンペーンのポスター例を図5.30に示す。

第 5 章　エスカレーター及び動く歩道

2010－12 年

2013－15 年

2016－18 年

ステッカーの例

2016－2018 年の個別のキャンペーンの例

図 5.29　「エレベーターの日」のポスター及びステッカーの例[d2]

5.8 多様な仕様のエスカレーター　　245

2013 年

2014 年

2015 年

2016 年

2017 年

2018 年

図 5.30　エスカレーター「みんなで手すりにつかまろう」のポスターの例[d3]

5.8　多様な仕様のエスカレーター

　第 5.8 節では，車いすステップ付きエスカレーター，らせん形エスカレーター，中間踊り場付きエスカレーター，屋外型エスカレーターについて，述べる。

5.8.1　車いす用ステップ付きエスカレーター
(1) 法令の制定，製品の市場投入の変遷
　昭和 60（1985）年に車いす使用者の利便性の向上を図るために，車いすに乗ったまま利用できるエスカレーターが実用化された。この頃から，子ども，高齢者，障が

い者，健常者の全ての人が快適に使えるユニバーサルデザインの普及が進み，平成 6（1994）年にハートビル法といわれた「高齢者，身体障害者等が円滑に利用できる特定建築物の促進に関する法律」が制定された。これによって，車いす用ステップ付きエスカレーターは，多くの鉄道の駅等に設置された。

　利用方法では，車いす用ステップ付きエスカレーターが市場投入された当初は，車いす使用者の方が利用する時に，係員をインターホン等で呼び，係員に運転操作を依頼する運転方法であった。係員は，まず，利用中のエスカレーターを一旦止め，車いす運転切換スイッチで車いすステップを乗降口まで移動させて，その後，車いす使用者と係員とが乗り，運転は車いす使用者専用運転であった。

　その後，車いす使用者が乗った後ろに，一般の利用客が乗ることができるように改良された。

　平成 12（2000）年に交通バリアフリー法といわれる「高齢者，身体障害者等の公共交通機関を利用した移動の円滑化に関する法律」が施行されると，鉄道の駅では，改札階，ホーム階に行くエレベーターを設置するようになった。この結果，車いすステップ付きエスカレーターの新規の設置台数は，平成 12（2000）年頃から減少した。

　新規の設置台数の減少の背景には，交通バリアフリー法の施行に加えて，車いす用ステップ付きエスカレーターの使い勝手にも少なからず理由があった。車いす用ステップ付きエスカレーターは，車いす使用者が車いすに乗ったままエスカレーターを利用できるが，車いす使用者自身でエスカレーターの操作ができなく，一般の利用者の利用を止めることが車いす使用者，一般の利用者に必ずしも好評ではなかった。このために，設置台数が多かった駅等には，車いす使用者が自身で操作できるエレベーターの設置が望まれた。

（2）水平を保持する複数枚の踏段

　車いすステップ付きエスカレーターの例を図 5.31 に示す。このエスカレーターの基本仕様は，平成 12（2000）年建設省告示第 1417 号の第 1 で定格速度が 30 m/min 以下，勾配 30 度以下とし，2 枚以上の踏段を同一の面として，水平部分の先端に車止めを設けることが規定されている。

　一部の踏段に，上昇運転でも，下降運転でも，エスカレーターの傾斜部において 2 枚又は 3 枚の踏段を同一の面として，水平を保持するように構成された，車いす搬送用の特殊な踏段が組み込んである。

　図 5.31（a）は，車いすの主車輪が載っている踏段と前のキャスターが載っている踏

5.8 多様な仕様のエスカレーター　　247

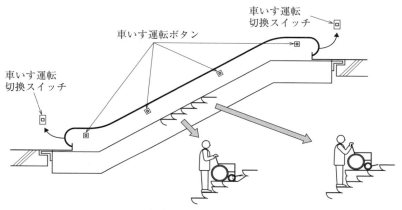

（a）2枚水平ステップの例　　（b）3枚水平ステップの例

図5.31　車いす用ステップ付きエスカレーターの例

段との2枚が水平で，車いす本体の前方にある踏段は，車いすのフットサポートが当たらないように中央部分が斜めになっている例である。

図5.31(b) は，3枚の踏段が水平になる車いすステップ付きエスカレーターで，図5.31(a) が市場投入された後に開発され，市場投入された。

両方の方式ともに，利用中に異常があれば，エスカレーターを停止できるように，傾斜部の何箇所かに車いす運転ボタンが設けてある。

5.8.2　らせん形エスカレーター
(1) 実用化までの変遷

らせん形エスカレーターは，踏段がらせん曲線に沿って上昇又は下降するエスカレーターで，1906年にロンドン地下鉄に一度設置されたが，実用には供されなかった。1900年初頭以降，多くの技術者が挑戦していたが，なかなか実用化まで至らなかった。

1984年に，図5.32に示す，実用に供するらせん形エスカレーターを三菱電機社が開発し，茨城のつくばショッピングセンターに世界で初めて設置した。

らせん形エスカレーターは，スパイラルエスカレーターとも呼称され，日本国内及び世界の，イベント会場，デパート，モール等の商業施設等に設置されている。

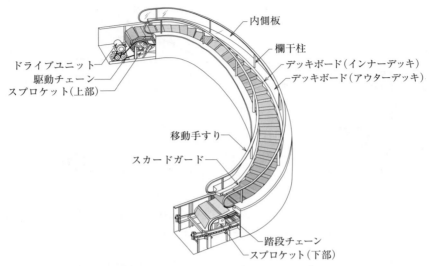

図 5.32　らせん形エスカレーターの例 [s1)]

(2) 構造

　実用化されたらせん形エスカレーターは，通常の直線形エスカレーターを大きな直径の円筒の周りに巻きつけた形状である。

　利用者が乗降するためのエスカレーターの上下部の水平区間では，水平な円弧状に移動する。踏段が階段状に一定の段差となる中間部の傾斜区間では，踏段及び移動手すりがらせん曲線に沿って昇降する。

　中間の傾斜区間の回転移動する中心からの半径は，上下部の水平区間の回転移動する中心からの半径より小さくなっている。水平区間と傾斜区間との間の遷移区間では，中心位置及び半径を連続的に変化させている。

　この中心を移動する発想，この発想を実現するためのコンピューターを使った設計手法，高精度に三次元加工ができる工作機械等の進歩によって，実用化できたといわれている。

5.8.3　中間踊り場付きエスカレーター

　中間踊り場付きエスカレーターは，直線形エスカレーターを基本にして，図5.33のように，中間に1箇所又は2箇所以上の水平部分（階段でいう踊り場）を設けたエスカレーターである。そのほかの部分は，一般の直線形エスカレーターと同じである。

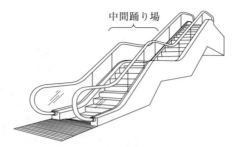

図 5.33 中間踊り場付きエスカレーターの例 [s1]

中間踊り場付きエスカレーターの設置台数は，一般のエスカレーターの設置台数よりも少ないので，視覚に障がいがある利用者が中間の踊り場で降り口に着いたと間違うおそれがある。このために，中間踊り場付近では，降り口と間違わないように，音声アナウンスで注意喚起をする。

中間踊り場付きエスカレーターは，主に次の事項を考慮して，採用されている。
(1) 建築計画において，中間に踊り場を設けることで，上部及び下部の乗降口間の途中で建築のはり等との干渉を避ける。
(2) 高揚程のエスカレーターでは，下降運転時の長い傾斜が継続することの不安感を，中間の踊り場で抑制する。
(3) デザインとして，中間に 2 箇所の踊り場を設け，横から見ると移動手すりが波のように見える。

5.8.4 屋外設置のエスカレーター

屋根等が設置されていない，屋根が小さい，庇が短い等で雨，雪等がエスカレーターに降りかかる，駅のプラットホーム，駅前等のペデストリアンデッキ，横断歩道橋等に設置されるエスカレーターの仕様は，一般的には屋外設置仕様となる。

屋根がない等で，エスカレーターに日光が直接当たる，雨，雪等が吹き込むおそれがある時には，利用者の安全性の面から，図 5.34 のように，適切な屋根で覆うことが推奨される。

また，次の点に注意しなければならない。
(1) 移動手すりに直射日光が当たると，特に夏場に移動手すり，デッキボード周辺の表面温度が上昇する。移動手すりが手でつかめないほどまで，表面温度が上がることがある。エスカレーターの利用時に，移動手すりをつかめないこと

第5章　エスカレーター及び動く歩道

図 5.34　屋外設置のエスカレーターの屋根がある例

　　　は，非常に危険である。
(2) 降雨時には，エスカレーター全体に雨等が降りかかり，乗る時及び降りる時の乗降口，踏段に乗った時に滑って，転倒するおそれがある。
(3) (2)と同様に，雨，雪が解けた水等が踏段の周囲からエスカレーターの内部に入る。踏段チェーン，ローラー等には給油がされているので，浸入した水と油とが混じって，エスカレーターのトラスの下部に設けてあるオイルパン（油受け）に落ち，オイルパンを流れ下る。結果，エスカレーターの下部機械室に油

5.8 多様な仕様のエスカレーター **251**

と水との混合水が溜まる。溜まった混合水をそのまま廃棄すると，環境汚染を起こすので，油と水とを分離する油水分離装置を設けて，処理後に水及び油を分別廃棄しなければならない。

屋外設置のエスカレーターについては，日本エレベーター協会標準 JEAS-520（屋外環境設置エスカレーターに関する標準）が参考になる。

5.8.5 オーバーパス，アンダーパスエスカレーター

横断歩道橋，ペデストリアンデッキ等（以下「歩道橋等」という）の利用者は，通常，階段を上り，橋又はデッキの上を水平に歩き，また階段を降りる。このように，歩行者が利用する横断歩道で，歩道橋等に昇り，次に水平に移動し，降りる様態はオーバーパス，また，地下横断歩道のように鉄道の線路，幹線道路等の下をくぐる様態はアンダーパスと呼ばれる。

一般的には，利用者が多いオーバーパス，アンダーパスとなる箇所には，歩道橋等を昇降する利用者の利便性の向上の観点から，階段のほかにエレベーター又はエスカレーターが設置される。利用者は上昇，下降運転のエスカレーターを利用し，歩道橋等又は地下道の水平移動は歩行することが多い。水平移動箇所に動く歩道があると，上昇，水平移動，下降を，エスカレーター各1台及び動く歩道1台の合計3台で実現できる。

また，上述の例の上昇運転のエスカレーターでは，歩道橋等の水平部分に近づくとエスカレーターは水平になるので，降り口の手前の水平部分を延長すると，歩道橋等での上昇と水平移動とが1台のエスカレーターで実現できる。歩道橋等から降りる箇所に近づくと，もう1台の下降運転のエスカレーターに乗り継ぐことで，歩道橋等をほぼ連続的した2台のエスカレーターで移動できる。

更に進めて，上昇，水平移動，下降を連続して1台にしたエスカレーターがオーバーパス又はアンダーパスエスカレーターである。このオーバーパス又はアンダーパスエスカレーターの製品構想は以前からあるが，未だに実用化されていない。

オーバーパス又はアンダーパスエスカレーターを実用化するための課題は，利用者がエスカレーターに乗って一方向に移動することから，上昇運転時と下降運転時とで図5.6に示した踏段にあるライザーを，踏段面の進行方向の後ろ側と前側との両方に設けなければならないことである。また，図5.6の踏段の構造，踏段の駆動方法等を見直し，普及しているエスカレーターとの部品の共通化等を考えなければならない。

1台のオーバーパス又はアンダーパスエスカレーターは，乗れば反対側まで行ける

利点がある。一方で，故障等の時に全体が止まる，エスカレーターの行程が長く，切れ目がないので，退避が困難である，保守時には全体を止めなければならない等の利用上の欠点がある。

5.9 動く歩道

第5.9節では，動く歩道の基本的な構造は，エスカレーターと同様であるので，主に動く歩道の特徴的な事項について，述べる。

5.9.1 動く歩道の歴史

1900年のパリ万国博覧会で使われた動く歩道が最初といわれている。この時，各会場の間を結ぶ動く歩道の利用の様子が写真，動画に記録されている。これらを見ると，当時の動く歩道には，踏板面から腰の高さまでのつかまり棒が一定の間隔で進行方向に長い踏板に設置されていた。歩道のように敷き詰められた木製と思われる踏板が直線，曲線を描いて動く連節台車で繋がれた方式と推測される。

現在のエスカレーターと同じように，移動手すりが踏板の速度と同期し，両側に備わっている動く歩道は，1953年に米国で展示された。その後，実用機としては，1954年に米国でゴムベルト式動く歩道が駅に設置された。

日本では，『国立科学博物館 技術の系統化調査報告 第14集』の「エスカレーター技術発展の系統化調査」によると，1958年に日本で最初の実用試作機が製作され，公開された。この動く歩道は，現在のエスカレーターと同様のパレット式であった。ゴムベルト式は，1959年の東京で開催された国際見本市会場に出展されたとされている。

1970年の大阪万国博覧会から実用的に使用され，普及した。大阪万国博覧会では，パレット式とゴムベルト式との2種類が設置された。

その後，動く歩道は，利用者が多数ある施設に設置されるようになった。

動く歩道が設置されている主な施設は，次のとおりである。

① 空港施設：メインターミナルからサテライトまでの通路，各ゲート間の通路に設置される例が多い。全長は，10〜200m程度までである。

② 乗継用又は連絡用施設：多くの人が利用する，2つ以上の交通機関の乗継用，交通機関の駅から商業施設等への連絡用に使われる。

③ 商業施設：手押しのカートを上の階から下の階又はその逆の階間移動ができるように，傾斜型の動く歩道を設置する。この動く歩道で使用するカートは，専

5.9 動く歩道

図 5.35　専用カートのローラーの例

用のカートで，カートを踏板上で停止させるため，図 5.35 のように，踏板の溝に挟まるローラーが取り付けられている。

5.9.2 構造

　動く歩道は，令第 129 条の 3（適用の範囲）の第 1 項第二号のエスカレーターにおいて，平成 12（2000）年建設省告示第 1424 号の第 1 項第二号に示された，「勾配が 15 度以下」，かつ，「踏段と踏段との間の段差が 4 mm 以下」の両方の条件を満たすエスカレーターをいう。

　この両方の条件以外は，エスカレーターと同様であるので，踏段の両側に移動手すり等を設け，移動手すりは踏段と同じ方向にほぼ同じ速度で連動していなければならない。

(1) 方式

　動く歩道の利用者が乗る部分を，エスカレーターの踏段の上面と同様，「踏板」と呼ぶ。踏板には，図 5.36(a) の金属製のパレット式と，図 5.36(b) の連続したゴムベルト製のゴムベルト式との 2 種類がある。

(2) 踏板の幅

　踏板の幅寸法の基本呼称は，エスカレーターと同様に踏板の幅寸法で呼ぶ。動く歩道では，S800，S1000 形のほかに，エスカレーターよりも幅が広い S1400 形が標準としてある。踏段の幅が約 1.4 m の S1400 形は，動く歩道の利用で，荷物を持った大人 2 人が並んで乗ることを想定した動く歩道である。

　踏段の幅が更に広い 1.6 m 以下は，平成 12（2000）年建設省告示第 1413 号の第 2 第二号において，次の要件で認めている。

　①勾配が 4 度以下

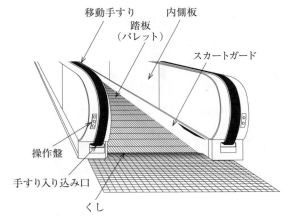

（a）金属製のパレット式の例

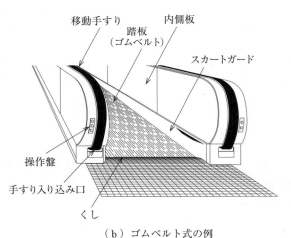

（b）ゴムベルト式の例

図 5.36　動く歩道の例 [s1)]

② 踏段と踏段との段差が 4 mm 以下
③ 踏段の幅が 1.6 m 以下で，踏段の端から当該踏段の端の側にある移動手すりの上端部の中心までの水平距離が 25 cm 以下

踏板の幅寸法の最大を 1.6 m とした理由は，例えば，動く歩道が設置される空港施設では，大きな荷物を持った大人 2 人が並んで乗ることを想定し，かつ，幅が更に広いと移動手すりに手が届かないおそれがあることを考慮している。

(3) 公称輸送能力

動く歩道では，踏板の進行方向長さ 400 mm に対し，S800 形では 1 人，S1000 形及び S1400 形では 2 人が連続して乗った状態での輸送人数である（表 5.7）。

表 5.7　動く歩道の公称輸送能力〔人/時〕

定格速度 呼　称	20 m/min	30 m/min	40 m/min	45 m/min	50 m/min
S800 形	3,000	4,500	6,000	6,750	7,500
S1000，S1400 形	6,000	9,000	12,000	13,500	15,000

5.9.3　駆動装置

パレット式の基本構造は，エスカレーターと同様で，図 5.37 に示すとおりである。踏板は，踏板の左右で踏板チェーンに結合されている。踏板チェーンは，動く歩道の両端にある，駆動用スプロケットと従動用スプロケットとに巻き掛けられている。従動用スプロケットを外側にばねで引っ張ることで，踏板チェーンに張力を与えている。駆動機によって，駆動用スプロケットを回転させることにより，踏板チェーンが駆動され，踏板が動く。

ゴムベルト式では，輪状に造られた，溝付きのゴムベルトを駆動側及び従動側ドラムに掛ける。図 5.37 で踏板と記載してある部分がゴムベルトに該当する。従動側のドラムを外側に引き，ゴムベルトに張力を与える。駆動用のドラムを駆動機によって回転させると，ドラムとゴムベルトとの間の摩擦力によって，ゴムベルトが駆動される。

駆動電動機の出力は，水平形では，駆動される機器重量，満員の利用客による積載荷重による摩擦力，損失等を考慮して算出される。傾斜形は，水平形の考え方に加えて，満員の利用客による積載荷重を，勾配を考慮して引き上げることを加えて算出す

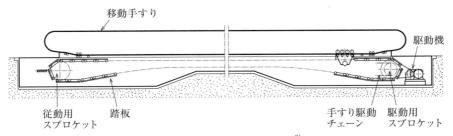

図 5.37　動く歩道の構造の例 [s2]

る。したがって，傾斜形は，水平形よりも大きな出力を必要とする。

5.9.4 勾配及び定格速度
(1) 勾配
　動く歩道の設置の形態には，図 5.36 に示す水平形と図 5.38 に示す傾斜形とがある。水平形及び傾斜形の勾配は，平成 12（2000）年建設省告示第 1417 号第 2 に 15 度以下と規定されている。

　水平形は，図 5.36 のように，装置全体を水平に設置する。ただし，勾配が 3 度以下程度なら，水平形を傾斜させて設置する。

　傾斜形は，図 5.38 のように，勾配が 15 度以下で，装置の途中が「へ」の字又は逆「へ」の字のように曲がっている装置を設置する等がある。

(2) 定格速度
　表 5.8 に示したように，平成 12（2000）年建設省告示第 1417 号第 2 には，勾配における，定格速度の最大値が規定されている。勾配では，乗降時における利用者の立ちやすさ，踏板上面で利用者が滑って転倒することを防止する等の安全面が考慮されている。

表 5.8 勾配及び定格速度

勾　配	定格速度
8 度以下	50 m/min 以下
8 度を超え，15 度以下	45 m/min 以下

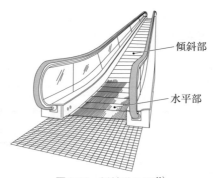

図 5.38　傾斜形の例 [d1]

また，乗降口間の途中で踏板の速度が変化する可変速式の動く歩道は，乗降口において，定格速度は 50 m/min 以下と規定されている。途中における踏段の速度の上限は，規定されていないが，利用者の安全には配慮が必要である。

5.9.5　安全装置

　動く歩道は，エスカレーターとほぼ同じ安全装置が必要である。安全装置が作動すると，令第 129 条の 12 の第 5 項に規定されている減速度で停止させなければならない。

　動く歩道は，踏段間の段差がなく，エスカレーターのように段差が縮むことがないので，平成 12（2000）年建設省告示第 1413 号の第 2 第二号において，エスカレーターに設けるスカートガード安全スイッチは，適用が除外されている。

　動く歩道に設置する，法令に規定された安全装置の構造，動作等は，エスカレーターの安全装置と同じである。

　主な安全装置は，次のとおりである。

(1) 踏板鎖安全スイッチ

　エスカレーターと同様に，踏板を連結している鎖（チェーン）又はゴムベルトが異常に伸びた時，切断した時に作動して，動く歩道の運転を停止するスイッチである。チェーン又はゴムベルトには，従動用スプロケットを外側にばねで引っ張ることで，張力を与えている。スプロケットの軸の位置を検出して，スイッチを作動させる。

(2) 非常停止スイッチ

　非常の時又は緊急の時に動く歩道を停止するスイッチである。このスイッチは，乗降口の押しやすい場所に設置し，設置場所が分かるように明示する。

　非常停止スイッチが押されると動く歩道が急停止し，利用者が転倒するおそれがある。このため，不用意に押されることがない構造とする。

(3) 手すり入り込み口安全装置

　子ども等が誤って，移動手すりの入り込み口に手，指を差し入れた時に作動する安全装置である。

　上述のほかに，動く歩道の利用者の安全のために，次の装置，設備が設けられる。

（4）降り口表示

エスカレーターの利用者は，降り口に近づくと，動きが斜めから水平に変わったことが体感及び視覚で分かり，降りる準備ができる。

一方，動く歩道は，ほぼ全行程に亘って，ほぼ水平に動いているうえに，多くの利用者が前に立っていると，降り口が分かりにくい。降り口に突然到達して，降り口で転倒する危険を予防するため，降り口を予告する音声案内，見やすいところに降り口に近づいていることを表示する。

（5）保護板等

傾斜形の動く歩道が建物内等に設置されると，エスカレーターと同様に，動く歩道から乗り出した利用者が降り口までの行程の途中にある柱と衝突したり，傾斜形では上階の床近傍の交差部に挟まれたりすること等を防止するために，可動型警告板，固定型保護板の三角形の保護板等を柱又は交差部の手前に設け，利用者の安全を確保する。

5.9.6 可変速式の動く歩道

街中の道を人が歩く速度は，普通に歩くと時速 3〜4 km 程度で，分速では 50〜65 m/min であり，通勤等で少し早く歩けば時速 6 km 程度で，分速では 100 m/min である。人が普通に歩く速度と動く歩道の一般的な定格速度の 30 m/min とを比較すると，歩く速度のほうが速い。

また，動く歩道に乗る時は，乗り口，降り口では，一般的な定格速度又はそれ以下でゆっくり動いているほうがよい。定格速度は，表 5.8 にあるように，勾配が 8 度以下であれば 50 m/min とすることができる。

これらのことから，乗り口部分ではゆっくりと走行し，滑らかな加速後に定格速度で走行し，次第に減速してゆっくりと走行してから降り口部分に到着する，踏段又は踏板，及び移動手すりが可変速式で走行する動く歩道が考えられた。

1990 年代から 2000 年代にかけて，可変速式の動く歩道は，実用試作機が製作されたが，実用使用された可変速式の動く歩道の例は，極めて少ない。

次に，これまで発表された可変速式動く歩道の事例を紹介する。

（1）可変速動く歩道の例 1

『昇降機技術基準の解説 2016 年版』には，図 5.39 に示すように，現行の動く歩道に近いシステムを応用した例が掲載されている。

5.9 動く歩道　*259*

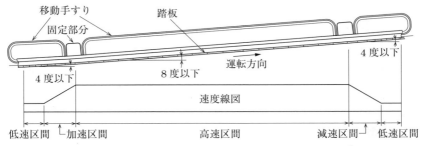

図 5.39　『昇降機技術基準の解説　2016 年版』に掲載の例 [s1]

　乗降口部，加速又は減速部，高速部の5つの部分に分けたシステムを連続的に一列に並べたシステムになる。このシステムでは，乗り継ぎ部で利用者が低速から高速に乗り移ることで加速又は減速する。乗り継ぎ部では踏板を乗り移るとともに，移動手すりも掴み替えなければならない。乗り継ぎ部で円滑に乗り継げるかが課題である。

(2) 可変速動く歩道の例 2

　三菱重工社の可変速式動く歩道は，図5.40に示した原理図が三菱重工技報（1995.7，

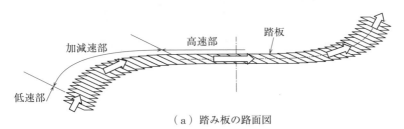

(a) 踏み板の路面図

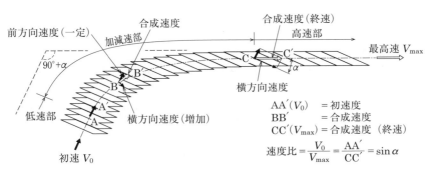

(b) 加(減)速の作動原理説明図

図 5.40　三菱重工社の可変速式動く歩道の原理図

Vol.32, No.4) に掲載されている。上から見ると，S字状に見える踏板の配置で構成し，乗降部分は高速部分の直線部分よりも踏板を 90+α 度曲げて配置することで，踏板の走行速度を高速部分よりも遅くしている。そして，次第に直線の高速部分に近づけながら加速して，中間部で 100 m/min の高速になる。その後，同様の原理で減速して，降り口部分に到達すると説明されている。

(3) 可変速動く歩道の例 3

石川島播磨重工社の可変速式動く歩道は，図 5.41 に示した原理図が日本機械学会誌（2001.7, Vol.104, No.992）に掲載されている。2本の動く歩道を並列に設置し，終端部で周回するように構成し，乗り口部分では低速で，次第に加速し，120 m/min の高速に至る。その後，減速して低速になり，降り口部分に到達すると説明されている。

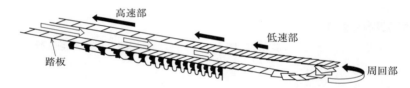

図 5.41　石川島播磨重工社の可変速式動く歩道の原理図

5.10　エスカレーターの設備計画

第 5.10 節では，エスカレーターの設備計画における配置計画，留意点について，述べる。

5.10.1　配置計画

エレベーターが人を間欠的に運搬するのに対して，エスカレーターは連続的に人を運搬でき，人の大量な輸送が必要な箇所に設置される。

全ての利用者を目的階まで運搬するには，人が移動する動線計画において，エスカレーターとエレベーターとを適切に配置しなければならない。

一般的な建物では，上昇運転用及び下降運転用のエスカレーターは，床の開口部の施工等からどの階においても同じ箇所に設置されている例が多い。一方，商業施設では，販売している商品をできるだけ多く見てもらえるように，エスカレーターの設置

5.10 エスカレーターの設備計画 **261**

箇所を階によって敢えて変更している例もある。

エスカレーターの配置には，連続配置，重ね配置，交差配置，並列配置がある。それぞれの配置の特徴は，次のとおりである。

(1) 連続配置

連続配置は，図 5.42 に示すように，上昇運転用又は下降運転用のエスカレーターの降り口の横に，次の階へのエスカレーターの乗り口を連続的に配置する。この配置は，エスカレーターの乗り継ぎが連続的にでき，目的階まで乗り継ぎの移動距離が少ない。

図 5.42 を見ても分かるように，開口部の位置が階ごとに異なるが，ほかの配列よりも中間部での開口部を小さくできる。

(2) 重ね配置

重ね配置は，図 5.43 に示すように，上昇運転用又は下降運転用のエスカレーターの降り口の反対側に，次の階へのエスカレーターの乗り口がある。

この配置は，降り口から次の乗り口までその階上を移動しなければならない。例えば，商業施設ではその階にある商品をできるだけ多く見てもらうために，重ね配置を適用している例がある。

開口部の位置は，図 5.43 のように，最上階及び最下階では連続配置と同じ位置になるが，中間階の開口部が大きい。

(3) 交差配置

交差配置は，図 5.44 に示すように，上昇運転用と下降運転用とを交差させて配置する。

開口部は，上昇運転用と下降運転用とを横に並べて配置するので，全ての階床で大きくなる。

(4) 並列配置

並列配置は，連続配置，重ね配置，交差配置のいずれかの配置を，横に並べて 2 組又は 3 組配置する。大規模な建物で，大量に利用者を運ぶ時に適用される。

第5章　エスカレーター及び動く歩道

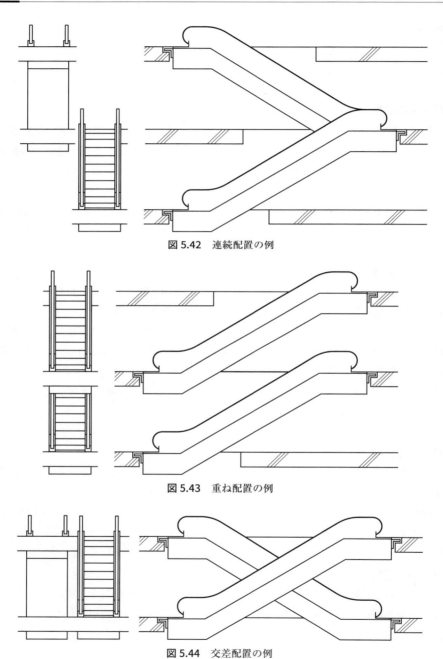

図 5.42　連続配置の例

図 5.43　重ね配置の例

図 5.44　交差配置の例

5.10　エスカレーターの設備計画　　**263**

5. 10. 2　留意点
（1）建物との関係寸法

　エスカレーターを設置し，エスカレーターの周辺に転落防止柵等を一旦取り付けると，エスカレーターとの関係寸法は，基本的に取り付けた物を撤去しないと変更ができないと考えたほうがよい。開口部の寸法，支持梁の位置，エスカレーターの設置位置等が計画図と現場が異なると，定期検査関係を含めて，法令で規定された所定の寸法が確保できなくなることがある。

　なお，昇降機の定期検査に関しては，平成 20（2008）年国土交通省告示第 283 号「昇降機の定期検査報告における検査及び定期点検における点検の項目，事項，方法及び結果の判定基準並びに検査結果表を定める件」に詳細に記載されているので，設備計画時にも点検項目，測定方法，結果の判定基準等を確認しておくことが重要である。

　完了検査時に特定行政庁から指摘を受ける事例を説明する。

事例

　エスカレーターの踏段面と開口部における上方階の床下仕上げ面との間の寸法は，エスカレーターを据え付けた後に実施される完了検査の検査項目である。この寸法は，踏段に人が乗って利用するので，頭部が当たらないように，少なくとも 2,100 mm以上確保されていなければならない。

　確認申請図書に記載した開口部の寸法と，実際にコンクリートが敷設された後の開口部の寸法とが異なり，実際の開口部の位置がずれていると，上述の寸法 2,100 mmを確保できなくなるおそれがある。開口部の寸法は，建物の完了後には変更ができない，また上述の 2,100 mm を確保するために，据付後のエスカレーター本体の位置を大きくは変更できないので，エスカレーターの据付作業前の開口部の寸法，開口部の位置等の確認には注意が必要である。

（2）降り口の待避空間

　エスカレーターは，稼働している時には，連続的に人を輸送する。階段であれば，異常があった時に，利用者が周囲及び階段の状況を判断して，上ったり下りたり，止まったりすることができる。

　しかし，エスカレーターでは，踏段に立ち止まって乗っている利用者を上昇又は下降方向の降り口まで運び続ける。この状況は，運転員等がエスカレーターを止めるまで続き，エスカレーター上では，利用者の意思で上昇又は下降を止めることができない。

このために，複数階ある建物に，連続的にエスカレーターを配置する事例では，乗り継ぎ先のエスカレーターが何らかの事情で停止している又は停止することも想定して，配置計画する。エスカレーターの降り口では，乗り継ぎができないことを想定して，エスカレーターの移動手すり先端から正面の壁又は障害物までの距離を少なくとも 2.5 m 以上とし，降りた利用者がある程度滞留できるように，待避できる空間を確保することが必要である。

(3) 高揚程のエスカレーター

観光名所の展望台のように，かなり高い（又は低い）位置にある場所までエスカレーターを設置する計画においては，高揚程のエスカレーターを 1 台設置するほうが，利用者にとって乗り継ぎ等がなく，利便性がよいと考えられる。

一方，エスカレーターの勾配は一般に 30 度であるので，高揚程になると急斜面に立っているような感覚になる。例えば，30 度の勾配は，スキーの滑降における急斜面を滑り降りる時の感覚になり，恐怖感を感じることも考えられる。

この感覚を和らげるために，1 台で実現するなら中間踊り場付きエスカレーターにする，又は低揚程のエスカレーターを 2 台以上設置し，それぞれのエスカレーターの間に乗り継ぎ箇所を設ける等の利用者への配慮が必要である。

また，エスカレーターの故障，周辺の異常等でエスカレーターから退避しなければならないことの想定も必要である。退避措置としては，乗り継ぎとする，乗り継ぎ箇所に十分な待避空間を設ける，非常階段を併設する等がある。

(4) 誘導手すりの設置

吹き抜きに設置され，当初は上り方向で計画していたエスカレーターが，竣工後にレイアウト又は店舗の変更等で，運転方向が変わることがある。吹き抜きに設置されているエスカレーターでは，下り方向に運転しているエスカレーターの移動手すりに何らかの理由で乗り上げると，エスカレーターの移動手すりとともに利用者の身体が下方向に動き，吹き抜きに転落するおそれがある。

利用者にエスカレーターの移動手すりに近づいたことが分かるように，エスカレーターの移動手すりの先端から少なくとも 300 mm 程度突出した位置まで，図 5.45 に示す誘導手すりを設ける。利用者の数が多いと，更に突出させるか，別の移動可能な柵等を用いて，整列して利用できるようにする。

5.10 エスカレーターの設備計画

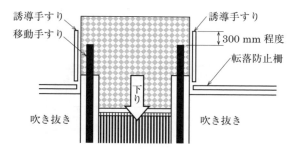

図 5.45 吹き抜きに対応した誘導手すりの例

第6章

小荷物専用昇降機等

　第6章では，エレベーター，エスカレーター以外の，小荷物専用昇降機，段差解消機，いす式階段昇降機について，述べる。

6.1　小荷物専用昇降機

6.1.1　小荷物専用昇降機とは

　茨城県水戸市にある偕楽園内の好文亭には，食事等の比較的軽い物を運搬するために，手動式の「つるべ式」昇降装置が1842年に設置されていたという。

　「つるべ式」は，図6.1のように，滑車に掛けた綱の一端に物，竹籠（かご），桶（おけ）等を取り付け，他端を人力で引っ張る方法である。古くは，食物，荷物の上げ下ろし，井戸での水汲み等に用いられた。この「つるべ式」がエレベーター，小荷物専用昇降機の基本形の1つになっている。

　建築基準法施行令（以下「令」という）第129条の3には，昇降機として，エレベーター，エスカレーター及び小荷物専用昇降機の3種類が規定されている。この規定における小荷物専用昇降機は「物を運搬するための昇降機で，かごの水平投影面積が1 m^{2}以下，かつ，天井高さが1.2 m以下のもの」とされ，人を運搬できるとは規

図6.1　つるべ式の例

6.1 小荷物専用昇降機

定されていない。

小荷物専用昇降機は，すなわち，かご内に人が乗ることができないので，かごの外で運転操作し，かごの床面積が小さいことから専ら比較的小さな荷物（約 500 kg まで）を運搬する装置である。重量が 500 kg を超えるような荷物を運搬するなら，荷物用エレベーターを設置する。

小荷物専用昇降機では，荷物を出し入れする箇所を「出し入れ口」と呼ぶ。出し入れ口を取り付けた位置によって，図 6.2 に示すように，かごが出し入れ口のある室の

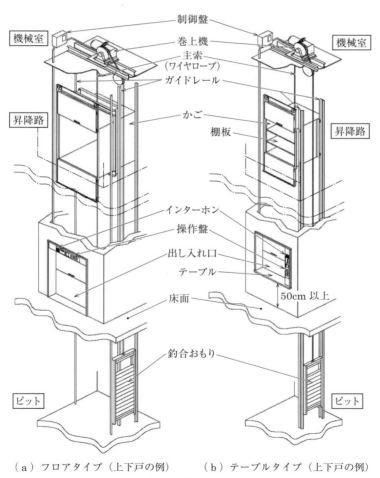

（a）フロアタイプ（上下戸の例）　　（b）テーブルタイプ（上下戸の例）

図 6.2　構造の例[s1]

268 第6章 小荷物専用昇降機等

床面に停止する図 6.2(a) のフロアタイプと，床面より 50 cm 以上高い位置に停止する図 6.2(b) のテーブルタイプとに分類されている。

6.1.2 法令及び標準

(1) 法令

小荷物専用昇降機に関する構造を規定している建築基準法令は，次である。

1) 令第 129 条の 3 の第 1 項第三号において，小荷物専用昇降機を定義している。

2) 令第 129 条の 13 において，小荷物専用昇降機の構造を規定している。概要は，表 6.1 のとおりである。

表 6.1 令第 129 条の 13 の規定内容

第一号	昇降路の構造を規定している。具体的な構造は，第 6.1.2 項 (1) の 4) の告示に規定されている。
第二号	昇降路の壁又は囲い及び出し入れ口の戸は，難燃材料で造り，又は覆うことと規定している。
第三号	全ての出し入れ口の戸が閉じた後でなければ，かごが運転できない装置とすることを規定しており，ドアスイッチを設けることを求めている。
第四号	出し入れ口の戸には，かごがその戸の位置に停止していない場合においては，鍵を用いなければ外から開くことができないようにする施錠装置を設けることを規定している。

3) 平成 28（2016）年国土交通省告示第 239 号（下の参考を参照）において，テーブルタイプの出し入れ口の位置は，出し入れ口が設けられる室の床面から 50cm 以上と規定している。

参考：平成 28（2016）年 1 月 21 日　国土交通省告示第 239 号

令第 146 条第 1 項第二号に規定する人が危害を受けるおそれのある事故が発生するおそれの少ない小荷物専用昇降機は，昇降路の全ての出し入れ口の下端が当該出し入れ口が設けられる室の床面よりも 50 cm 以上高いものとする。

4) 平成 20（2008）年国土交通省告示第 1446 号において，昇降路の壁又は囲い及び出し入れ口の戸の基準を規定している。主に次の①から⑤までの項目が規定されている。

① 昇降路の壁又は囲い及び出し入れ口の戸は，任意の 5 cm^2 の面にこれと直角な方向の 300 N の力が昇降路外から作用した場合に，15 mm を超える変形がない及び塑性変形がない。

②出し入れ口の戸と出し入れ口の枠とのすき間は，6 mm 以下。

③上げ戸では，昇降路の出し入れ口の戸と敷居のすき間は，2 mm 以下。また，出し入れ口の戸の敷居に面する部分に難燃性ゴムを使用する戸では，4 mm 以下。

④上下戸では，昇降路の出し入れ口の戸の突合せ部分のすき間は，2 mm 以下。戸の突合せ部分に難燃性ゴムを使用するものでは，4 mm 以下。

⑤2 枚の戸が重なり合って開閉する構造の上げ戸である昇降路の出し入れ口の戸では，重なり合う戸のすき間は，6 mm 以下。

(2) 標準

標準は，次の 1) から 3) までに示す一般社団法人日本エレベーター協会標準が参考となる。

1) 日本エレベーター協会標準 JEAS-521 （小荷物専用昇降機の構造に関する標準）

この標準は，平成 12 （2000）年 6 月改正建築基準法施行令の施行に伴って，小荷物専用昇降機（当時の呼称は，ダムウェーターであった）の構造を定めていた平成 4 年建設省住指発第 67 号「電動ダムウェーター構造規準」が廃止された。このため，「電動ダムウェーター構造規準」で規定されていた内容を基本として，平成 15 （2003）年に JEAS-521 が定められた。JEAS-521 には，次の内容が規定され，解説されている。

定格積載量，構造上主要な部分の構造計算と安全率，主索の構造，機械ばりの構造，綱車及び巻胴の構造，ガイドレール，かごの構造，昇降路の構造，原動機，制御器及び巻上機，機械室，制動装置，安全装置及び表示板，保守作業時の安全確保に関する構造

---

2) 日本エレベーター協会標準 JEAS-526 （小荷物専用昇降機のドアロック装置の構造に関する標準）

この標準は，かごの中の清掃時に誤ってかごと出し入れ口の戸とのすき間に設けてあるドアスイッチに触れた事故の再発防止対策として制定された。

JEAS-526 は，ドアロック装置の構造，並びに荷扱い時の安全対策として，ドアスイッチに容易に触れることのできないようにする，ドアスイッチの取付け位置及び構造について規定している。

3）日本エレベーター協会標準 JEAS-704（小荷物専用昇降機の昇降路に関する標準）

この標準は，小荷物専用昇降機の昇降路の寸法等について，規定している。

6.1.3 操作方式

小荷物専用昇降機の操作方式は，大別すると，人が乗らないこと及び小さな荷物の搬送を前提とした「相互階方式」と「基準階方式」とがある。

操作盤には，呼び登録ボタンのほかに，停止スイッチ，使用中灯，戸締確認灯等も設けてある。

「相互階方式」は，各出し入れ口に設けられた操作盤で全ての階に送れるようにしているので，多数ボタン方式とも呼ばれる。どの階の出し入れ口からでも呼ぶことができ，どの階の出し入れ口へも送ることができる。各階の出し入れ口で，荷物の積み下ろしをするために，その階にかごを停止させておく「停止スイッチ」がある。

「基準階方式」は，基準となる階（例えば，建物の1階，調理室がある階等をいう）を中心に各階に送り，各階からは基準階に戻すだけにした方式である。配膳専用として用いられることが多く，調理室を基準階にして，全ての出し入れ口に料理等を送ることができる。一方，基準階以外の出し入れ口からは，食事が終わった容器等を「送りボタン」を操作して，基準階の調理室に戻す。この方式は，基準階以外の階でのボタン操作によるかごの動きが単一であるので，誤操作が少ない。それぞれの出し入れ口の操作盤には，料理等を取り出す，容器等を載せるために，その階に停止させておく「停止スイッチ」がある。

基準階方式は，基準階以外からは基準階に戻すだけであるので，より操作を簡単にするために「送りボタン」の代わりに，扉を閉じると自動的に基準階に戻るようにした方式もある。

6.1.4 駆動方式

駆動方式は，エレベーターと構造が似ていることから，トラクション式又は巻胴式とすることが一般的である。トラクション式の巻上機の設置例を，図6.3に示す。

また，巻上機の電動機の速度制御は，ロープ式エレベーターと同様である。新たに設置される小荷物専用昇降機は，主として VVVF 制御が適用されている。

小荷物専用昇降機は，かごの平面寸法，高さともに，ロープ式エレベーターと比較すると小さい。このため，巻上機，制御盤等が設置されている，昇降路の上部にある機械室は，床から天井までの高さが非常に小さく，図6.4に示すように，機械室の床

6.1 小荷物専用昇降機

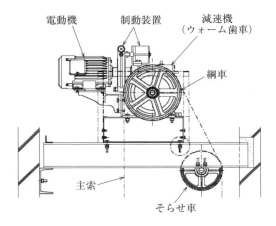

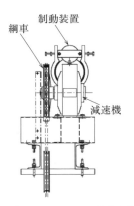

図6.3 トラクション式のウォームギヤ式巻上機の設置例 [d4]

がない例もある。

また，機械室への出入口（点検口という）の最小寸法は，少なくとも保守点検技術者の身体が通り抜けられる大きさが必要で，幅600 mm ×高さ600 mm 以上の開口が望ましい。

機械室の床の設置，適切な大きさの機械室の出入口の寸法は，作業の安全，機械室にある機器の交換等を考慮しておく必要がある。

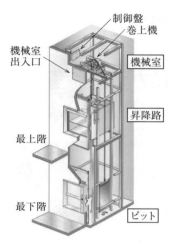

図 6.4　機器の設置例 [d4]

6.1.5　出し入れ口
(1) 出し入れ口の戸

　出し入れ口は，利用者が積み荷の出し入れに使用する。上げ戸及び上下戸の出し入れ口の例を図 6.5 に示す。

　フロアタイプの出し入れ口の下端面は，台車に載せた荷物等を取り扱いやすいように，出し入れ口が設けられる場所の床面付近の位置にある。フロアタイプの出し入れ口は，図 6.5(a) に示した上げ戸，図 6.2(b) に示した上下戸がある。フロアタイプの出し入れ口の設置例では，上げ戸の設置例が 2000 年以前にはあった。取っ手が高い位置にあると使い勝手がよいことから，2000 年前後からは上下戸の設置例が主流となっている。

　上下戸は，出し入れ口の戸の下の扉が昇降路内で下がるため，最下階ではピットの深さを扉の高さより深くしなければならない。一方，上げ戸は，出し入れ口の戸が上方向に上がるので，上下戸よりもピットを浅くすることができる。

　テーブルタイプの出し入れ口には，荷物が置けるテーブル又はカウンターが設けられる。このため，テーブルタイプの出し入れ口は，戸に手が掛けやすい上下戸が一般的である。テーブルの上面（出し入れ口の下端面）の位置は，法令によって，出し入れ口が設けられる室の床面から 50 cm 以上でなくてはならない。

　フロアタイプ，テーブルタイプともに，出し入れ口付近には，故障等が発生した

6.1 小荷物専用昇降機

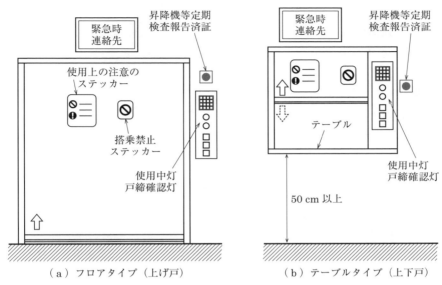

（a）フロアタイプ（上げ戸）　　　　（b）テーブルタイプ（上下戸）

図 6.5　フロアタイプ及びテーブルタイプの出し入れ口の例

「緊急時の連絡先」，定期検査に関する「昇降機等定期検査報告済証」（図 8.1 参照），「使用上の注意」を示したステッカー，かごに人が乗ることができないために「搭乗禁止」のステッカー等を表示する。

使用上の注意，搭乗禁止のステッカーの例を，図 6.6 に示す。また，緊急時の連絡先には，119 番（消防）への連絡，小荷物専用昇降機の保守点検業者の連絡先，所有者，管理者等の連絡先等を記載する。

また，利用時には，荷物を出し入れ時に，フロアタイプでは台車等，テーブルタイ

（a）「使用上の注意」ステッカーの例　　（b）「搭乗禁止」ステッカーの例

図 6.6　使用上の注意等のステッカーの例 [d2]

プではトレイ，お盆等を用いて，体をかごの中に入れないようにする。

　かご内の清掃時には，棒の付いたモップ等を用いて，かごの床，壁，棚等を清掃し，腕，上半身等をかご内に入れないようにする。

（2）開閉方式

　出し入れ口の戸の開閉方式は，戸開閉の操作性から，平成 20（2008）年国土交通省告示第 1446 号の第六号で「上げ戸」又は「上下戸」と規定されている。エレベーターで一般的な扉を横に開く「引き戸」，扉を手前に引っ張って開く「開き戸」は，適用できない。

　「上げ戸」は，戸を開ける時に 1 枚の扉の全体を引き上げる 1 枚戸上開き方式と，2 枚に分割された扉の下側の扉を引き上げ，下側の扉を引き上げると，上側の扉が連動して上がる 2 枚戸上開き方式がある。

　「上下戸」は，戸が出し入れ口の中央で分割されていて，上の扉を引き上げると下の扉が同時に下がる方式である。

（3）安全装置等

　表 6.1 に示したように，利用時の安全のため，令第 129 条の 13 の第二号に戸の材料を難燃材料とすること，第三号にドアスイッチ，第四号に施錠装置の安全装置が規定されている。

　出し入れ口の戸の強度，寸法に関しては，第 6.1.2 項（1）法令の 4）に示したように，平成 20（2008）年国土交通省告示第 1446 号に規定されている。

　また，かごと乗場の扉とのすき間にあるドアスイッチを利用者が誤って触ってかごが動いた事故を受けて，すき間に手，指が入ってもドアスイッチに触れないようにする安全対策が必要である。この安全対策は，既設の小荷物専用昇降機にも実施することが望ましい。

（4）出し入れ口の構成

　一般的な一方向のほかに，使い勝手によって，貫通二方向，直角二方向も適用されている。

　貫通二方向は，図 6.7 に示すように，かごが貫通二方向で，各階の出し入れ口が 1 箇所の例では，1 階では手前の出し入れ口から積み荷を出し入れし，2 階，3 階では後ろ側の出し入れ口から積み荷を出し入れする。

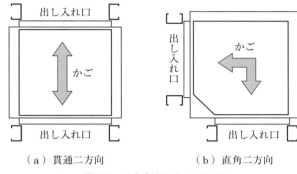

(a) 貫通二方向　　　　（b）直角二方向

図 6.7　二方向出し入れ口の例

　また，かごが貫通二方向口で，1 階の出し入れ口が 2 箇所あり，どちらかの出し入れ口から積み荷を出し入れし，2 階，3 階は出し入れ口が 1 箇所の例，逆に 3 階に出し入れ口が 2 箇所で，2 階，1 階の出し入れ口が 1 箇所，全ての階の出し入れ口が 2 箇所等，利用用途，使い勝手によって，様々な組合せがある。

　貫通二方向では，同じ階にある出し入れ口の同時開放は望ましくない。

　直角二方向は，荷捌きの導線によって，貫通二方向よりも利便性がよい時に採用される。使い方は，貫通二方向と同様である。

　二方向出し入れ口については，日本エレベーター協会標準 JEAS-519（二方向出入口エレベーターに関する標準）が参考になる。

6.1.6　ガイドレール

　小荷物専用昇降機は，人が乗れないため，ピット床の下の階に人が出入りする等の特殊な事例を除いて，非常止め装置を設けていない。このため，ガイドレールは，エレベーター用レールを用いることは少なく，日本産業規格 JIS G 3101（一般構造用圧延鋼材）及び JIS G 3192（熱間圧延形鋼の形状，寸法，質量及びその許容差）で規定された，山形鋼（アングル），溝形鋼（チャンネル），I 形鋼，H 形鋼を用いる。山形鋼では，かごと釣合おもりとにそれぞれの山形鋼を設ける。溝形鋼，I 形鋼，H 形鋼では，一方の刃をかご用とし，他方の刃を釣合おもり用とする。

　一般的に，ガイドレールは，建築物内への搬入経路，出し入れ口等から昇降路内への搬入等を考慮した長さで仕上げている。このため，エレベーターと同様に，昇降行程によっては，2 本以上のガイドレールを繋がなくてはならない。継ぎ目部分の段差をできるだけ小さくし，かご又は釣合おもりの案内装置が引っかからないようにする。

6.1.7　かご

(1) 構成

　小荷物専用昇降機の積載荷重がおよそ500 kg以下と小さく，ピットの下を一般利用する例を除いて，非常止め装置を設けないので，かごは，床，壁，天井を鋼板で造り，それぞれを一体で箱状に組み立てられている。

　主索は，ロープ式エレベーターが上枠を設けているのに対して，かご室の補強材等を，主索が取り付けられるように大きくし，補強する等した箇所に固定している。

　主索の端部の処理は，楔式止め金具等を用いる例，円形の輪が先端に付いたボルトの輪に主索の曲げ半径を確保するシンブルとともに主索を通し，折り返した部分をワイヤグリップ（JIS B 2809）で締結する例等がある。

　楔式留金具の適用については，日本エレベーター協会標準 JEAS-202（楔式によるエレベーター用ロープの取付作業標準）が参考になる。

　ワイヤグリップを用いる時は，ワイヤグリップの装着の向き，取付け個数，取付け間隔を遵守すること，ワイヤグリップを所定のトルクで締め付けること，全てのワイヤグリップを締め付けてから主索でかごを吊ることに注意しなければならない。

　また，小荷物専用昇降機の主索の本数は，建築基準法令には規定されていない。しかし，安全の観点から，エレベーターに適用される令第129条の4（エレベーターの構造上主要な部分）第3項第二号に規定に従って，2本以上とすることが望ましい。

(2) かごの戸等

　荷崩れ等の時に昇降路の壁等と荷が当たらないようにするために，出し入れ口から手動で操作する，かごの戸又は安全棒が取り付けてある。出し入れ口の戸を開けると，かごの戸も同時に開く例もある。

(3) かご内

　かご内には，テーブルタイプでは，利用用途に応じて工夫がされ，配膳用では，図6.2(b)のように，2，3段の棚を設けている例がある。

　フロアタイプでは，かごの戸部分が安全棒であると，荷を運搬する台車がかご室からはみ出して，昇降路の壁等と当たることが考えられる。このため，台車がかご内で一定の範囲以上動かないように車止めを設けてある例がある。

6. 1. 8 安全装置の強化

小荷物専用昇降機は，かごへの人の搭乗を禁止しているため，エレベーターよりも安全装置の設置が緩和されている。

学校の給食，倉庫の製品等の運搬に，職場で身近に小荷物専用昇降機が使用されているので，より安全に利用する，事故の発生を予防するため，表6.2に示す安全装置を設けることを国は推奨している。

表6.2 安全装置 [d2)]

装置名	装置の説明
非常停止スイッチ 又は非常停止ボタン	使用中に異常を感じた時に操作し，かごを停止させる。各階の出し入れ口付近に設ける。
閉め忘れ防止警報装置	出し入れ口が開いている時に警報音等を発する。
かごドアスイッチ	かごの戸を設置済では，かごの戸が閉じていない時にかごが昇降しないようにする。
かごの戸又は安全棒等	かごから荷物がはみ出さないようにする。
同時開放警報装置	同一階で二方向にある出し入れ口を同時に開放した時に，警報音等を発する。
緩み又は過巻き検知装置	巻胴式の駆動装置において，主索の緩み又は過巻きを検知した時，かごを停止する。
リミットスイッチ	かごが終端階を行き過ぎて底部又は頂部に衝突しないように自動的に制止する。

6.2 段差解消機

第6.2節では，段差解消機の構造，関係法令，駆動方式，安全装置等について，述べる。

6. 2. 1 関係法令等

（1）段差解消機とは

段差解消機とは，その名称のとおり，段差を通過する利用者の負担を軽減して，利便性よく移動できるようにする装置である。

段差解消機の種類は，図6.8に示すように，鉛直型段差解消機と斜行型段差解消機との2種類がある。

図6.8(a)の鉛直型は，1つの階床内の高さの異なる部分又は吹き抜き等において，床を貫通せずに，鉛直方向に動く。

278　第 6 章　小荷物専用昇降機等

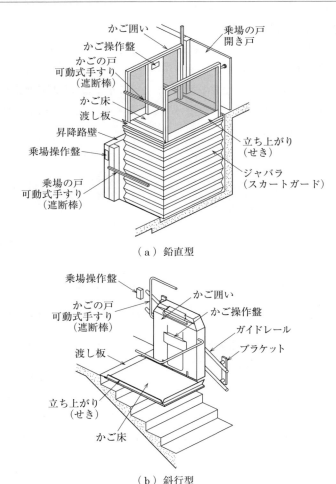

図 6.8　段差解消機の種類及び各部の名称 [s1]

　図 6.8 (b) の斜行型は，設置されている階段等に沿って斜め方向に動く。斜行型は，真直ぐな階段及び踊場付階段，又は折れ曲がり階段に沿って昇降する。
　斜行型段差解消機には，折りたたみ式と着脱式とがあり，階段を有効に利用するために，専用の昇降路を設けず，通常時は昇降路の部分を階段として利用する。
　折りたたみ式は，使用時にかご床，側壁，遮断棒等を引き出す。使用時以外は，それらを折りたたんで，図 6.9 (a) に示すように，階段の下部，中央部，上部又は踊場付近に止める。折りたたむことで，階段がより広く使用できるようにしている。

（a）かご折りたたみ式の例　　　　（b）かご脱着式の例

図 6.9　斜行型段差解消機の例

着脱式は，図 6.9(b) に示すように，使用時に別の場所に格納されていたかごをガイドレールに取り付ける方式である。

また，折れ曲がり階段に沿って昇降する斜行型は，昇降行程の全域に亘って，かごの周囲の状況を確認することができないため，係員がかごに随行して運転する等の措置が必要である。

(2) 関係法令

① 令第 129 条の 3 の第 1 項第一号において，段差解消機は，エレベーターに分類されている。

② 平成 12（2000）年建設省告示第 1413 号第 1 第九号で，令第 129 条の 3 の第 2 項第一号に掲げる規定を適用しない特殊な構造又は使用形態に該当する段差解消機を次のように規定しており，かご，昇降路等の構造についても規定している。

> 車いすに座ったまま使用するエレベーターで，かごの定格速度が 15 m 以下で，かつ，その床面積が 2.25 m^2 以下のものであって，昇降行程が 4 m 以下のもの又は階段及び傾斜路に沿って昇降するもの

この規定から，段差解消機は，車いす使用者を運搬することを目的としている。利用者は，車いす使用者及びその介助者である。この規定における「車いす」とは，ベビーカー，ストレッチャー，シルバーカー，これらに類するものとされている。規定されている以外の利用者のための設置計画であれば，一般的なエレベーター又は斜行エレベーターを設置しなければならない。

また，荷物の上げ下ろし等の荷役作業をする目的で，工場，トラックヤード等に段差解消機を設置することはできない。

この規定における「昇降行程が4m以下」は，鉛直型段差解消機に適用される。このため，2，3階の床が続く吹き抜きでは，エレベーターを設置する。

また，斜行型段差解消機の昇降行程は，制限がない。

③平成12（2000）年建設省告示第1413号第1第九号には，出入口，昇降路，安全装置等についての規定がある。

④平成12（2000）年建設省告示第1415号第1項第六号において，段差解消機の積載荷重を規定している。

適用される定員及び積載荷重は，表6.3のように分類されている。

表6.3 定員，定格積載量，積載荷重，床面積

定格 積載量※1	定員※2	法定積載 荷重※3	車いす 使用者	車いす 重量	介助者	床面積
180 kg	1 名	1,800 N	65 kg	110 kg	–	$2\,\mathrm{m}^2$ 以下
240 kg	2 名	2,400 N	65 kg	110 kg	65 kg	$2\,\mathrm{m}^2$ を超え $2.25\,\mathrm{m}^2$ 以下

※1 定格積載量は，法定積載荷重を重力加速度の $9.8\,\mathrm{m/s}^2$ で除し，10 kg 単位の概数とする。
※2 定員は，※1で求めた値を，車いす使用者，車いす重量，介助者の和で除し，1名単位に丸める。
※3 床面積が $1\,\mathrm{m}^2$ 以下で住戸内に設置される段差解消機は，床面積 $1\,\mathrm{m}^2$ につき，1,800 N として計算した数値，かつ，1,300 N 以上の数値とする。

⑤平成12（2000）年建設省告示第1423号第6において，段差解消機の制動装置を規定している。

なお，斜行型段差解消機が建物の階段の部分に設置された，段差解消機専用の昇降路以外の階段部分の有効幅は，令第23条に規定されている，階段及び踊り場の幅並びに階段のけあげ及び踏面の寸法の規定に適合することが必要である。

6.2.2 斜行型段差解消機の駆動方式

斜行型段差解消機（図6.10）の駆動方式には，ラックピニオン式，ロープトラクション式，巻胴式，油圧式，チェーンスプロケット式等の多くの方式がある。それぞれの方式について，次に述べる。

6.2 段差解消機   *281*

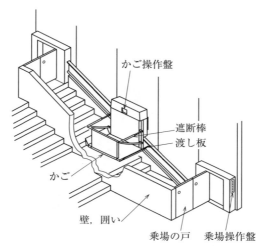

図 6.10　斜行型段差解消機の例 [s1]

(1) ラックピニオン式

　斜行型段差解消機の主たる駆動方式であるラックピニオン式の例を図6.11に示す。

　階段等の勾配に沿って設けられたガイドレールに，かごが案内される。かごに取り付けられた，小さな歯車であるピニオンギヤとガイドレールとが平行に設けられた，直線状のラックギヤとがかみ合っている。ピニオンギヤを駆動装置で回転させることにより，かごを昇降させる方式である。

　ラックピニオン式は，建築基準法令にこの構造が例示仕様として示されていないため，構造上主要な部分の構造は令第129条の4の第1項に関して，及び制御器の構造は令第129条の8第2項に関して，建築基準法（以下「法」という）第68条の26に基づく国土交通大臣の認定が必要である。

　同様な形式であるチェーンラックピニオン式は，ラックギヤの代わりにローラーチェーンに沿ってピニオンギヤが動く駆動方式である。

(2) トラクション式

　トラクション式は，図6.12に示すように，斜行エレベーターの駆動方式と同様で，巻上機の綱車に掛けた主索の一端にかご，他端に釣合おもりが掛かっている。巻上機の綱車が回転すると，綱車の溝の面と主索との摩擦によって駆動される。

　また，トラクション式の主索を鎖とし，綱車，そらせ車をスプロケットとした

第 6 章　小荷物専用昇降機等

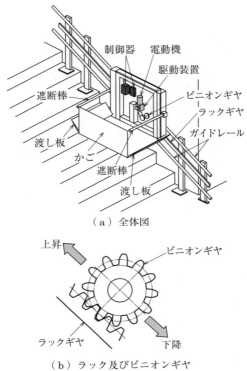

（a）全体図

（b）ラック及びピニオンギヤ

図 6.11　ラックピニオン式の例 [s1]

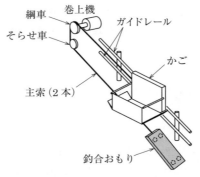

図 6.12　トラクション式の例

6.2 段差解消機

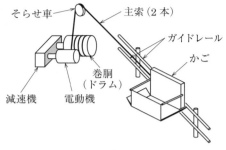

図 6.13　巻胴式の例

チェーンスプロケット式もある。

(3) 巻胴式

巻胴式は，図 6.13 に示すように，昇降路の勾配に沿って設けられたガイドレールに，かごが案内されて昇降する。巻胴式の巻上機の巻胴に主索の一端が締結されている。主索が巻胴の溝に沿って巻き取られると，主索の他端に締結されているかごが上昇運転する。また，主索を巻胴から巻き戻すと下降運転する。

(4) 油圧式

間接式の油圧式エレベーターと同じような方式で，主索を鎖又はロープとして，プランジャーの上端に取り付けてあるそらせ車に掛けられた主索の一端をかごに締結し，他端をシリンダー付近に締結している。プランジャーが上昇すると，例えば，1:2 のローピングではプランジャーの 2 倍の速度でかごが昇降する。ローピングは，第 4.2.2 項 (2) の 2) による。

6.2.3　鉛直型段差解消機の駆動方式

鉛直型段差解消機の例を図 6.14 に示す。

鉛直型段差解消機の駆動方式には，油圧式の直接式，間接式，パンタグラフ式，チェーンスプロケット式，ラックピニオン式，ボールねじ式等がある。

鉛直型段差解消機の油圧式は油圧式エレベーターの駆動方式と，同チェーンスプロケット式は鎖駆動式エレベーターの駆動方式と同じである。

図 6.11 に示した斜行型段差解消機のラックピニオン式が，上側にあるラックギヤ及びピニオンギヤで駆動しているのに対して，鉛直型ラックピニオン式は，かごの両

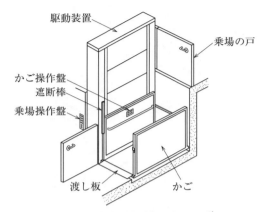

図 6.14　鉛直型段差解消機の例 [s1]

側に1本ずつ設けたラックギヤガイドレールに案内されて，かごに設けた一対のピニオンギヤがかみ合って駆動する。

次に，上述以外の駆動方式であるボールねじ式を説明する。

(1) ボールねじ式

ボールねじ式は，図 6.15 に示すように，昇降路の底に設けた軸受の上にボールねじ軸を設け，ボールねじ軸の軸端の，昇降路上部付近に電動機を設ける。ボールねじ軸とかみ合っているナットは，かごに取り付けられている。ボールねじ軸を駆動装置で回転させると，かごが昇降する。

通常，ナットは，駆動効率を高めるため，ボールねじナットが使われることが多い。

ボールねじ式の構造は，建築基準法令の告示に例示仕様として示されていないため，構造上主要な部分の構造は令第129条の4の第1項に関して，及び制御器の構造は令第129条の8の第2項に関して，法第68条の26に基づく国土交通大臣の認定が必要である。

6.2.4　かごの構造

鉛直型段差解消機は，定格速度が 15 m/min 以下と遅いこと及び昇降行程が 4 m 以下と短いことから，かごの構造は，エレベーターのかごと異なり，天井を不要とする等の緩和措置がされている。

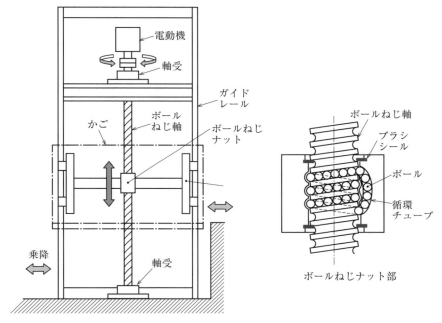

図 6.15　ボールねじ式の例

(1) 側壁

かごは，昇降路の壁とかごとの間に挟まれたり，転落したりすることを考慮して，平成 12（2000）年建設省告示第 1413 号第 1 第九号イ (1) に従って，出入口の部分を除き，高さ 1 m 以上の丈夫な壁，囲いで囲まなければならない。

① かご内で昇降の操作ができない，1 人乗りの車いす専用利用では，かごの側壁は，かごの出入口部分を高さ 65 cm 以上の丈夫な壁，囲いを設ける。

昇降路の壁がなく，挟まるおそれのない側のかごの壁面は，車いすの脱輪等を防止するために，立ち上がりの高さは，かご床面から 7 cm 以上とする。ただし，出入口の間口が 80 cm 以下では，6 cm 以上でよい。また，立ち上がりの上部には，かご床面から高さ 65 cm 以上の手すりを設けることでもよい。

② ① 以外では，介助者の利用を考慮して，かごの側壁は，出入口部分を除いて，高さ 1 m 以上の丈夫な壁，囲いを設ける。

昇降路の壁がなく，挟まれるおそれのない側のかごの壁部分には，車いすの脱輪等を防止するための，かご床面から高さ 15 cm 以上の立ち上がりを設け，か

つ，その上部はかご床面から高さ1m以上の丈夫な手すりを設けることでもよい。

(2) かごの出入口

かごの出入口には，戸又は可動式の手すり（以下「遮断棒」という）を設ける。戸の高さは，かご床から70cm以上，遮断棒では60cm程度が一般的である。

遮断棒では，かご床から車いすの先端部がはみ出すことを防止するため，出入口の床面に高さ10mm程度の車止めを設けることが望ましい。車止めは，手動又は自動の，跳ね上げ式渡し板で兼用してもよい。

かごの出入口における遮断棒は，荷の昇降路へのはみ出しを防ぐ目的もあるので，遮断棒には鎖，縄等の剛性がない材料を使用すべきではない。

出入口の数は，一般的には車いす使用者の利便性を考慮し，かごを貫通二方向とするので，2箇所ある。

(3) 操作盤，標識

1) 操作盤

かご及び乗場の操作盤は，かごの床面から高さ1.0m前後の，車いす使用者が容易に操作できる位置に取り付ける。

2) 標識

標識には，用途，定格積載量及び最大定員，並びに1人乗りの段差解消機では，車いすに座ったまま使用する1人乗りであることを，かご内の見やすい位置に表示する。

かご内で昇降の操作ができなく，1人乗りで，車いす専用としての利用では，その旨の利用上の注意標識及び災害時の注意標識も必要に応じて掲示することが望ましい。

(4) 床面積

車いすでの利用に必要な床面積について，述べる。

表6.3に示したように，定員1名のかごの床面積は，2m^{2}以下である。

図6.16に示すように，車いす使用者がかご内で90度の転回運動を行なって乗降するために必要なかごの大きさは，最小間口1.4m，最小奥行1.4m，床面積1.96m^{2}となる。

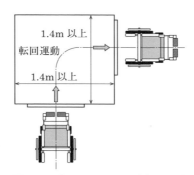

図 6.16 車いすによる 90 度転回運動

かご内に前向きに乗り，後ろ向きに降りる，又は貫通二方向口で前向きに乗り，前向きに降りるかごの大きさは，間口 0.8 m 以上，奥行 1.25 m 以上，床面積 1.0 m^2 以上となる。

かごの床面積が 2 m^2 を超え 2.25 m^2 以下のものは，表 6.3 に示したように，定員 2 名と規定されている。これは，車いす使用者と付添い者とが同時に利用できる面積を確保するためである。

車いすを 90 度転回して乗降するために必要なかごの大きさは，間口及び奥行が 1.4 m 以上が必要で，間口 1.5 m，奥行 1.5 m まで確保でき，床面積が 2.25 m^2 でとなる。かご内を直線的に乗り降りすると，かごの大きさは，間口 1.15 m 以上，奥行 1.8 m 以上になる。

6.2.5 昇降路の構造
(1) 昇降路の側壁等
段差解消機においても，昇降路とは，かご又は釣合おもりがガイドレールに沿って昇降する部分をいう。昇降路外の人又は物が昇降路内を移動するかご及び釣合おもり又は安全装置に触れることのないよう，昇降路をほかの空間と仕切る必要がある。
1) 斜行型
斜行型の昇降路は階段の脇の部分に設置され，勾配は階段とほぼ同じである。専用の昇降路を設けるなら，勾配は，利用者の不安感がでないように，例えば，45 度程度以下とする。

かごの天井がない段差解消機が多いので，利用者の頭が建物の天井又ははりの下端に衝突することを避けるために，かごが昇降する全域に亘って，かご床面から建物の

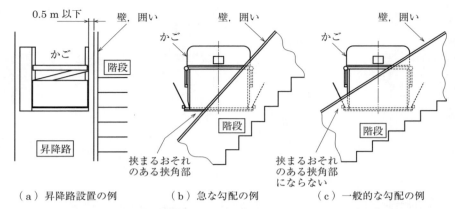

図 6.17　昇降路の壁とかごの底部との間の挟角部の例 s1)

　天井又ははりの下端までの高さを 2.0 m 以上確保する。2.0 m 未満になる箇所があるならば，利用者に危害が生じないような，例えば，緩衝材の設置等，適切な措置を講じる。

　斜行型の昇降路の周囲は，階段と分けるため，図 6.17(a) に示すように，高さが 1.8 m 以上ある丈夫な壁又は囲いを設ける。昇降路の壁又は囲いを設けたことで，図 6.17(b) のように，かご等と挟まれるおそれがあれば，かごの底部と昇降路（壁，囲い，階段，床等）との間に，人又は物が挟まれたことを検知してかごを停止させる装置（障害物検知装置）を設けると，昇降路の壁又は囲いはなくてもよいとされている。

　折りたたみ式又は着脱式段差解消機では，この障害物検知装置を設けることで，段差解消機を使用していない時には，昇降路の部分を階段として利用していることが多い。

2) 鉛直型

　図 6.18 に示すように，鉛直型の昇降路は，下部乗場から上部乗場までの部分であり，高さ 1.8 m 以上の丈夫な壁又は囲いを設けなければならない。ただし，かご内側壁（手すり）から建物の床，はり等の障害物までの水平距離が 0.5 m 以下では，かごが上昇時にかご内の人又は物が挟まるおそれがあるため，その全域を連続した段差のない壁又は囲いを設ける。

　上部乗場では，乗場付近の人が挟まれるおそれはないが，転落のおそれがあるため，転落防止の高さ 1.1 m 以上の丈夫な壁又は囲いを設ける。

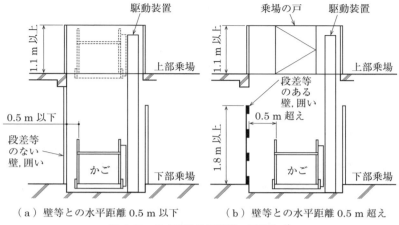

図 6.18　鉛直型段差解消機の昇降路 [s1)]

　下部乗場の出入口を除く昇降路の壁又は囲いの高さは，かご床下にジャバラ（スカートガード）（図 6.8(a) 参照）等又は障害物検知装置を設けることによって，1.8 m 以下とすることができる．これらの措置がされていても，かごの直下への人の進入を防止するための，高さ 1.1 m 以上の丈夫な壁又は囲いを設けることがある．

　また，昇降路の天井は，上部乗場停止時に利用者等の頭が昇降路の天井に衝突しないように，かご床からの高さを 2 m 以上とする．

(2) 昇降路の出入口

　昇降路の出入口には，利用者等が昇降路に入らない，転落しないように，出入口の戸又は遮断棒を設ける．

　出入口の戸は，引き戸，開き戸，折り戸等で，設置する場所での利便性を考慮して選択する．転落防止，落下防止を図るために，例えば，乗場の床面から高さ 1.1 m 以上の戸とする．

　遮断棒では，遮断棒の上端の高さは，70 cm 程度が一般的であるが，遮断棒の下をくぐって昇降路内に容易に入れるので，かごの下に入りにくいようにする等の措置が必要である．上部の乗場において遮断棒を用いると，人の転落又は物の落下のおそれがある．

290　　第 6 章　小荷物専用昇降機等

（3）かご床先と出入口床先との間の水平距離

　かごの床先端及び乗場の出入口の先端を「床先」と呼び，それぞれの床先間のすき間の寸法は，人がつまずいたり，物が落ちたりしにくいように，平成 12（2000）年建設省告示第 1413 号第 1 第九号ロ(2)において，出入口の有効幅の範囲で 4 cm 以下と規定されている。

　段差解消機には，出入口部分にかごから乗場までの間に「渡し板」を渡して，人又は車いす使用者が円滑に乗降できるようにしている例がある。渡し板を用いると，床先間の寸法は 4 cm を超えてよい。渡し板を設けても，かごの床先と昇降路の壁との間の寸法は，令第 129 条の 7 の第 1 項第四号に従って，昇降行程全域に亘り段差のない連続した壁とする又は段差がないようにするフェッシャープレートを設け 12.5 cm 以下にしなければならない。

　渡し板は，図 6.8 にあるように，かごが昇降中には車止め機能を持たせ，停止時に手動又は自動で，遮断棒と連動して動かすことが多い。

6. 2. 6　乗場

　車いす使用者の利便性を考え，車いすでの乗降，乗場で車いすの転回が必要であれば，図 6.16 を参照して，その使用に足りる乗場面積を備えていなければならない。

　乗場に設ける機器は，車いす使用者が通常使用時に，また，車いす使用者，管理者等，一般の人等が非常時に操作ができるような位置に設ける。

　乗場に設けられた乗場操作盤には，通常，電源スイッチ，係員呼びボタン，かご呼びボタン，かご送りボタン，非常停止スイッチが取り付けられている。

6. 2. 7　安全装置

　段差解消機には，エレベーターとしての安全装置及び段差解消機に独特の安全装置が設けられている。

（1）ドアスイッチ

　ドアスイッチは，かご及び昇降路の出入口の戸又は遮断棒が閉じていることを検出するスイッチである。かご及び昇降路の全ての出入口の戸又は遮断棒が閉じていることを検出しなければ，かごを昇降させてはならない。

(2) 出入口の戸の施錠装置

出入口の戸は，戸開き状態での床合わせ動作を除き，かごがその階に停止していなければ，錠が掛かっていなければならない。

(3) 停止スイッチ

停止スイッチは，かごの制御装置その他の故障でかごの走行が止まらなくなった時，かご内及び乗場で動力を切るスイッチである。停止スイッチは，押し続けている間だけではなく，手を放しても自動復帰せず，継続して停止しており，改めて操作すると再び運転を開始するスイッチとする。非常用ブザーと連動することが望ましい。

また，保守点検時，救出作業時等に不用意に動力が入って，かごが動き出さないように動力電源を切る電源スイッチを乗場操作盤等に設ける。

(4) 制動装置

昇降中に段差解消機の動力電源が遮断された時，速やかにかごを停止し，かつ，停止中のかごを安全に停止保持しなければならない。ブレーキの保持力は，定格積載荷重の 1.25 倍までの荷重を積載した状態で，かごを安全に停止保持する能力が必要である。

(5) リミットスイッチ

リミットスイッチは，昇降路の上部及び下部の停止位置近くで作動する。リミットスイッチが作動すれば，上昇運転又は下降運転を停止する。更に行き過ぎて，緩衝器又は緩衝材に衝突する前に，かごの走行を制止するためのスイッチが必要である。

リミットスイッチは，一般的には昇降路側に設けるが，かご側に設けることもある。

(6) 緩衝器，緩衝材

緩衝器又は緩衝材は，かごが昇降路の底部に衝突した時にかご内の人が安全であるように，衝撃を緩和する装置である。

(7) 外部連絡装置

外部連絡装置は，停電等の非常の場合に，かご内からかご外に連絡するための装置である。予備電源を備えた，インターホン，警報ベル又は電話機等を設けて，地震，

火災，停電等の非常時に，かご内の人とかご外の人との連絡がとれるようにする。

(8) 過荷重検知装置

　一般に，不特定多数が利用する段差解消機には，積載荷重がおおむね定格積載荷重の110％で作動する過荷重検知装置を設ける。過荷重を検知すると，ブザー，赤色ランプ等で乗り過ぎを利用者に警告するとともに，かごが昇降しないようにする。この状態は，超過した荷重が解消されるまで継続する。

　過荷重検知装置を設置すると，係員の立会いなしに自由に使用することができる。過荷重検知装置を設置していない段差解消機は，係員が鍵を用いて運転しなければならない。

(9) 障害物検知装置

　障害物検知装置は，昇降路の壁，囲い等を乗り越えて昇降路に侵入した人又は昇降路内に投げ入れられた物がかご枠と床，階段等との間に挟まれた時に，かごの昇降を自動的に制止する装置である。

　このため，昇降路全体が完全に仕切られ，昇降路への人の侵入，物が投げ入れられるおそれのない昇降路では，この装置の設置の必要はない。

　挟まれたことは，接触式検知器（機械式）又は非接触式検知器の光電管，マルチビームセンサー，超音波センサー等で検出する。

(10) 非常時かご外救出装置

　非常時かご外救出装置は，非常時にかご内の人をかご外に安全に救出する手段，方法又は装置である。救出方法等には，ターニングハンドル等を用いた手動操作による救出，予備電源での操作による救出，油圧式では手動下降弁の操作による救出，斜行型段差解消機では階段を利用した救出方法等がある。各駆動方式に適した救出手段，方法又は装置でよい。

(11) かご着脱式，かご折りたたみ式の安全装置

　かご着脱式には，ガイドレールに設けられた結合装置とかごの結合装置が確実に結合する機能，及び結合していなければ，かごの運転回路が作動しないようにする機能の2つの機能を同時に有する，インターロックスイッチを設けなければならない。

　また，動力を用いてかごを開閉する折りたたみ式では，開閉中のかごに人又は物が

挟まれた場合にかごの開閉を制止する装置を設けなければならない。

6.3　いす式階段昇降機

　第6.3節では，いす式階段昇降機の構造，関係法令，駆動方式，安全装置等について，述べる。

6.3.1　関係法令等
（1）いす式階段昇降機とは
　いす式階段昇降機は，利用者1人がいすに座った状態で，階段に沿って昇降する装置で，真直ぐな階段，踊り場付きの真直ぐな階段，折れ曲がり階段及び周り階段に設置される。

　いす式階段昇降機の全体構造の例は，図6.19に示すように，いす（操作ボタンを含む），駆動装置，ガイドレール，乗場呼び送りボタン及び介添者が操作するリモートコントロール操作盤等から構成されている。

　いす式階段昇降機は，所有者及び同居する家族又は継続的に居住する者が使用することを原則としている。

　住戸内に設置され，特定の利用者が使用することから，所有者が安全に使用できると判断すると，同居する家族又は継続的に居住する者以外の者でも使用することがで

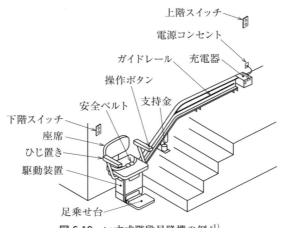

図 6.19　いす式階段昇降機の例 [s1]

きる。安全のために，所有者又は十分な判断力及び運転操作方法を習熟している者が運転操作する。

（2）関係法令

1)　令第 129 条の 3 の第 1 項第一号で，いす式階段昇降機は，エレベーターに分類されている。

2)　平成 12（2000）年建設省告示第 1413 号第 1 第十号では，令第 129 条の 3 の第 2 項第一号に掲げる規定を適用しない特殊な構造又は使用形態に該当するいす式階段昇降機の規定は，次のとおりである。

　階段及び傾斜路に沿って，1 人の者がいすに座った状態で昇降するエレベーターで，定格速度が 9 m 以下のもの。令第 129 条の 6 第五号及び第 129 条の 7 第五号の規定によるほか，次に定める構造とすること。

①昇降はボタン等の操作によって行ない，ボタン等を操作し続けている間だけ昇降する構造とすること。

②人又は物がかごと階段又は床との間に強く挟まれた場合にかごの昇降を停止する装置を設けること。

③転落を防止するためのベルトを，背もたれ，ひじ置き，座席及び足を載せる台を有するいすに設けること。

---

3)　平成 12（2000）年建設省告示第 1415 号において，積載荷重を「平成 12 年建設省告示 1413 号第 1 第十号に掲げるエレベーターとして，法定積載荷重を 900 N」と規定している。

定格積載量は，法定積載荷重 900〔N〕÷ 9.8〔m/s^2〕≒ 91.8〔kg〕を 10 kg 単位の概数として，90 kg となっている。

エレベーターの定格積載量では，複数名の利用者では利用者の体重が平均化されることを考慮して，一人あたりを 65 kg としている。いす式階段昇降機では，利用者が 1 名であるので，体重の重い利用者を考慮している。

4)　制動装置は，平成 12（2000）年建設省告示第 1423 号の第 7 で，次のように規定している。

① 操縦機の操作をする者が操作をやめた場合において操縦機がかごを停止させる状態に自動的に復する装置
② 主索又は鎖が緩んだ場合において動力を自動的に切る装置
③ 動力が切れたときに惰性による原動機の回転を自動的に制止する装置
④ かご又は釣合おもりが昇降路の底部に衝突しそうになった場合においてこれに衝突しないうちにかごの昇降を自動的に制御し，及び制止する装置
⑤ 主索又は鎖が切れた場合においてかごの降下を自動的に制止する装置

6.3.2 構成機器
（1）駆動装置

いす式階段昇降機は，一般的にかごに駆動装置を設けた自走式である．自走式の駆動方式には，第6.2節の段差解消機の駆動方式と同様のラックピニオン式，チェーンラックピニオン式，摩擦駆動式等がある．

これらの駆動方式については，第6.2節の段差解消機において，摩擦駆動式以外を記述した．したがって，第6.3.2項では，摩擦駆動式だけを述べる．

1）摩擦駆動式

折れ曲がり階段に設置するいす式階段昇降機に多く使用されている，摩擦駆動式の例を，図6.20に示す．

摩擦駆動式は，ガイドレールを一対の駆動ローラーで挟み，駆動ローラーをかごの電動機で回転して昇降する方式である．

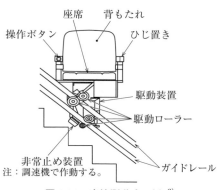

図6.20　摩擦駆動式の例 [s2]

摩擦力の低減により駆動ローラーが滑り，かごが滑落するおそれがあるので，過速度を検出した時，ガイドレールをつかむ非常止め装置を設けなければならない。

摩擦駆動式は，建築基準法令の告示に例示仕様として示されていないため，法第68条の26に基づく国土交通大臣の認定が必要である。

(2) いす部

いす部は，座席，背もたれ，昇降中に利用者の転落を防止する安全ベルト，ひじ置き，足乗せ台で構成されている。

エレベーターでいう「かご」は，いす式階段昇降機においては，ガイドレールに案内されて昇降する，いす部，いす部の下部に設置されている駆動装置等の全体をいう。

いす部は1人掛け，最大定員は1名，定格積載量は90kgとし，いす部を構成する座席，背もたれ，ひじ置き，足乗せ台等は，主要構造部として，十分な強度を有するものとする。

いす部には，いす式階段昇降機の定格積載量，最大定員及び故障時等の連絡先を明示する。

昇降用操作ボタンは，押し続けボタン方式とし，利用者の乗降時にボタンに接触等により駆動機が容易に作動しない，安全な位置に設ける。

図6.21に示すように，使用しない時にいす部が階段の通行の妨げとならないように，座席，ひじ置き，足乗せ台を折りたためる構造とした例もある。

(3) ガイドレール

ガイドレールは，鋼製又はアルミニウム合金製等で，支持金具で階段，側壁等の所定の位置に堅固に取り付けられる。ガイドレール，支持金具による取付けは，地震力

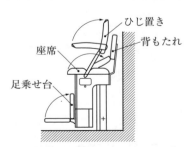

図 6.21 いす部折りたたみの例 [s1]

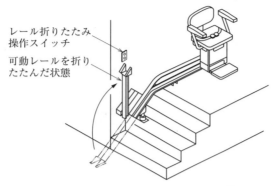

図 6.22　折りたたみ式ガイドレールの例 [s1]

も考慮した荷重に対して十分な強度を有するものとする。

　また，ガイドレールは，基本的に階段の勾配に合わせた傾斜角度で取り付ける。かごが階段途中で停止した時に，階段踏面からいす部足乗せ台までの高さが著しく大きくならないように取り付ける。

　図 6.22 のように，いす式階段昇降機の使用時にガイドレールが通路にはみ出る時は，使用しない時に通路等の通行の支障とならないよう，ガイドレールを折りたたむ又は取外しができる構造とする例がある。折りたたみ等の構造では，ガイドレールを折りたたんだ時にはかごを動かないようにする。かごが当該部に進入しないようにリミットスイッチ又はストッパーを設ける。

(4) 階段（昇降路）

　いす式階段昇降機の昇降路となる階段は，かご及びガイドレールの荷重，積載荷重，地震荷重及び走行時の動荷重を支持するのに十分な強度を有し，堅固な構造でなければならない。

　また，昇降路に利用者の身体に接触するような突起物を設けない。階段部分がよく見える，十分な照明設備を設ける。かご走行時の振動，騒音等に，配慮する必要がある。

(5) 乗場

　乗場は，利用者が安全に乗降できるように，階床（踊り場，通路等）部分に十分な乗降面積を確保する。

また，上階での停止位置が上階付近の階段の踏段である事例では，利用者が乗降する面積が確保されておらず，乗降時に転落等の支障をきたすおそれがあるので，座席が90度等回転して上階で乗降できるようにする事例がある。回転できる座席では，座席が運転時の定められた位置になければ，かごの運転ができなくするインターロックスイッチ等の安全装置が必要である。

上階，下階の乗場には，かごの呼び寄せ又は送りのための操作ボタンを設置する。

6.3.3　安全装置

エレベーターとして必要な安全装置に加えて，いす式階段昇降機の使用方法から必要な安全装置がある。次に，いす式階段昇降機に設置している，主な安全装置について，説明する。

(1) 制動装置

制動装置は，駆動装置に設置され，動力が遮断された時，上階又は下階に停止して利用者が乗り降りする時等に，かごが滑り落ちたりしないように，電動機の回転を阻止して，かごを停止し，保持する。制動力は，定格積載荷重の125％以上が必要である。

(2) リミットスイッチ

リミットスイッチは，かごが上階又は下階の所定の位置を行き過ぎた時に作動し，その方向の走行を停止する。

更に行き過ぎて，ストッパーに衝突する前にかごの走行を制止するファイナルリミットスイッチが必要である。

(3) キースイッチ

いす式階段昇降機は，利用者が使用する時には，鍵等を差し込んで又は取り付けている時だけ運転できる。このために，鍵等をキースイッチから抜き取ると動力を遮断し，運転ができなくなるようにする。

(4) かご等の操作ボタン

かご及び乗場の操作ボタンは，ボタンを押している間だけいす式階段昇降機が昇降することができ，利用者が危険と思った時に当該ボタンから手を放すと停止する，押

6.4 労働安全衛生法によるエレベーター，簡易リフト　　299

し続けボタン方式とする。

(5) 障害物検知装置

　障害物検知装置は，人又は物がかごと階段等との間に挟まれることを防止するために，階段及びガイドレール上面にある障害物に触れた時に，動力を自動的に遮断し，かごを停止する装置である。

　障害物検知装置は，駆動部の前後，足乗せ台の側面及び前後の端部，足乗せ台底部の被覆板等の必要な部分に設けられる。

(6) 安全ベルト

　安全ベルトは，いす部から利用者が転落することを防止するために，いす部に設けられる。いす式階段昇降機の使用時には，安全ベルトを装着する必要がある。

6.4　労働安全衛生法によるエレベーター，簡易リフト

　第6.4節では，建築基準法令で規定されている小荷物専用昇降機と労働安全衛生法令で規定されている簡易リフトとの主な差異について，述べる。

6.4.1　建築基準法との差異

　建築基準法令に基づくエレベーターが労働基準法の別表第一第一号から第五号までに記載されている事業（参照：参考1）の事業所に設置されると，労働安全衛生法令も適用される。

　参考1：労働基準法の別表第一の各号の概要

　第一号　物の製造等の事業

　第二号　鉱業，鉱物等の採取の事業

　第三号　建築，工作物等の建設，解体等の事業

　第四号　道路，鉄道等の貨物等の運送の事業

　第五号　船舶，倉庫等での貨物の取扱いの事業

　労働安全衛生法施行令第1条（定義）第九号では，エレベーター，簡易リフトは，表6.4のように規定されている。

第6章　小荷物専用昇降機等

表 6.4　エレベーター及び簡易リフトの労働安全衛生法令

エレベーター	労働基準法別表第一第一号から第五号までに掲げる事業の事業場に設置されるもの
簡易リフト	エレベーターのうち，荷だけを運搬することを目的とするエレベーターで，搬器の床面積が $1\,m^2$ 以下又はその天井の高さが $1.2\,m$ 以下のもの

　労働安全衛生法令が適用されるエレベーターはエレベーター構造規格に，また簡易リフトは簡易リフト構造規格に詳細な仕様が規定されている。

　積載荷重が $250\,kg$ 未満であると，建築基準法令は適用されるが，労働安全衛生法令が適用されない。

　これらをまとめ，建築基準法と比較すると，表 6.5 のようになる。

表 6.5　建築基準法と労働安全衛生法との比較

建築基準法	労働安全衛生法
エレベーター 　　かごの床面積　$1\,m^2$ 超 又は　天井の高さ　$1.2\,m$ 超 **小荷物専用昇降機** 　　かごの床面積　$1\,m^2$ 以下 かつ　天井の高さ　$1.2\,m$ 以下	**エレベーター**（積載荷重が $250\,kg$ 以上） 　　かごの床面積　$1\,m^2$ 超 かつ　天井の高さ　$1.2\,m$ 超 **簡易リフト**（積載荷重が $250\,kg$ 以上） 　　かごの床面積　$1\,m^2$ 以下 又は　天井の高さ　$1.2\,m$ 以下

天井の高さ			天井の高さ		
$1.2\,m$	エレベーター	エレベーター	$1.2\,m$	簡易リフト	エレベーター
0	小荷物専用昇降機	エレベーター	0	簡易リフト	簡易リフト
	0　　　　$1.0\,m^2$ 床面積			0　　　　$1.0\,m^2$ 床面積	

　労働安全衛生法の適用を受ける，積載荷重 $1{,}000\,kg$ 以上のエレベーターを製造するには，労働安全衛生法第 37 条（製造の許可）に従って，都道府県労働局長の製造許可を取得しなければならない（参照：参考 2〜4）。

　　参考 2：労働安全衛生法第 37 条（製造の許可）［抜粋］

　　　特に危険な作業を必要とする機械等として別表第一に掲げるもので，政令で定めるもの（以下「特定機械等」という。）を製造しようとする者は，厚生労働省令で定めるところにより，予め，都道府県労働局長の許可を受けなければならない。

　　参考 3：別表第一（労働安全衛生法第 37 条関係）［抜粋］

　　6. エレベーター

6.4 労働安全衛生法によるエレベーター，簡易リフト *301*

参考4：労働安全衛生法施行令第12条（特定機械等）[抜粋]
　労働安全衛生法第37条第1項の政令で定める機械等は，次に掲げる機械等
（本邦の地域内で使用されないことが明らかな場合を除く。）とする。
　六　積載荷重（エレベーター（簡易リフト及び建設用リフトを除く。以下同
じ。），簡易リフト又は建設用リフトの構造及び材料に応じて，これらの搬器に人
又は荷をのせて上昇させることができる最大の荷重をいう。以下同じ。）が1ト
ン以上のエレベーター。

6.4.2 機器の差異

　小荷物専用昇降機と簡易リフトとの機器仕様に関しての差異を表6.5に示した。こ
のほか，小荷物専用昇降機と簡易リフトとの具体的な機器の主な差異は，表6.6のと
おりである。

表6.6　機器仕様の主な差異

項　目	小荷物専用昇降機	簡易リフト
昇降路	壁又は囲いは，難燃材料で造る。	荷の積卸口の部分を除き，周囲に壁又は囲いを設ける。 壁，囲いの材料は，規定がない。金網等でも可である。
昇降路の 出し入れ口の戸	出し入れ口の戸は，難燃材料で造る。 規定の力で押した時に，15 mmを超える変形がない，塑性変形がない。	荷の積卸口に戸を設ける。 戸の材料は，規定がない。
かごの構造	出し入れ口を除き，周囲に壁を設ける。 壁の材料は，難燃材料。	荷の積卸口の部分を除き，周囲に囲いを設ける。 囲いの材料は，規定がない。
構造部分の材料	難燃材料	欠陥のない木材の使用が可。

6.4.3 違法設置エレベーター

　第6.4.1項で述べたように，エレベーター等を設置する建物の中には，建築基準法
だけが適用される建物と，建築基準法及び全ての労働者の安全確保のために規定され
ている労働安全衛生法との両方が適用される建物とがある。
　労働安全衛生法が適用される建物は，第6.4.1項の参考1に示した，物の製造，加
工等，倉庫等における貨物を取り扱う事業場の建物である。
　また，表6.5のように，昇降機には，建築基準法令に規定されたエレベーター及び
小荷物専用昇降機と，労働安全衛生法令に規定されたエレベーター及び簡易リフトと

がある。

　昇降機の設置を計画する時には，建物の用途，両法令に規定されている昇降機の差異に加えて，設置前，設置後の行政手続きの差異等も理解することが重要である。

　次の (1)，(2) の例は，違法設置の昇降機となる。

(1) 建築主，所有者及び管理者等が行政手続きを適正に実施していない。

　　建築基準法に規定された確認申請，完了検査及び定期報告等（小荷物専用昇降機において不要と条例等で規定されている場合を除く），労働安全衛生法の設置届等，落成検査，自主検査及び性能検査を実施していない。

(2) 建物，設備の構造等が法令の規定内容に適合していない。

第7章

耐　震

　第 7 章では，昇降機の耐震基準の変遷，実際の地震被害，耐震設計方法等について，述べる。

7.1　地　震

7.1.1　我が国における地震

　全地球に占める面積の割合がわずか 0.1 % である日本及びその近海で，マグニチュード 6 以上の地震の約 20 % が発生し，地震エネルギーの約 10 % が消費されている。西暦 416 年に発生した地震の記述が日本書紀にもあり，これが我が国最古の地震に関する記述といわれている。このように地震が多いのは，日本が環太平洋地震帯に属し，4 枚のプレート上に位置しているからである。近代化，工業化が進んだ明治以降において，代表的な地震を表 7.1 に示す。

表 7.1　明治以降の我が国の代表的な地震

年	地震名	年	地震名
1891	濃尾地震 M8.0	1995	兵庫県南部地震 M7.3
1896	明治三陸沖地震 M8+	1997	鹿児島県西部地震 M6.4
1923	関東大地震 M7.9	2001	芸予地震 M6.7
1944	東南海地震 M7.9	2003	十勝沖地震 M8.0
1946	南海地震 M8.0	2004	新潟県中越地震 M6.8
1964	新潟地震 M7.5	2005	福岡県西方沖地震 M7.0
1968	十勝沖地震 M7.9	2005	宮城県南部地震 M7.2
1974	伊豆半島地震 M6.9	2007	能登半島地震 M6.9
1978	伊豆大島近海地震 M7.0	2007	新潟県中越沖地震 M6.8
1978	宮城県沖地震 M7.0	2011	東北地方太平洋沖地震 M9.0
1983	日本海中部地震 M7.7	2016	熊本地震 M7.3
1984	長野県西部地震 M6.8	2018	大阪府北部地震 M6.1
1993	北海道南西沖地震 M7.8	2018	北海道胆振東部地震 M6.7

304 第7章 耐 震

　明治時代以前は木造住宅が中心であり，建物等の耐震性は意識されていなかった。明治時代以降は西洋の文化が入ってきたことで鉄骨造，レンガ造等の建物も増え始めた。一方で，大正時代には1923年に関東大地震が発生し，1924年には市街地建築物法施行規則が改正され，初めての耐震に関して地震力が規定された。

　なお，我が国において電動の乗用エレベーターが初めて設置された浅草凌雲閣は，関東大地震により建物が崩れ，エレベーターは消滅した。

　昭和に入ると1950年には建築基準法が制定された。その後，超高層建物等の建築も進み，耐震技術，地震応答解析手法等が大いに発展した。しかしながら，その後も大きな地震被害を経験し，それを受けて耐震基準も改訂されている。例えば，1978年の宮城県沖地震では，建物，土木構造物に大きな被害を与え，都市防災に関する意識も高まり，1981年には建築基準法が改正された。1980年代頃からは免震構造，制振構造等の建設も進み，耐震技術は一層高度化した。

　平成時代に入ってからも，1995年の兵庫県南部地震，2011年の東北地方太平洋沖地震，2016年の熊本地震，2018年の大阪府北部地震，北海道胆振東部地震等，多くの被害地震を経験している。特に東北地方太平洋沖地震では，地震の継続時間が長かったこと，揺れ及び被害が広域に及んだこと，余震が多発したこと等により，耐震上の新たな課題が明らかになった。また，熊本地震は，最大震度7の地震からわずか28時間後に再び同地域で最大震度7の地震が発生する等，これまでにない地震であった。

　今後も南海トラフ巨大地震，首都直下地震等の発生も危惧されており，被害を最小限に抑制するような取組みが求められている。

　このように地震が多発することから，地震を扱う学問領域，技術においても，我が国は世界を牽引している。地震を扱う学問領域として，大まかに地震の発生は地震学，地中及び地表面の揺れは地盤工学，道路及び橋等は土木工学，建物は建築学，建物内部の機器及び産業施設は機械工学，地震における人の暮らしに関しては防災学に分類され，これらの横断的分野を地震工学と呼ぶ。

7.1.2 地震動

　地震により生じた地面の揺れを地震動という。通常，地震は事象（できごと）を指し，地震動は地点ごとの揺れを指すため，1つの地震に対して，複数の地震動がある。

　地震の原因のほとんどが，地球内部のマントルの熱対流によってプレートが動く「プレートテクトニクス現象」である。地球内部の岩盤（地殻）に蓄積されたひずみが大きくなり，限界に達すると，弱い部分が急激に破壊されてずれる。プレートの境

界で発生するプレート境界地震（海溝型地震）とプレートの内部の断層で発生するプレート内地震（直下地震）とがある。

震源から伝わる地震動には，P 波（Primary Wave）と S 波（Secondary Wave）とがある。図 7.1 のように P 波は地盤内を縦波（粗密波）として，図 7.2 のように S 波は横波として伝わる。P 波は，S 波に比べて伝播速度が早いため，図 7.3 のように地表面に早く伝わる。また，縦波なので揺れの周期及び振幅は小さく，初期微動とも呼ばれる。一方，S 波は P 波より後に地表面に到達する。揺れの周期及び振幅は大きく，建物，機器に被害を与えるのは，主に S 波である。

エレベーターでは，P 波及び S 波を検知することでエレベーターの運転を制御し，被害を最小限に抑える地震時管制運転装置が設置される。2008（平成 20）年 12 月には国土交通省告示第 1536 号が制定され，P 波感知型地震時等管制運転装置の設置が義務付けられた。

同じく，ある地点での地震動は，南北方向，東西方向（合わせて水平方向という）と上下方向とに分けられる。一般に，上下方向よりも水平方向の地震動のほうが大きい。

地震動を加速度計等で観測したものを，地震波という。耐震設計に使用する地震波として，1940 年にアメリカで観測された El Centro 波，1968 年に青森県八戸市で観測された Hachinohe 波等がある。また，1995 年の兵庫県南部地震以降，国内の地震

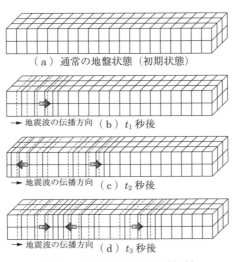

図 7.1 地震動の伝わり方（縦波）

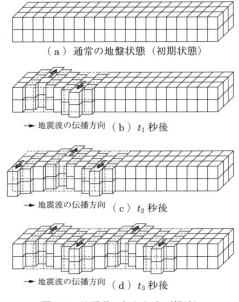

図 7.2 地震動の伝わり方（横波）

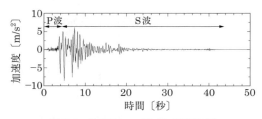

図 7.3 地震波の一例（加速度波形）

観測網は充実し，国立研究開発法人防災科学技術研究所では全国約 1,000 箇所に地震計を設置し，地震動を計測している。そのほか，将来発生する地震動をシミュレーションにより算出した，人工地震波（模擬地震波）等もよく使用される。

地震動は，観測される地点，震源との地理的関係により，様々な特徴を持つ。地震波は様々な周期を持つ波形の重合せといえるが，これまで被害の発生してきた地震の多くは周期 0.1〜1.0 秒程度の成分を多く持つものであった。

一方，海外では 1985 年のメキシコ地震，国内では 2003 年の十勝沖地震，2004 年の新潟県中越地震頃から，構造物の大型化等から周期 1〜10 秒程度の成分を多く持つ

「長周期地震動」による被害も注目されている。長周期地震動は，超高層建物及びその内部のエレベーターの主索（ロープ）等の長尺物と共振するおそれがあり，注意が必要である。

地震の大きさを表す指標値として，マグニチュード，震度（気象庁震度階級）等がある。マグニチュードは，地震そのものの規模を表すパラメータであり，1つの地震につき1つ定まる。定義により，モーメントマグニチュード（Mw），気象庁マグニチュード（一般に日本では，「マグニチュード（M）」と称する）等がある。

一方，震度は，各観測点の揺れの大きさを表すものであり，観測点ごとに定まる。また，加速度は力に，速度は運動エネルギーに関係することから，工学的には地震動の最大加速度，最大速度に着目することも多い。最大加速度の単位としてm/s^2のほか gal（ガル，$= cm/s^2$）又は G（ジー，$= 9.81\ m/s^2$），最大速度の単位としてm/sのほか kine（カイン，$= cm/s$）を使うことがある。

7.2　耐震指針等の変遷

昇降機の耐震基準の歴史は，地震被害の歴史といってもよい。地震により昇降機に被害が生じると，その教訓を生かし，耐震基準に反映させてきた。

我が国の昇降機分野において，1971年以前には公的な耐震基準はなく，昇降機の製造会社ごとの独自の耐震基準が用いられていた。

1971年にアメリカでサンフェルナンド地震が発生し，ロサンゼルス一帯に様々な被害をもたらした。エレベーターでは，釣合おもりがガイドレールから外れ，かごと衝突し，かごが大破する等の被害が発生した。これを受け，1972年には，当時の社団法人日本エレベータ協会は，昇降機防災対策標準を制定し，かご及び釣合おもりの脱レール防止対策，巻上機，制御盤等の転倒防止対策，地震時のエレベーター運行方法等が規定された。

1978年の宮城県沖地震では，釣合おもりの脱レール，機械の転倒，ロープの引っ掛かり等が発生した。この地震を受けて建築基準法施行令が改正されると，1981年に当時の財団法人日本建築センターにて「エレベーター耐震設計・施工指針」（通称，81耐震）が制定された。この指針では，かご及び釣合おもりの脱レール防止対策の強化，巻上機，制御盤等の転倒防止対策の強化（設計用水平震度アップ），ロープ類の引っ掛かり防止対策の強化等が図られている。

1995年の兵庫県南部地震では，釣合おもりのおもりブロックの脱落，機器の移動

308　　第 7 章　耐　震

及び転倒，エスカレーターの破損等が発生した。この地震被害を受け，1998 年に当時の財団法人日本建築センターにて「昇降機耐震設計・施工指針」（通称，98 耐震）が制定された。この指針では，釣合おもりのおもりブロックの脱落防止対策の追加，巻上機，制御盤等の転倒防止対策の強化（設計用水平震度アップ），ロープ類の引っ掛かり防止対策の強化，エスカレーターの耐震設計基準の制定等が図られた。

　2004 年の新潟県中越地震では，震源から約 150 km 以上離れた関東平野で長周期地震が発生し，超高層建物でエレベーターの主索が共振する等の被害が生じた。また，2005 年の千葉県北西部地震では，後述の地震時管制運転により安全に多くのエレベーターが停止した。これらの地震を受けて 2009 年に当時の財団法人日本建築設備・昇降機センター及び当時の社団法人日本エレベータ協会にて「昇降機耐震設計・施工指針 2009 年版」（通称，09 耐震）が制定され，長尺物振れの対策，地震管制運転の見直し等が図られた。

　2011 年の東北地方太平洋沖地震では，エスカレーターが建物梁から脱落する被害が発生した。これを受けて，2014 年及び 2016 年に一般財団法人日本建築設備・昇降機センター及び一般社団法人日本エレベーター協会にて，昇降機の耐震指針がそれぞれ「昇降機耐震設計・施工指針 2014 年版」，「昇降機耐震設計・施工指針 2016 年版」（いずれも通称，14 耐震）として改訂され，エスカレーターの建物梁とのかかり代長さを十分確保する等が加えられた。2016 年版の改訂は，エスカレーターの脱落防止措置に関する耐震性能評価方法の改正に従った改訂であり，耐震性能は 2014 年版と同等である。

7.3　地震被害

　第 7.2 節のとおり，昇降機は，大地震を経験することで耐震性を向上させてきた。ここでは，震度 7 を記録した大地震である，兵庫県南部地震，東北地方太平洋沖地震，熊本地震を取り上げ，昇降機に生じた被害を紹介する。

　なお，被害については，『昇降機技術基準の解説　2016 年版』の第 4 部「昇降機耐震設計・施工指針 2016 年版」を参考にした。

7.3.1　兵庫県南部地震

　平成 7 年（1995 年）兵庫県南部地震は，1995 年 1 月 17 日午前 5 時 46 分に兵庫県南部を震源として発生した直下型地震である。気象庁マグニチュードは 7.3，震源の

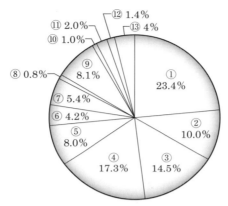

① ロープ類の引っ掛かり　② 冠水・浸水　③ 脱レール
④ レール等変形　⑤ かご機器破損　⑥ 乗場装置破損
⑦ 昇降路内機器破損　⑧ 建物損壊による被害　⑨ 機械室内機器破損
⑩ ロープ外れ　⑪ 油圧機器破損　⑫ おもりブロック脱落
⑬ その他

図 7.4　兵庫県南部地震におけるエレベーターの被害

深さは 20 km である．観測史上初めて震度 7 を記録した地震であり，冬の早朝の都市部を襲い，6 千名以上の死者を出した．兵庫県南部地震を発端とした一連の災害を「阪神・淡路大震災」と呼ぶ．

当時の社団法人日本エレベータ協会が，同協会会員が保守している，近畿各府県の約 64,400 台のエレベーターについて調査した結果，約 7,300 件の被害を確認した．

図 7.4 に兵庫県南部地震におけるエレベーターの被害要因を示す．図 7.4 に示すとおり，ロープ類の引っ掛かり，レール等の変形等の被害が見られた．また，釣合おもりのおもりブロックの脱落も少なからず発生した．発生時刻が早朝だったために昇降機による人的被害は皆無であったが，かごよりも上に釣合おもりがある状態で釣合おもりのおもりブロックが落下し，かごを直撃すれば，人命にかかわる被害が生じるおそれがあった．

同じく，約 7,500 台のエスカレーター及び動く歩道について調査した結果，約 700 件の被害を確認した．都市部を襲った地震だったため，エスカレーターにおいても多くの被害が発生した．

図 7.5 に兵庫県南部地震におけるエスカレーター及び動く歩道の被害要因を示す．神戸市を中心に冠水の被害が多かったほか，トラスの変形，欄干の損傷が発生した．また，エスカレーターの本体が脱落した例が 1 台あった．

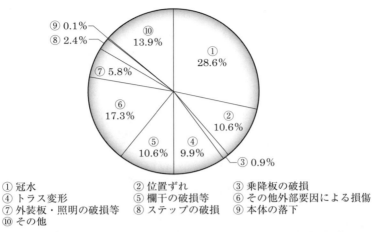

① 冠水　　　　　　　② 位置ずれ　　　　　③ 乗降板の破損
④ トラス変形　　　　⑤ 欄干の破損等　　　⑥ その他外部要因による損傷
⑦ 外装板・照明の破損等　⑧ ステップの破損　⑨ 本体の落下
⑩ その他

図 7.5　兵庫県南部地震におけるエスカレーター及び動く歩道の被害

7.3.2　東北地方太平洋沖地震

　平成 23 年（2011 年）東北地方太平洋沖地震は，2011 年 3 月 11 日午後 2 時 46 分に三陸沖を震源として発生した海溝型地震である．モーメントマグニチュード 9，震源の深さは 24 km で，最大震度は 7 を記録し，1 万 5 千名以上の死者を出した．東北地方太平洋沖地震を発端とした地震動及び津波等による一連の災害を「東日本大震災」と呼ぶ．

　東北地方太平洋沖地震の特徴として，地震及び津波の大きさのほかに，地震による揺れの継続時間の長さ，余震の多発，被害の広域性等が挙げられる．地震の規模が大きく継続時間も長かったため，長周期地震動が広い範囲に伝播し，震源から 700 km 離れた大阪府でも被害が発生した．本震で損壊を免れても度重なる余震で損傷が進行し，大きな損害を受けた事例もあった．

　また，いざ復旧の段階になっても，工場が被災していたり，道路の不通等で交換部品が入手できなかったりし，復旧に時間を要した．このように，東北地方太平洋沖地震ではこれまでに経験したことのない被害が発生した．

　一般社団法人日本エレベーター協会が，震度 4 以上を観測した地点がある 1 都 1 道 19 県及び長周期地震動による被害が発生した大阪府を対象に，約 367,900 台のエレベーターについて調査した結果，約 8,900 件の被害を確認した．図 7.6 に東北地方太平洋地震におけるエレベーターの被害要因を示す．図 7.6 より，ロープ類の引っ掛かり，かご及び釣合おもりの脱レール，ガイドレール等の変形，かご機器の破損等による被害が発生していることが分かる．また，津波による冠水又は浸水した被害も多

7.3 地震被害

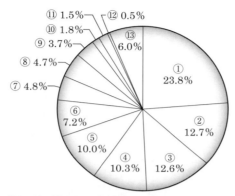

① ロープ類の引っ掛かり　② 冠水・浸水　　　　③ 脱レール
④ レール等変形　　　　　⑤ かご機器破損　　　⑥ 乗場装置破損
⑦ 昇降路内機器破損　　　⑧ 建物損壊による被害　⑨ 機械室内機器破損
⑩ ロープ外れ　　　　　　⑪ 油圧機器破損　　　⑫ おもりブロック脱落
⑬ その他

図 7.6　東北地方太平洋沖地震におけるエレベーターの被害

かった。割合は少なかったが，釣合おもりのおもりブロックの脱落が発生した。

同じく，エスカレーターは，約 41,000 台について調査した結果，約 1,600 件の被害を確認した。図 7.7 に東北地方太平洋沖地震におけるエスカレーターの被害要因を示す。図 7.7 より，エスカレーターは，建物の低層に設置されることが多いため，津波による冠水被害が生じた。

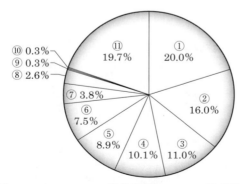

① 冠水　　　　　　　　② 位置ずれ　　　　③ 乗降板の破損
④ トラス変形　　　　　⑤ 欄干の破損等　　⑥ その他外部要因による損傷
⑦ 外装板・照明の破損等　⑧ ステップの破損　⑨ チェーン類の切断・破損
⑩ 本体の落下　　　　　⑪ その他

図 7.7　東北地方太平洋沖地震におけるエスカレーターの被害

エスカレーターは，建物の層と層（階と階）とを繋ぐため，建物の揺れの影響を受けやすい。そのため，建物の層間変形に起因すると考えられるエスカレーター本体の位置ずれ，トラスの変形等が多く発生している。

また，エスカレーター本体が脱落する事例が3現場で4件発生している。人的被害は発生しなかったが，エスカレーターに利用者が乗っていれば，被害者が出たことは想像に難くない。

東北地方太平洋沖地震におけるエレベーターの被害例を，一般社団法人日本機械学会発行の「東日本大震災調査報告　機械編」から図7.8～図7.10に示す。図7.8は，

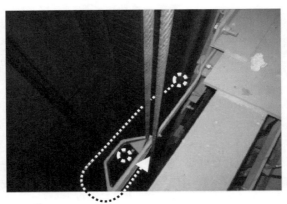

(注)　印は，調速機用ロープの正しい位置を示す．

図7.8　調速機用ロープの引っ掛かりの例 [s4]

図7.9　乗場周囲の損傷の例 [s4]

図 7.10　昇降路の損傷及びかご上機器の被害の例 [s4]

調速機のロープが地震により大きく振れ回り，周囲の部品に引っ掛かった例，図 7.9 は乗場周囲の壁が崩壊した例，図 7.10 は昇降路の壁が崩壊し，かご上に落下した例である．

7.3.3　熊本地震

　平成 28 年（2016 年）熊本地震は，2016 年 4 月 14 日 21 時 26 分，熊本県熊本地方の深さ 11 km を震源とする直下型地震を前震，同 16 日 1 時 25 分，同じく深さ 12 km を震源とする直下型地震を本震とする，一連の地震活動である．前震，本震とも最大で震度 7 を，モーメントマグニチュードはそれぞれ 6.2，7.0 を記録している．短期間に震度 7 クラスの地震が複数発生することは通常想定されておらず，前震で損傷した建物が本震で損壊するなど，大きな被害をもたらした．

　一般社団法人日本エレベーター協会が，震度 4 以上を観測した地点がある 13 県を対象に，約 95,400 台のエレベーターについて調査した結果，約 1,000 件の被害を確認した．図 7.11 に熊本地震におけるエレベーターの被害要因を示す．図 7.11 から，ロープ類の引っ掛かり，ガイドレール等の変形，かご機器の破損等による被害が発生していることが分かる．件数は少ないが，釣合おもりのおもりブロックの脱落が報告されている．

　図 7.12 は，耐震指針ごとの被害発生率である．図 7.12 から，新しい耐震指針が適用されたエレベーターほど被害発生率は小さく，耐震基準の改訂が適切であったといえる．

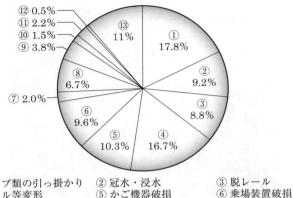

① ロープ類の引っ掛かり　② 冠水・浸水　③ 脱レール
④ レール等変形　⑤ かご機器破損　⑥ 乗場装置破損
⑦ 昇降路内機器破損　⑧ 建物損壊による被害　⑨ 機械室内機器破損
⑩ ロープ外れ　⑪ 油圧機器破損　⑫ おもりブロック脱落
⑬ その他

図 7.11　熊本地震におけるエレベーターの被害

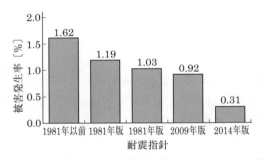

図 7.12　熊本地震における耐震指針ごとのエレベーターの被害

　同じく，エスカレーターは，約 8,700 台について調査した結果，約 330 件の被害を確認した。図 7.13 に熊本地震におけるエスカレーターの被害要因を示す。図 7.13 から，エスカレーターの被害の多くは，乗降板，外装板又は外装照明等で発生した。乗降板は建物とエスカレーターとの間に設置されることから，エスカレーターの耐震性向上には建築技術者との連携が重要になるといえる。

　図 7.14 は，耐震指針ごとの被害発生率である。耐震指針の 2014 年版が適用されたエスカレーターの調査数は少なく，データの分析には注意が必要である。図 7.14 から，耐震指針の 2014 年版を除き，新しい耐震指針が適用されたエスカレーターほど被害発生率は，大きい傾向となった。前述のとおり，エスカレーターは建物の層間に

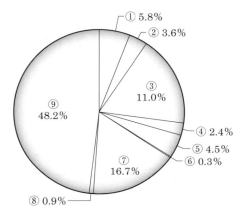

① 冠水　　　　　　　② 位置ずれ　　　　　③ 乗降板の破損
④ トラス変形　　　　⑤ 欄干の破損等　　　⑥ その他外部要因による損傷
⑦ 外装板・照明の破損等　⑧ ステップの破損　⑨ その他

図7.13 熊本地震におけるエスカレーターの被害

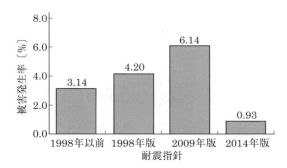

図7.14 熊本地震における耐震指針ごとのエスカレーターの被害

設置されるため，建物構造の影響を大きく受ける。そのため，このような結果が出た要因を明らかにするためには，建物の被害を含めた調査が必要である。

7.4　耐震設計

7.4.1　耐震設計の概念

　エレベーター及びエスカレーター（以下「エレベーター等」という）は，地震にも耐えられるような強度を持たせて設計したり，地震時には通常の運行よりも優先させ

316　　第7章　耐　震

て運行する地震時管制運転を実施したりして，地震時の安全性を確保している。このように，地震に対して安全な設計をすることを耐震設計という。耐震設計の概念は，次のとおりである。

なお，エレベーター等の耐震基準は，『昇降機技術基準の解説　2016年版』に詳しく記載されている。

(1) 地震の規模

耐震設計において，エレベーターは，「稀に発生する地震動に対して地震後も支障なく運行でき，極めて稀に発生する地震動に対して機器が損傷してもかごを吊る機能が維持できること」を目標としている。

また，エスカレーターは，「極めて稀に発生する地震動に対して機器が損傷しても建物梁等の支持材から外れて落下しないこと」を目標としている。エスカレーターは，地震時に停止しても閉じ込められることがないため，稀に発生する地震に対する規定がない。

(2) 耐震クラスと耐震性能

エレベーター等は，設置する建物，その建物用途等により，耐震クラスが分けられている。用途が一般の建物に設置されるエレベーター等を想定した耐震クラス A_{14}，官公庁関連施設，病院等の重要性の高い建物に設置されるエレベーター等を想定した耐震クラス S_{14} がある。

例えば，耐震クラス A_{14} のエレベーターでは 120 gal の地震動に対して，地震後もエレベーターが運転できるようにガイドレール，そのガイド部，主索等の昇降案内機器を設計することが求められる。この設計における力を運行限界耐力という。

また，例えば，200 gal の地震動に対して，利用者の人命を守るように巻上機，そらせ車，主索，釣合おもり枠等のかご懸垂機器を設計することが求められる。この設計における力を安全限界耐力という。

耐震クラス S_{14} は，A_{14} の約 1.5 倍の設計地震力（設計時に想定すべき地震力）に対応するものであり，さらに，釣合おもり側ガイドレールへの連結枠，長尺物保護措置での建築物高さ区分の強化等の耐震強化が図られている。

(3) 静的震度法

地震時に構造物がどのような挙動を示すかを精度よく推定するには，地震応答解析

が有効である。地震応答解析では，時々刻々（例えば，0.01秒ごと）の構造物の挙動を運動方程式に基づき算出するが，計算量が膨大になることから，コンピューターが使用される。

エレベーター等の設備に対して地震応答解析を実施する時，エレベーター等は台数，部品数が多いことから，地震応答解析を実施するには莫大な時間がかかる。そこで，エレベーター等の耐震設計では，主に各部に働く加速度を『昇降機技術基準の解説 2016年版』の第4部「昇降機耐震設計・施工指針2016年版」で規定し，その加速度から地震により各部が受ける力を算出して設計する手法を使用する。つまり，m〔kg〕を質量，a〔m/s^2〕を加速度とすれば，ニュートンの運動の第二法則より，地震により各部に働く力 F〔N〕は，次の式で求められる。

$$F = ma \tag{7.1}$$

ここで，加速度 a〔m/s^2〕を重力加速度 g〔m/s^2〕で除した値を静的震度（$K = \frac{a}{g}$）という。つまり，静的震度 K とは，重力加速度 g に対する地震により受ける加速度 a の比である。また，静的震度を用いて耐震設計を行なう方法を静的震度法（又は震度法）と呼ぶ。

(4) 設計用水平地震力

エレベーター等の耐震設計は，静的震度法に基づき実施される。

設計用水平地震力 F_h は，式 (7.1) をもとにして，次の式で与えられる。

$$F_h = KH \cdot (m_0 + \alpha \cdot m_l) \cdot g \tag{7.2}$$

ここで，

KH：設計用水平震度（式 (7.3)）

m_0：対象機器本体の質量〔kg〕

m_l：対象機器への積載質量〔kg〕（積載物がない機器は，ゼロ）

α：積載質量の水平動等価質量係数

g：重力加速度 9.8 m/s^2

である。

なお，積載質量の水平動等価質量係数 α は，乗用及寝台用エレベーター，エスカレーターでは 0.25，人荷共用及び荷物用エレベーターでは 0.5 である。ただし，人荷共用は，かごが「床下防振ゴム支持」であれば，乗用の値 0.25 としてよい。水平動等価質量係数 α は，かご内の人体の地震動に対する応答遅れ，荷物の滑りの効果等

318 第 7 章 耐 震

を考慮した係数である。

また，設計用水平震度 KH は，次の式で定義されている。

$$KH = K_{hs} \cdot I_u \cdot Z_r \tag{7.3}$$

ここで，

K_{hs}：設計用水平標準震度

I_u：用途係数（懸垂機器並びに乗用，人荷共用及び寝台用エレベーターの
昇降案内機器に対しては 1，荷物用エレベーターの昇降案内機器に対して
は 0.75）

Z_r：地域係数（エレベーターの設置される地域により決まる係数。その地域
の地震の地震の起こりやすさにより 0.7〜1.0 範囲の数値が昭和 55（1980）
年建設省告示第 1793 号において指定されている）

である。

このように，設計用水平震度 KH は，標準となる設計用水平標準震度 K_{hs} に，用
途の重要性を考慮した用途係数 I_u 及び地域による地震の起こりやすさを考慮した地
域係数 Z_r を乗じることで，適切な耐震性を得られるようにしてある。設計用水平標
準震度 K_{hs} は，対象機器，建物の高さ等により決まり，例えば，耐震クラス A$_{14}$ では
0.4 以上，耐震クラス S$_{14}$ では 0.6 以上の値が採用されている。詳細は，『昇降機技術
基準の解説 2016 年版』の第 4 部「昇降機耐震設計・施工指針 2016 年版」に定めら
れている。

(5) 設計用鉛直地震力

設計用鉛直地震力 F_v も設計用水平地震力 F_h と同様の考え方で，次のとおり定め
られている。

$$F_v = KV \cdot (m_0 + m_l) \cdot g \tag{7.4}$$

ここで，

KV：設計用鉛直震度（式 (7.5)）

であり，この設計用鉛直震度 KV は，次の式で定義されている。

$$KV = K_{vs} \cdot I_u \cdot Z_r \tag{7.5}$$

ここで，

K_{vs}：設計用鉛直標準震度

である。設計用水平標準震度 K_{hs} と同様に，設計用鉛直標準震度 K_{vs} は，対象機器，
建物の高さ等により決まり，0.2 以上の値が採用されている。

7.4.2 設計方法

第7.4.2項では,第7.4.1項の耐震設計の概念を踏まえて,エレベーターの構成部品のなかからガイドレール,巻上機,制御盤,釣合おもりのブロックの脱落防止を例に,耐震設計の方法を述べる.

(1) ガイドレール

図7.15のように,地震時には,かご及び釣合おもりの水平方向の地震荷重がガイドレールに作用する.このとき,ガイドレールが適切に耐震設計されていなければ,ガイドレールが塑性変形したり,ガイドレールがたわんで案内装置が外れたりして,エレベーターに大きな損傷をもたらす.そこで,ガイドレールに対しては,次のような方法で耐震設計をしている.

図7.15のように,一般的なエレベーターでは,かごの上下左右4箇所に案内装置が設置される.地震により,かごが図7.15の右側,つまりx方向に移動した時,荷重は右側の2つの案内装置を介して,右側のガイドレールだけで受けることになる.

また,かご全体の重心は高さ方向でかごの中心よりも下になるので,下側の案内装置のほうが上側より大きな地震荷重をガイドレールに伝える.上側の案内装置と下側の案内装置との荷重分担比率を4:6として,荷重の大きな下側の案内装置に注目すれば,地震力によってかご及び釣合おもりからガイドレールに作用するx方向の荷重P_xは,式(7.2)から次の式のように表せる.

$$\begin{aligned} P_x &= F_h \cdot \varepsilon \\ &= KH \cdot (m_0 + \alpha \cdot m_l) \cdot g \cdot \varepsilon \end{aligned} \tag{7.6}$$

ここで,

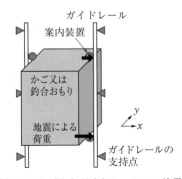

図7.15 かごからガイドレールへの地震荷重

ε：上下の案内装置の荷重比率，0.6

である。

一方，地震によりかごが図 7.15 の奥側，つまり y 方向に移動した時，荷重は 4 箇所全ての案内装置を介して，左右 2 本のレールで受けることになり，その大きさは P_x の半分になる。

したがって，地震力によってかご又は釣合おもりからレールに作用する y 方向の荷重 P_y は，次の式のように表せる。

$$\begin{aligned} P_y &= \frac{1}{2} \cdot F_h \cdot \varepsilon \\ &= \frac{1}{2} \cdot KH \cdot (m_0 + \alpha \cdot m_l) \cdot g \cdot \varepsilon \end{aligned} \quad (7.7)$$

次に，これらの荷重 P_x，P_y に基づき，ガイドレールの応力度及びたわみを評価する。図 7.16 に示すように，地震荷重によるガイドレールの応力度及びたわみは，ガイドレールを連続はりに置き換えることで求めることができ，その公式は，『昇降機技術基準の解説 2016 年版』に記載されている。ただし，ガイドレールの応力度及びたわみを求める公式は，ガイドレールに作用する鉛直荷重の有無（機械室の有無，すなわち，巻上機がガイドレールで支持されているか否か），レールの支持点間隔 l と案内装置との間隔 G_p の関係等によって異なる。

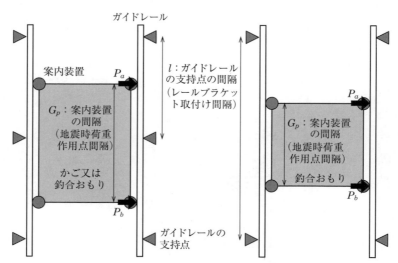

（a）案内装置の間隔 G_p が大きい場合　　（b）案内装置の間隔 G_p が小さい場合

図 7.16　レールに作用する荷重

一例として，ガイドレールに鉛直荷重が作用せず，案内装置の間隔 G_p がガイドレールの支持点間隔 l の $1/2$ 以上（$G_p \geq l/2$）である場合を例にして，応力度 σ の公式を式 (7.8) に，たわみの公式 δ を式 (7.9) に示す。

$$\sigma = \gamma_1 \frac{7}{40} \frac{\beta_1 \beta_2 P_b l}{Z} \text{〔N〕} \tag{7.8}$$

$$\delta = \gamma_2 \frac{11}{960} \frac{\beta_1 \beta_2 P_b l^3}{EI} \text{〔mm〕} \tag{7.9}$$

ここで，

P_b：ガイドレール下部の案内装置に掛かる荷重 P_x 又は P_y〔N〕

Z：ガイドレールの断面係数 Z_x 又は Z_y〔mm^3〕

I：ガイドレールの断面二次モーメント I_x 又は I_y〔mm^4〕

E：ガイドレールのヤング率〔N/mm^2〕

β_1：タイブラケットによる荷重低減係数

β_2：中間ストッパーによる荷重低減係数

γ_1：継目板応力係数

γ_2：継目板たわみ係数

である。

なお，Z，I，β_1，β_2，γ_1，γ_2 は『昇降機技術基準の解説　2016 年版』に記載されている。

以上から，耐震設計では式 (7.8) により求めた応力度が許容応力度（材料により決まる応力度で，設計においては許容される最大の応力度）を下回ること，式 (7.9) により求めたたわみにより案内装置がガイドレールから外れないことを満足する必要がある。

（2）巻上機及び制御盤

巻上機，制御盤等は，エレベーターを運転させる上で，極めて重要な装置である。そのため，機械室に設置された巻上機，制御盤等が地震により転倒，移動しないように設計しなければならない。

例えば，図 7.17 のように，機械室に設置された質量 m_0 の巻上機の転倒，移動に関する荷重を考える。耐震設計では，巻上機の重心に作用する水平地震力 $KH \cdot m_0 \cdot g$，鉛直地震力 $-KV \cdot m_0 \cdot g$，重力 $m_0 \cdot g$，主索（ロープ）を介して綱車の中心に作用する懸垂荷重 W を考慮しなければならない。

なお，KH は設計用水平震度，KV は設計用上下震度である。水平，鉛直地震力

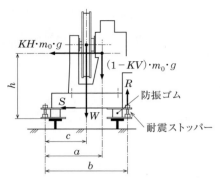

図 7.17 巻上機に作用する地震荷重[s1]

は，時々刻々方向が変わるが，安全を考慮して，転倒モーメントが大きくなる方向を採用する。W は，通常時も働いている荷重である。これらの力に基づき，転倒モーメントにより耐震ストッパーを引き抜こうとする力，巻上機を水平に移動させようとする力が発生する。ここで，耐震ストッパーを引き抜こうとする力，すなわち，支持部に発生する引張力 R は，反対側の支持部を支点としたモーメントより，次の式のように求められる。

$$R = \frac{KH \cdot m_0 \cdot g \cdot h - (1-KV) \cdot m_0 \cdot g \cdot a - W \cdot c}{b} \ \text{[N]} \tag{7.10}$$

ここで，

h：巻上機の重心高さ〔mm〕

a：巻上機の重心点から転倒の支点までの水平距離〔mm〕

b：支持点の間隔〔mm〕

c：綱車の中心点から転倒防止の支点になる耐震ストッパーまでの水平距離〔mm〕

である。

また，巻上機を水平に移動させようとする力，すなわち，支持部に発生するせん断力 S は，巻上機に働く水平荷重より，次の式のように求められる。

$$S = KH \cdot m_0 \cdot g \tag{7.11}$$

以上のように，支持部には，引張力，せん断力が作用する。そのため，転倒，移動を発生させないためには，両者を組み合わせ，次の式を満足するように設計しなければならない。

$$\left(\frac{R}{R_a}\right)^2+\left(\frac{S}{S_a}\right)^2\leq 1 \tag{7.12}$$

ここで,

R_a：支持部の許容引張力〔N〕

S_a：支持部の許容せん断力〔N〕

である。

(3) 釣合おもりのブロックの脱落防止

第7.3節にも示したとおり，かごよりも上に釣合おもりがある時に，釣合おもりのおもりブロックが脱落し，かごを直撃すれば，人命にかかわる被害を引き起こすおそれがある。おもりブロック脱落の被害を防ぐために，おもりブロックが地震力によりおもり枠から脱落しないような構造にしなければならない。脱落防止効果がある構造例を図7.18に示す。

水平地震動に対して脱落防止効果のある構造例として，おもりブロックに通しボルトを設ける方法（図7.18(a)），左右のおもり枠部材を連結金具でつなぐ方法（図7.18(b)）等が挙げられる。

鉛直地震動に対して脱落防止効果のある構造例として，おもりブロックに通しボルトを設け，下枠に連結する方法（図7.18(a)，(c)），おもりブロックの押さえ金具を設ける方法（図7.18(b)）等がある。

7.4.3　地震時管制運転

エレベーターは，地震を検知すると，地震時管制運転を行なう。地震時管制運転は，通常の運転指令より優先して実行される運転である。地震時管制運転の方法は，地震の感知方式により，「P波管制運転」，「S波管制運転」，「長尺物振れ管制運転」に分けられる。それぞれの管制運転を開始する振動レベルは，建築物の高さ等により異なる。

P波管制運転，S波管制運転は，表7.2の考え方に基づいている。また，一般エレベーターにおける地震時管制運転のフローの概略は，図7.19のとおりである。表7.2，図7.19のとおり，複数のレベルで地震発生を感知することで，利便性を維持しつつも地震時の安全性を確保している。

なお，火災時等にも利用される非常用エレベーターは，消防運転中か否か等も考慮した管制運転が実施される。

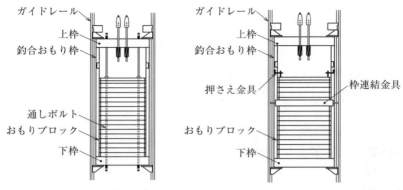

（a）上下枠に通しボルト付き　　　（b）枠連結金具付き

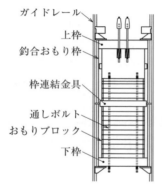

（c）おもりブロックとおもり下枠間に通しボルト付き

図 7.18　水平地震動に対して脱落防止効果のある構造例[s1]

表 7.2　地震時管制運転[s7]

		感知する揺れ及びその大きさ	感知後の運転措置	地震後の復旧方法
P波管制運転		初期微動，上下 2.5〜10 gal	最寄階まで運転後に一時停止	S波［低］を感知しなかったら，運行再開
S波管制運転	［特低］	長尺物が振れ始める	最寄階まで運転後に一時停止	S波［低］を感知しなかったら，運行再開
	［低］	感知後，約10秒間は長尺物の外れ，引っ掛かりが発生しない程度の建物の揺れ	最寄階まで運転後に，運行停止	点検後に通常運行（自動診断運転で仮復旧）
	［高］	長尺物の外れ，引っ掛かりが発生する建物の揺れ	非常停止	点検後に通常運行（自動診断運転で仮復旧）

7.4 耐震設計

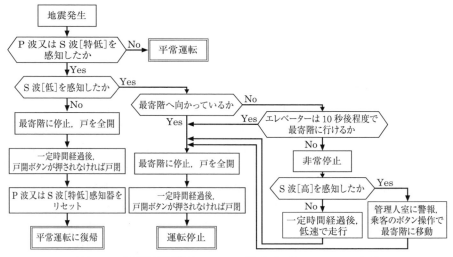

図 7.19 地震時管制運転のフローの概略（一般エレベーター）[s7]

長尺物振れ管制運転は，P 波管制運転，S 波管制運転とは別のフローで実施される。

地震時管制運転及び長尺物振れ管制運転については，日本エレベーター協会標準 JEAS-416（地震時管制運転に関する標準），『昇降機技術基準の解説 2016 年版』（地震時管制運転），JEAS-711（エレベーターの昇降路内機器突出物に対する保護装置設置標準）が参考になる。

次に，地震感知方式ごとの管制運転について，述べる。

(1) P 波管制運転

P 波管制運転では，P 波を感知し，地震時管制運転に移行することで，S 波到達前にエレベーターを安全な場所に停止させる。これによって，利用者の安全の確保はもちろんのこと，エレベーター機器の損傷を免れることができる。昇降路底部で 2.5〜10 gal（値は，建物の構造等により適宜設定される）の揺れを感知すると，P 波管制運転を開始する。P 波感知後は速やかに最寄階に向かい，その後の運転は主要動である S 波の大きさにより変わる。

P 波の感知器は，原則として昇降路下部に設置し，上下方向の揺れを検出する。感知器の検出可能周波数は，1〜5 又は 1〜10 Hz が代表的である。

（2）S 波管制運転

S 波管制運転では，主要動である S 波の大きさに合わせて管制運転を実施し，利用者の安全性を確保するとともに，エレベーターのロープ類の外れ，引っ掛かりを防ぎ，二次災害を抑制する。S 波管制運転は，S 波の大きさにより［特低］，［低］，［高］に分けられる。

昇降路頂部の加速度が 20～40 gal になると［特低］レベルで検知され，エレベーターは，最寄階に停止した後，一定時間を経て，平常運転に復帰する。ここで，［特低］レベルでの管制運転は，長周期地震動によるロープ類の揺れ等を懸念したものであり，長周期地震動による応答が小さいと考えられる高さ 60 m 以下の建物では実施しない。同頂部の加速度が 40～200 gal になると［低］レベルで検知され，エレベーターは，最寄階に停止した後，運転を休止する。同頂部の加速度が 60～300 gal になると［高］レベルで検知され，さらに，運転制限が設けられる。S 波［低］以上の管制運転を実施した時，運行再開には，原則としてエレベーターの専門技術者による点検が必要である。

なお，検知加速度は建築物の高さ，感知器の設置場所等により異なるため，上述の検知加速度の値は一例である。

S 波の感知器は，原則として，昇降路頂部に設置し，水平方向の揺れを検出する。電子式のほか，鋼球落下等の機械式もある。感知器の検出可能周波数は，普通級で 1～5 Hz，精密級で 0.1～5 Hz である。精密級は，長周期地震動，長尺物の振れの感知に適用できる。

（3）長尺物振れ管制運転

建物の大型化，高層化にともない，長周期地震動による長尺物振れの報告が頻出している。例えば，2004 年の新潟県中越地震では震源から約 200 km 離れた東京の超高層建物で，2011 年の東日本大震災では震源から約 700 km 離れた大阪府の超高層ビルでも，ロープ類の引っ掛かり被害が発生した。このように，長周期地震動は，遠距離まで伝播する特徴を持っている。また，長周期地震動は，加速度が小さいため，P 波感知器での感知が困難である。一方で，揺れの継続時間が長いため，小さな加速度でも建物，その内部に設置されたエレベーターのロープ類の揺れが徐々に成長する。このような長周期地震動による被害を防ぐため，長尺物の振れの程度によって，長尺物振れ管制運転が行なわれる。

長尺物振れ管制運転装置付きのエレベーターは，長周期地震動の影響が顕著にな

る，主に高さ120 m を超える建物に設置される。高さ60〜120 m までの建物に設置
されている例もある。

　長尺物振れ管制運転は，長尺物の振れ量により［振れ低］，［振れ高］に分けられ
る。［振れ低］は，［振れ高］の50〜70％程度の振れ状態である。エレベーターは，
最寄階に停止した後，一定時間を経て，平常運転に復帰する。［振れ高］は，エレ
ベーターのロープ類が昇降路内機器と強く接触し，機器が変形する可能性のある振れ
状態である。エレベーターは，最寄階に停止した後，運転を休止する。

　長尺物振れの感知器は，水平方向の揺れを検出する。代表的な感知方式として，次
の①，②等の方式がある。

　なお，感知器の検出可能周波数は，概ね0.1〜0.5 Hz である。

①建築物の揺れと継続時間を計測することでロープの振れ量を計算によって予測
　する方式（振れ量予測方式）。

②建物内に設置された振り子の振れ量から長尺物振れを推定する方式（振り子の
　振れ量から判定するペンデュラム方式）。

　このほかにも建築物の揺れの速度と変位との積から算定する波動エネルギー係数
値，地面，建物の揺れの周波数成分，周波数の分布，大きさ等から長尺物の振れの程
度を想定する判定方式等がある。

7.5　エスカレーターの耐震

　第7.5節では，エスカレーターの耐震強化のために実施したトラス等の圧縮実験及
び実験結果，トラスの脱落防止措置等について，述べる。

7.5.1　経緯

　1995（平成7）年1月17日に発生した兵庫県南部地震後に改訂された『昇降機技
術基準の解説　1998年版』の第4部「昇降機耐震設計・施工指針1998年版」では，
エスカレーターの耐震性能目標を「極めて稀に発生する地震動に対して，機器に損傷
が生じても建築の梁等の支持材から外れて脱落しないものとする。」として，地震時
の建物に生ずる最大層間変形角を1/100とし，それに20 mm の余裕をみた「かかり
代長さ」を設けることとしていた。

　2011（平成23）年3月11日に発生した東北地方太平洋沖地震及びその余震におい
て，図7.20及び図7.21に示したように，3箇所のショッピングセンターに設置され

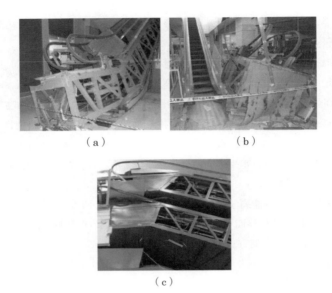

図 7.20 エスカレーターの脱落の例 [s5]

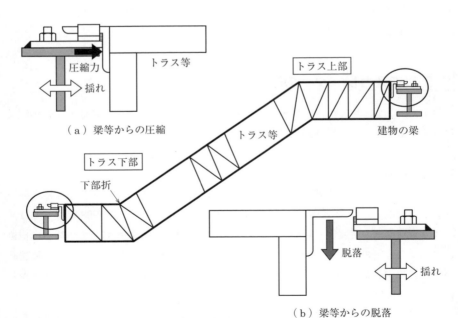

図 7.21 トラス等の, 建物の梁等からの圧縮, 脱落

ていたエスカレーター全体が建物の梁等から外れ，脱落が合計4台で発生した。

いずれの例においても，上階のエスカレーターがその階下のエスカレーター上に，図7.20(a)，図7.20(b)は1台，図7.20(c)は並列の2台が脱落した。この脱落による被災者は，幸いなことになかった。

この脱落を踏まえ，エスカレーターが地震そのほかの震動により脱落するおそれのない構造方法を規定する平成25（2013）年国土交通省告示第1046号が公布され，平成28（2016）年8月3日に改正された。

平成28（2016）年の改正は，東京電機大学が受託した平成26（2014）年度建築基準整備促進事業の「P8　エスカレーターの安全対策のあり方に関する検討」のなかの「（イ）既設エスカレーターの地震に対する安全性の確保に関する検討」において，学校法人東京電機大学及び一般社団法人日本エレベーター協会が実施した，実物大のトラス構造体及び梁構造体（以下「トラス等」という）を用いた圧縮実験結果による知見に基づいている。

7.5.2　トラス等の圧縮実験の結果

平成26（2014）年度建築基準整備促進事業において，表7.3に示した仕様の実物大のトラス等を用いて圧縮する実験をした結果は，同事業の報告書によると，次に述べるとおりである。

表7.3　トラス等の仕様 [s6]

項　目	仕　様
揚程	3,000 mm
ステップ幅	S1000 形
勾配	30 度
水平ステップ	標準（約 1.5 枚程度）
全長（水平投影長）	9,476 mm

実験では，図7.21と同じような装置を製作し，トラス等の上部を載せる梁に相当するH形鋼を耐力壁に固定し，トラス等の下部を載せるH形鋼を油圧装置で押して，トラス等を圧縮した。

トラス等には，通常トラスに取り付けている踏段，チェーン，チェーンスプロケット，駆動装置，制御装置等の機器による荷重に，最大人数の利用客が全ての踏段に乗ったことによる荷重を加えて，それぞれの機器の設置位置に相当する箇所に，相当

するおもりを掛けた。

この実験から次の結果を得ている。

① 全ての試験体に，層間変形角が後掲の表7.4に示す24分の1よりも大きい約15分の1相当の，強制変位量として約200 mmまで与えた。実験ではトラス脱落はなかった。

部材の溶接部で亀裂及び割れ，並びに下部折点の上弦材及び中間部斜材以外の部位の大きな変形は，認められなかった。

また，梁構造体については，下部折点に生じるモーメントが最大になっており，変形もエスカレーターの下部折点で発生した。

② 図7.22から，トラス等は長辺方向の強制変位が20 mm以内であれば，トラス等は弾性的な挙動を示し，寸法はほぼ現寸法に復元することが分かった。

また，図7.22から，強制変位量が40 mm時に除荷すると，トラス等は長辺方向の寸法が20 mm程度復元し，強制変位量を約200 mmまで与えた後に除荷した時には，31～45 mmの寸法が復元した。

③ エスカレーターの内部機器等による補強効果を考えると，トラス等は，エスカレーターの支持部分が建築の梁等アングルから外れる脱落に対して，十分な強度を有している。

④ エスカレーターの脱落防止のためには，大規模地震時においてエスカレーターを支持する建築の梁等の間隔が最大となっても，エスカレーターの支持部分が

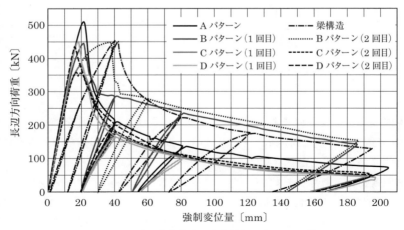

図7.22　長辺方向荷重と変位量との実験結果 s6)

建築の梁等から外れないかかり代長さが必要である。
⑤ エスカレーターを支持する建築の梁等の間隔が最小の場合は，エスカレーターと建築の梁等とが衝突しないだけのすき間を設ける，又は衝突するときはエスカレーターのトラス等の強度検証が必要である。

図 7.22 の A から D までの各パターンのトラス等の変形状況を図 7.23～図 7.26 に示す。

Aパターン

梁構造の例

図 7.23　A パターン及び梁構造の実験結果[s6)]

第7章　耐震

B1パターン

B2パターン

図 7.24 B1 及び B2 パターンの実験結果 [s6]

C1パターン　　　　　　　　　　　　C2パターン

図 7.25 C1 及び C2 パターンの実験結果 [s6]

D1 パターン

D2 パターン

図 7.26　D1 及び D2 パターンの実験結果 [s6]

7.5.3　改正された施行令の内容

　第 7.5.2 項の結果を踏まえて，平成 25（2013）年国土交通省告示第 1046 号が 2016（平成 28）年に改正された．

　エスカレーターのトラス等を支持する構造は，一端固定及び両端非固定の 2 種類がある．

　① 一端固定：エスカレーターの一端をそのほかの堅固な部分に固定し，他端を建

物の梁等の上でしゅう動する状態の非固定として設置する。
② 両端非固定：エスカレーターの両端を建物の梁等の上でしゅう動する状態の非固定として設置する。

固定部分，非固定部分では，大規模地震において建物に生じると想定される層間変位により，エスカレーターの上端及び下端を支持する建物の梁等の間隔がエスカレーターの長辺方向において変化しても，エスカレーターのトラス等の支持部材が建物の梁等から外れないようにする。

非固定部分は，その支持部で大規模地震時において，建物の梁等がエスカレーターのトラス等に衝突して，トラス等を圧縮することがないようにする。そして，安全上支障となる変形を生じることなく，床仕上げ部分において，しゅう動量の妨げとならないように，長辺方向にしゅう動できる状態とする。

このため，図7.27のように，トラス等の支持部材がエスカレーターの上部のすき間又は下部のすき間の距離だけの，長辺方向に十分なしゅう動量を確保できる，必要なしゅう動空間を設ける。

また，建物の設計における，エスカレーターに対する設計用層間変形角は，表7.4のとおりである。実設計では，従来の1/100からより大きくなり，1/40程度までの間の値となっている。

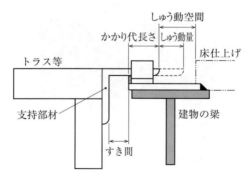

図7.27　非固定部分のすき間及びしゅう動量

7.5 エスカレーターの耐震 **335**

表 7.4　平成 25 (2013) 年国土交通省告示第 1046 号におけるエスカレーターの設計用層間変形角 [s1)]

	建物の構造計算	第1第1項第三号，第四号及び第2第四号の設計用層間変形角
イ	建築基準法施行令第 82 条の 2 により中規模地震時の層間変形角を求める場合	中規模地震時の建築物の層間変形角の 5 倍（ただし，1/100 以上とする）
ロ	平成 19 (2007) 年国土交通省告示第 593 号第一号イ又はロの規定の建築物で，$\beta > 5/7$ に適合するもの（鉄骨造，ルート 1） （β：令第 88 条第 1 項に規定する地震力により建築物の各階に生ずる水平力に対する当該階の筋かい（ブレース）が負担する水平力の比）	1/100 以上
ハ	平成 19 (2007) 年国土交通省告示第 593 号第二号イの規定による鉄筋コンクリート造の建築物（ルート 1）	1/100 以上
	時刻歴応答解析，限界耐力計算又はエネルギー法によって大規模地震時の層間変形角を求める場合	大規模地震時の建築物の層間変形角（ただし，1/100 以上とする）
ニ	・平成 19 (2007) 年国土交通省告示第 593 号第三号の規定による鉄骨造と鉄筋コンクリート造又は鉄骨鉄筋コンクリート造との併用建築物で，鉄骨造の階については $\beta > 5/7$ に適合するもの（ルート 1） ・鉄筋コンクリート造又は鉄骨鉄筋コンクリート造の地階（これ以外の地階については，別途検討が必要である） ・平成 12 (2000) 年建設省告示第 2009 号による免震建築物の上部構造 ・平成 12 (2000) 年建設省告示第 2009 号による免震建築物の上部構造	1/100 以上
ホ	構造計算により求めない場合	1/24 以上

7.5.4　脱落防止措置

　エスカレーターの脱落防止措置は，種々の例がある。第 7.5.3 項で説明したように，エスカレーターのトラスが圧縮されないように十分なすき間が確保されていることを前提にして，設置場所の状況によって，措置が変わる。

(1) 躯体の中に設置の例

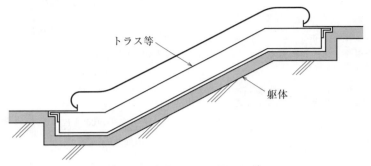

図 7.28　躯体の中に設置の例 [s1]

(2) 下床及び建築の梁から脱落防止措置を設ける例

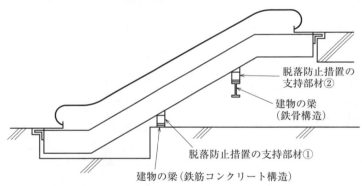

図 7.29　下床及び建物の梁から脱落防止措置を設ける例 [s1]

(3) ピットを脱落防止措置とした例

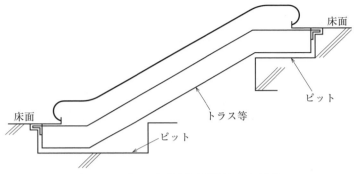

図 7.30　ピットを脱落防止措置とした例 [s1]

(4) トラス等の下側に脱落防止措置を設ける例

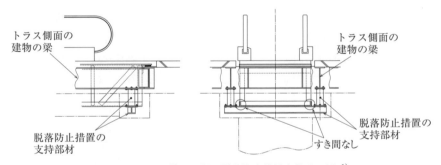

図 7.31　トラス等の下側に脱落防止措置を設ける例 [s1]

第8章

昇降機の維持管理

8.1 維持管理の必要性

　エレベーター，エスカレーター，小荷物専用昇降機（以下「エレベーター等」という）は，不特定多数の利用者がボタンを操作することで，自動運転している。バス，電車のように免許，資格等を持った運転手によって操作される乗り物ではない。また，専門家の監視がない状態で利用する乗り物であるため，故障，誤動作等で想定外の動きをすることは極めて危険であり，事故に結びつく可能性が大きい。したがって，高い信頼性を維持するために，所有者，管理者等による日常点検，及び専門技術を持つ技術者による点検，保守及び検査を定期的に実施することは，重要，かつ，不可欠である。

8.2 維持管理の責任者

　建築基準法（以下「法」という）第8条は，「建築物の所有者，管理者又は占有者は，その建築物の敷地，構造及び建築設備を常時適法な状態に維持するように努めなければならない。」と定めている。つまり，維持管理の責任は，建築物の所有者，管理者又は占有者にあるということで，所有者，管理者又は占有者がエレベーター等の維持管理を保守業者任せにして関心を持たず，適切な維持管理を実施しないことは法の意図に反し，適切ではない。

8.3 法定の定期検査

8.3.1 法定の定期検査の実施

　法第12条では「昇降機の所有者は，定期に，一級建築士若しくは二級建築士又は

8.3 法定の定期検査

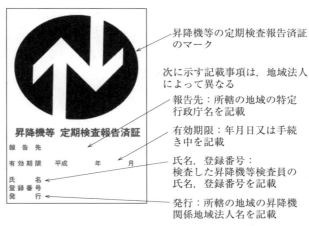

図 8.1　昇降機の定期検査報告済証の例 s8)

国土交通大臣が定める資格を有する者に検査をさせて，その結果を特定行政庁に報告しなければならない。」となっている。

法第 12 条に定められた検査は，概ね年 1 回実施する。定期検査を実施する者は，一級建築士又は二級建築士も法には定めているが，一般的には，定められた期間，昇降機等に関する実務経験を積み，国土交通大臣の指定を受けた機関が実施する「昇降機等検査員講習」を受講し，修了考査に合格した者が実施する。

所有者等は，法に従って，年 1 回定期的に，昇降機等検査員等に検査させて，定期検査の結果を，設置されているエレベーター等の所轄の指定確認検査機関又は特定行政庁に報告する。この報告は，一般的には，定期検査を実施した保守会社が代行する。報告された定期検査の結果は，定期報告制度に関して特定行政庁が指定している地域法人に提出する。内容の審査後に，地域法人から特定行政庁に報告され，検査結果の判定等の内容を審査する。審査完了後に，定期検査報告済証（図 8.1）とともに，審査結果が所有者等に渡される。この定期検査報告済証は，エレベーターであれば，かご内のかご操作盤付近等，エスカレーターでは，乗降口付近等の見やすい位置に掲示されている。

なお，点検結果に疑義等があった時は，特定行政庁の確認が入ることがある。

8.3.2　法定定期検査の実施項目及び判断基準

エレベーター等の，法に定められた定期検査で実施する項目は，平成 20（2008）

年国土交通省告示第 283 号（以下「告示第 283 号」という）に定められている。定期検査では，項目ごとに告示第 283 号に定める基準に適合しているかどうかを点検する。定期検査を実施した昇降機等検査員は，点検の結果から項目ごとに「要是正」，「要重点点検」，「指摘なし」の 3 段階の判断をする。

（1）要是正

修理，部品等の交換等により正常な状態に戻すことが必要な状態である。要是正と判断されると，エレベーター等の所有者，管理者は，可及的速やかに指摘された箇所を是正し，安全を確保しなければならない。

（2）要重点点検

次回の定期検査までに要是正になる可能性が高い状態をいう。要重点点検と判断されると，エレベーター等の所有者，管理者は，点検頻度を増す，指摘された箇所を修理する等して要是正状態のまま運転を続けることがないように管理しなければならない。

（3）指摘なし

要重点点検及び要是正に該当しない状態をいう。適切な保守を行なえば，次回の定期検査まで良好な状態を継続することができる。

8.3.3　大臣認定品の定期検査

大臣認定品の定期検査の方法が告示第 283 号の内容では不十分であると，これを補う定期検査の項目が大臣認定書に添付される。定期検査時には告示第 283 号の検査項目に加え，大臣認定書に添付された項目についても検査する必要がある。

第 2.6.8 項に記載の戸開走行保護装置は，装置自体が自動的にその健全性を維持するように設計されているが，万全を期するために，例えば，定期検査における制御装置の検査では，ギヤ油，グリース等，油類の制動面への付着，パッドの摩耗量及び戸開走行保護装置作動時の停止距離の変化を検査する。また，寿命期間を過ぎた機器の有無，取り付けられている戸開走行保護装置が大臣認定を取得した製品と同一であるかを確認する。

8.4 定期（保守）点検

定期点検は，保守点検とも称し，専門技術者が概ね月に１回程度「エレベーターに異常がないか」を調べる。点検の記録は，３年以上保管すると告示第283号に規定されている。その目的は，「安全保持」，「性能維持」及び「法令（建築基準法の「維持保全」）の遵守」にある。主な契約形態は，次の２種類がある。

8.4.1 POG メンテナンス契約

POG メンテナンス契約は，一部の消耗品（ランプ，ウエス等）の交換，給油器のオイル，グリースの補給及びエレベーター等を定期的に点検，清掃，給油，調整を行なう契約である。ちなみに，POG とは，「Parts」，「Oil」，「Grease」の頭文字をとった名称である。

8.4.2 フルメンテナンス契約

フルメンテナンス契約は，POG メンテナンス契約で実施する内容に加え，経年劣化した機械部品，電気部品を故障前に修理又は取替等，エレベーターの信頼性を高いレベルに保つ契約である。

ただし，かご，敷居，扉，巻上機，電動機，駆動機等の取替又は修理等は，契約書で追加の料金が必要とされているものがある。

8.5 遠隔監視，遠隔制御

故障，トラブルを未然に防止するために，エレベーターの稼働状態を示す情報を，公衆電話回線を用いて，契約している保守会社に伝送し，保守会社のコンピューターシステムにより，遠隔でエレベーターを常時監視，点検又は制御するシステムが構築されており，機能は，年々充実してきている。

これらシステムにより，エレベーターに異常が発生する前に兆候を把握し，故障の発生を最小限に留めることができる。また，遠隔監視，遠隔制御によって収集された情報を蓄積，分析することにより，定期（保守）点検項目を再設定し，故障を低減することができる。

なお，遠隔監視等のシステムの適用には，遠隔監視等の契約を保守会社と締結することが必要とされている。

8.6 昇降機の適切な維持管理に関する指針

8.6.1 目的

　国土交通省は，平成 28（2016）年 2 月に「昇降機の適切な維持管理に関する指針」（以下「指針」という）及び「エレベーター保守・点検業務標準契約書」を公表した。この指針は，所有者等が昇降機を常時適法な状態に維持することができるよう，建築基準法の趣旨に鑑み，昇降機の適切な維持管理のためになすべき事項を取りまとめたものである。

8.6.2 基本的考え方

　昇降機を常時適法な状態に維持するためには，昇降機の所有者（以下「所有者」という），保守点検業者及び製造業者がそれぞれ，次に規定する役割を認識した上で，契約において責任の所在を明確にするとともに，所有者がこの指針に示す内容に留意しつつ昇降機の適切な維持管理を行なうことを旨とする。

8.6.3 関係者の役割

　指針の第一章第 4 には，関係者の役割を次のとおり記載している。

（1）所有者

　適切な維持管理及び適切な保守点検業者の選定を記載している。具体的には，次のとおりである。

① 製造業者による保守・点検に関する情報を踏まえ，昇降機を常時適法な状態に維持するよう努めること。

② 自ら適切に保守・点検を行なう場合を除き，必要な知識・技術力等を有する保守点検業者を選定し，保守・点検に関する契約（以下「保守点検契約」という）に基づき保守点検業者に保守・点検を行なわせること。

③ 保守点検業者が必要とする作業時間及び昇降機の停止時間を確保するとともに，保守点検業者が安全に業務に従事することができる措置を講じること。

④ 機器の劣化等により昇降機の安全な運行に支障が生じるおそれがある場合，そのほか昇降機の安全な運行を確保するために必要である場合は，速やかに自ら保守そのほかの措置を講じ，又は保守点検業者に対して当該措置を講じさせ，昇降機の安全性の確保を図ること。

8.6 昇降機の適切な維持管理に関する指針　　*343*

⑤標識の掲示，アナウンス等により昇降機の利用者に対して，その安全な利用を
　促すこと。

（2）所有者及び保守点検業者

　所有者及び保守点検業者は，保守点検契約において，保守点検業者が次に掲げる責
任を有することを明確にするものとする。ただし，保守点検契約における責任の有無
にかかわらず，保守点検業者は次に掲げる責任を果たすように努めなければならな
い。

①保守点検契約に基づき，所有者に対して保守・点検の結果（不具合情報を含む）
　を文書等により報告しつつ，適切に保守・点検の業務を行なうこと。
②点検の結果，保守点検契約の範囲を超える修理又は機能更新が必要と判断した
　場合は，当該修理又は機能更新が必要な理由等について，文書等により所有者
　に対して十分に説明を行なうこと。
③所有者が昇降機の維持管理に関する助言を求めた場合，そのほか必要に応じて，
　所有者に対して適切な提案又は助言を行なうこと。
④昇降機において，安全な運行に支障が生じるおそれのある欠陥の可能性がある
　と判断した場合は，速やかに当該昇降機の所有者及び製造業者にその旨を伝え
　ること。
⑤不具合情報を収集・検討し，保守・点検が原因となるものがないか，その検討
　に努めること。

（3）所有者及び製造業者

　所有者及び製造業者は，昇降機の売買契約等において，製造業者が次に掲げる責任
を有することを明確にするものとする。ただし，売買契約等における責任の有無にか
かわらず，製造業者は次に掲げる責任を果たすように努めなければならない。

①製造した昇降機の部品等を，当該昇降機の販売終了時から起算して，当該昇降
　機の耐用年数を勘案した適切な期間供給すること。
②適切な維持管理を行なうことができるように，所有者に対して維持管理に必要
　な情報又は機材を提供又は公開するとともに，問合せ等に対応する体制を整備
　すること。
③製造した昇降機において，安全な運行に支障が生じるおそれのある欠陥（当該
　製造業者の責めに帰すべき事由に基づく欠陥に限る。次の④において同じ）が

判明した場合は，速やかに当該昇降機の所有者に対してその旨を伝え，無償修理そのほかの必要な措置を講じるとともに，当該昇降機の所有者に対して講じた措置の内容を文書等により報告すること。

④ 不具合情報を収集・検討し，安全な運行に支障が生じるおそれのある欠陥が原因となるものがないか，その検討に努めること。

8.6.4 所有者がなすべき事項

指針の第二章第1から第6までには，維持管理に関して，所有者がなすべき事項として，定期的な保守・点検，不具合の発生時の対応，事故・災害の発生時の対応，安全な利用を促すための措置，文書等の保存・引継ぎ等を記載している。これらの主な内容は，次のとおりである。

(1) 定期的な保守・点検

所有者は，自らが資格を取得して適切に保守・点検を行なう場合を除き，保守点検契約書に基づき，所有するエレベーター等の用途，使用頻度等に応じて，定期的に保守・点検を保守点検業者に依頼して，実施する。このために点検業者には，必要な文書等を閲覧させ，貸与する。また，所有者は，保守点検業者から保守・点検に関する作業報告書を提出させる。

(2) 不具合の発生時の対応

所有者は，所有するエレベーター等に不具合の発生を知った時には，速やかに当該エレベーター等の使用中止そのほか必要な措置を講じ，又は保守点検業者に処置を講じさせ，不具合に関する作業報告書を提出させる。所有者が，自ら保守・点検を実施している時には，作業記録を作成する。

(3) 事故・災害の発生時の対応

人身事故が発生した場合には，応急手当そのほか必要な措置を速やかに講じるとともに，当該エレベーター等の使用を中止し，消防及び警察に連絡する。

また，人身事故がエレベーター等における死亡若しくは重傷の場合，又は機器の異常等が原因である可能性のある人身事故の場合は，所定の昇降機事故報告書を保守点検業者の協力を得て作成し，特定行政庁に速やかに報告する。

国土交通省が定めた人身事故，重大事故，及び利用者に重大な影響を及ぼすおそれ

のある事故又は不具合の場合には，特定行政庁から国土交通省に報告される。この特定行政庁，国土交通省への報告は，事故原因の究明に非常に重要な役割を担っているので，できる限り早期に実施すること，及び事故等の現場の状況保存が重要である。

（4）文書等の保存・引継ぎ等

所有者は，所有するエレベーター等において，製造業者が作成した保守・点検に関する文書等，及び昇降機に係る建築確認・検査の関係図書，並びに安全な運行に支障が生じるおそれのあると判明した欠陥，及び必要な措置等の製造業者からの連絡文書を，所有するエレベーター等の廃止まで保存する。過去の作業報告書，定期検査報告書及び保守点検業者が適切に保守・点検を行なうために必要な文書等は，3年以上保存する。

また，所有するエレベーター等の機械室及び昇降路の出入口の戸等の鍵，そのほか保守に必要な工具等を厳重に保管するとともに，適切に管理する。

8.6.5 所有者等が保守点検業者の選定にあたって留意すべき事項

保守点検業者の選定にあたって留意すべき事項として，契約金額だけではなく，業務仕様，担当者の能力，会社概要等を総合的に評価することとし，「安かろう，悪かろう」の保守にならないよう釘をさしている。

（1）保守点検業者の選定の考え方

所有者は，保守点検業者の選定にあたって，価格だけで決定するのではなく，必要とする情報の提供を保守点検業者に求め，専門技術者の能力，同型又は類似の昇降機の保守・点検業務の実績，そのほかの業務遂行能力，業務体制等を総合的に評価する。

（2）保守点検業者に対する情報提供

①所有者は，保守点検業者の選定にあたっては，予め，保守点検業者に対して委託しようとする業務の内容を提示するとともに，保守点検業者の求めに応じて，製造業者が作成した保守・点検に関する文書等及び所有するエレベーター等に係る建築確認，完了検査，保守点検，定期検査の関係図書等を閲覧させるものとする。

②所有者は，保守点検業者の選定にあたっては，可能な限り，保守点検業者に対

346　　　第8章　昇降機の維持管理

して，保守・点検の業務を委託しようとするエレベーター等を目視により確認する機会を提供するものとする。

(3) 保守点検業者の知識・技術力等の評価

所有者は，保守点検業者の昇降機に関する知識，技術力等の評価には，「保守点検業者選定にあたって留意すべき事項のチェックリスト」を参考としつつ，必要に応じて，保守点検業者に関係資料の提出を求め，又は保守点検業者に対するヒアリング等の実施に努めるものとする。

8.7　既存不適格エレベーター等

建築基準法令は，原則として設置時の法令に適合することを要求し，法令が改正されても遡っての適用はしない（既存不遡及の原則）。

例えば，既存不適格のエレベーターとは，設置時には適法なエレベーターであったが，設置後に法令が改正され，現行の法令に適合していない部分が生じたエレベーターのことをいう。

既存不適格のエレベーター等は，設置後に法令の改正等，新たな規制によって生じたものであることから，既存不遡及の原則に従って，そのまま使用することができる。

8.7.1　既設のエレベーターへの戸開走行保護装置の設置推進策

平成21（2009）年9月末の戸開走行保護装置等に関する政令改正以降に建築確認が申請され，新しく設置されたエレベーターには，法令に従って，戸開走行保護装置，P波感知型地震時等管制運転装置が標準仕様として取り付けられている。戸開走行保護装置の設置により，最も危険な，かごの意図しない走行で乗場に利用者が挟まれたり，乗場から昇降路に転落したりする事故は，解消される。残る課題は，戸開走行保護装置が取り付けられていない，稼働中の既設のエレベーターへの対応である。

図8.2に示した，エレベーター安全装置の設置済マーク（以下「設置済マーク」という）は，平成21（2009）年9月末までに建築確認が申請された既設のエレベーターへの戸開走行保護装置，P波感知型地震時管制運転装置の設置推進策の1つである。

改修工事等で戸開走行保護装置，P波感知型地震時管制運転装置を設置し，所轄の特定行政庁に所定の手続きによって報告すると，図8.2に示した設置済マークを表示

（a）戸開走行保護装置用　　（b）P波感知型地震時管制運転装置用

図 8.2　エレベーター安全装置の設置済マーク[s9]

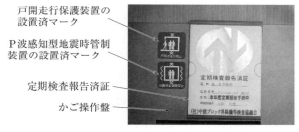

図 8.3　設置済マーク及び定期検査報告済証の表示の例

することができる。

　この設置済マークは，国土交通省が参画した検討委員会において決定され，一般社団法人建築性能基準協会が使用許諾，販売枚数等を管理している。使用許諾を受けていない製造会社又は保守会社で，当該装置を設置していない，所定の手続きがされていない場合には，設置済マークをかご内等に表示することはできない。

　また，図 8.3 の例のように，設置済マークは，前出の定期検査報告済証とともに又は単独で，かご内のかご操作盤付近等の見やすい位置に表示してある。これによって，利用者は，当該装置が設置されていることが分かる。

8.7.2　戸開走行保護装置の設置の状況

　改正された法令に対応した改修は，所有者にとって費用負担が大きいことから，進まないこともある。戸開走行保護装置等が取り付けられていない既設のエレベーターは既存不適格であるが，既存不遡及の原則のため，所有者等に戸開走行保護装置設置等の設置を強制することはできない。しかし，法令が利用者の安全確保の観点から改正されている趣旨を考慮すると，現行の法令に適合したエレベーターへの，速やかな改修が望まれる。

第8章　昇降機の維持管理

一般社団法人日本エレベーター協会の調査では，会員が保守している 2018 年度の
エレベーターの台数は，約 76 万台である。新たに設置されたエレベーターは，約 2.4
万台である。

国土交通省が発表した定期検査報告台数による調査では，2016 年度に定期検査報
告がされた約 69 万台のうちの約 17％にあたる約 12 万台，2017 年度では約 68 万台
の約 20％にあたる約 14 万台に戸開走行保護装置が設置されている。2016 年度から
2017 年度では，約 2 万台の増加である。

古いエレベーターの撤去後に新しいエレベーターの設置，戸開走行保護装置の未設
置エレベーターの改修，新しい建物へのエレベーターの設置等で，戸開走行保護装置
の設置台数が増加しているものの，設置率，設置台数は，まだまだ低い状況である。

エレベーターの寿命は 20 年から 30 年以上あり，既設のエレベーターへの戸開走行
保護装置設置の設置を所有者等の意向だけに頼った状況では，全てのエレベーターに
戸開走行保護装置が取り付けられるのは「百年河清を俟つ」ことになりかねない。大
きな課題である。

引用文献一覧

s1)『昇降機技術基準の解説　2016年版』一般財団法人日本建築設備・昇降機センター／一般社団法人日本エレベーター協会

s2)『昇降機等検査員講習会テキスト2018』一般財団法人日本建築設備・昇降機センター

s3) 国土交通省，http://www.mlit.go.jp/report/press/house05_hh_000769.html（2019年9月25日現在）

s4)『東日本大震災合同調査報告　機械編』一般社団法人日本機械学会

s5) 国土交通省，http://www.mlit.go.jp/common/000219566.pdf（2019年9月25日現在）

s6)『平成26年度建築基準整備促進事業報告書 2015.3』学校法人東京電機大学

s7)『構造工学シリーズ24　センシング情報社会基盤』公益社団法人土木学会

s8)『昇降機・遊戯施設　定期検査業務基準書 2016年版』一般財団法人日本建築設備・昇降機センター

s9) 一般社団法人建築性能基準推進協会，https://www.seinokyo.jp/evs/top/（2019年9月25日現在）

図版提供一覧

d1) 三菱電機ビルテクノサービス株式会社

d2) 一般社団法人日本エレベーター協会

d3) 東日本旅客鉄道株式会社

d4) 菱電エレベータ施設株式会社

索 引

法令

建築基準法第 8 条	338
建築基準法第 12 条	338, 339
建築基準法第 34 条	5, 161, 212
建築基準法第 37 条	35
建築基準法第 68 条の 26	281, 284, 296
建築基準法施行令 23 条	280
建築基準法施行令 65 条	48
建築基準法施行令第 112 条	64

建築基準法施行令第 129 条の 3
6, 7, 8, 100, 212, 253, 266, 268, 279, 294

建築基準法施行令第 129 条の 4
7, 35, 213, 276, 281, 284

建築基準法施行令第 129 条の 5	7, 18, 33, 100
建築基準法施行令第 129 条の 6	7, 18, 98, 99, 100
建築基準法施行令第 129 条の 7	7, 24, 290

建築基準法施行令第 129 条の 8
7, 75, 88, 166, 281, 284

建築基準法施行令第 129 条の 9	7, 19, 29

建築基準法施行令第 129 条の 10
7, 75, 81, 89, 104, 166

建築基準法施行令 129 条の 11	8

建築基準法施行令 129 条の 12
8, 212, 215, 216, 234

建築基準法施行令 129 条の 13	8, 268
建築基準法施行令 129 条の 13 の 2	8, 161, 162

建築基準法施行令 129 条の 13 の 3
8, 161, 163, 166

昭和 46 年建設省告示第 112 号	161
昭和 48 年建設省告示第 2563 号	64
昭和 55 年建設省告示第 1793 号	318

平成 12 年建設省告示第 1369 号	64

平成 12 年建設省告示第 1413 号
8, 15, 16, 17, 64, 100, 168, 213,
215, 253, 257, 279, 280, 285, 290, 294

平成 12 年建設省告示第 1414 号
35, 40, 41, 173, 180, 183, 184, 190

平成 12 年建設省告示第 1415 号
14, 16, 17, 280, 294

平成 12 年建設省告示第 1417 号
213, 240, 246, 256

平成 12 年建設省告示第 1418 号	213, 220

平成 12 年建設省告示第 1423 号
17, 19, 24, 75, 78, 79, 82,
83, 85, 173, 197, 200, 280

平成 12 年建設省告示第 1424 号
214, 234, 237, 239, 253

平成 12 年建設省告示第 1428 号	161
平成 12 年建設省告示第 1429 号	75, 88, 173, 196
平成 12 年建設省告示第 1446 号	35
平成 20 年国土交通省告示第 1446 号	268, 274
平成 20 年国土交通省告示第 1454 号	55, 64

平成 20 年国土交通省告示第 1455 号
64, 64, 66, 69, 100

平成 20 年国土交通省告示第 1456 号	64
平成 20 年国土交通省告示第 1536 号	305

平成 20 年国土交通省告示第 283 号
263, 339, 340, 341

平成 25 年国土交通省告示第 1046 号
215, 239, 333, 335

平成 28 年国土交通省告示第 239 号	268
労働基準法	299, 300
労働安全衛生法第 37 条	300
労働安全衛生法施行令第 1 条	299
労働安全衛生法施行令第 12 条	301
エレベーター構造規格第 16 条	100

規格・標準

JIS A 4301	18, 161, 163

JIS A 4302	81	JEAS-423	73
JIS A 4304	78	JEAS-502	167
JIS A 4305	81	JEAS-504	167
JIS A 4306	84	JEAS-505	167
JIS B 0125	201	JEAS-506	103
JIS B 2809	276	JEAS-507	26
JIS B 7505	196	JEAS-509	69
JIS B 8360	184	JEAS-510	69
JIS C 0920	170	JEAS-511	69
JIS C 8211	30	JEAS-512	68
JIS G 3101	180, 194, 219, 275	JEAS-513	69
JIS G 3192	275	JEAS-514	14
JIS G 3445	180, 183	JEAS-515	103
JIS G 3454	180, 184	JEAS-518	11
JIS G 3466	219	JEAS-519	26, 275
JIS G 3506	36	JEAS-520	251
JIS G 3525	35, 38	JEAS-521	269
JIS G 3546	35, 39	JEAS-524	242
JIS R 3204	100	JEAS-525	225
JIS R 3205	100	JEAS-526	269
		JEAS-527	235
JEAS-001	45	JEAS-532	236
JEAS-003	100	JEAS-703	192
JEAS-004	46	JEAS-704	270
JEAS-005	45	JEAS-706	192
JEAS-006	100	JEAS-707	192
JEAS-201	41	JEAS-708	184
JEAS-202	41, 276	JEAS-711	325
JEAS-205	184	JEAS-712	16
JEAS-206	175, 186		

数字

JEAS-207	73	1:1 ローピング	119
JEAS-401	167	1:2 ローピング	177
JEAS-405	111, 167	1:4 ローピング	177
JEAS-407	239	1D1G	26
JEAS-409	110	1D2G	26
JEAS-410	231	2:1 ローピング	119
JEAS-411	47	2:4 ローピング	177
JEAS-412	73	2D2G	26
JEAS-413	111, 167	5 分間輸送能力	147
JEAS-414	111		

欧文

JEAS-416	111, 325	AI 技術	154
JEAS-417	111	A 種ロープ	38
JEAS-418	103		
JEAS-420	110		
JEAS-421	111, 167	C2 ローディング	75
JEAS-422	239, 241		

索引

D/d	35, 40
Down Collective Automatic Operation	150
E 種ロープ	38
ID カード	155
IEC 60529	170
ISO 7465	45
ISO 標準レール	45
IWRC	36
JEAS 標準レール	45
POG メンテナンス契約	341
P 波	305
P 波管制運転	325
P 波感知型地震時等管制運転装置	346
Selective Collective Automatic Operation	151
Single Automatic Operation	150
S 波	305
S 波管制運転	326
S より（撚り）	37
UCMP	89
VVVF（インバータ）制御による運転制御	207, 208
VVVF 制御	270
V ベルト	193
V 溝	122
Z より（撚り）	37

あ行

上げ戸	64, 272, 274
圧力計	196
圧力配管	183, 186, 188
圧力配管の支持部材	185
圧力補償弁を付加したブリードオフ回路による 運転制御	205
アナンセーター	105
油入り緩衝器	84
油タンク	194
油止め板	196

油ろ過装置	195
安全限界耐力	316
安全装置	257, 274, 290, 298
安全装置の構成	74
安全ベルト	299
安全弁	200
安全棒	276
安全率	34, 188, 214
アンダーカット U 溝	122
アンダーパス	251
案内装置	19, 275
案内装置の強化	277
行先階ボタン	102
異形線ワイヤロープ	38
維持管理の責任者	338
いす式階段昇降機	293
いす部	296
一次消防運転	165
一端固定	333
一般社団法人日本エレベーター協会	3
移動ケーブル	30
移動手すり	226, 249
移動手すりの駆動	229
違法設置エレベーター	301
インジケータ	104
インターロックスイッチ	292
インバータ	137
ウォームギヤ式	126
ウォーリントン形	37
動く歩道	212, 252
上枠	61
運行限界耐力	316
運行効率	156
駅用エレベーター	15
エスカレーター	210, 212
エスカレーターの安全装置	233
エスカレーターの運転方式	231
エスカレーターの各部の名称	211
エスカレーターの構造	218
エスカレーターの設備計画	260
エスカレーターの転落防止対策に関するガイド ライン	242
エプロン	26, 90

索 引　　**353**

エレベーター電源	31
エレベーターの日	243
エレベーター用電動機	130
遠隔監視	341
遠隔制御	341
鉛直型	277, 288
鉛直型段差解消機	277
屋外設置のエスカレーター	249
オーバーパス	251
オーバーバランス率	123
オーバーヘッド	24
降り口の待機空間	263
降り口表示	258
折りたたみ式	278, 288
折りたたみ戸	66
折り戸	289
降り乗合全自動方式	150

か行

外装板	227
外側板	227
ガイドレール	45, 275, 296, 319
外部連絡装置	98, 104, 166, 291
過荷重検知装置	292
各種団体の安全キャンペーン	243
確認申請	302
駆け上がり防止板	241
加減速度制御	153
かご上	57
かご上操作装置	57
かご折りたたみ式の安全装置	292
かご構造	98
かご室	98
かご操作盤	98, 102
かご着脱式の安全装置	292
かご内位置表示器	98, 104
かご等の操作ボタン	298
かごの下降定格速度	19
かごの寸法	163
かごのつま先保護板	90
かご床	56, 59
かご床（及びかご枠）の強度検証法	57
かご枠	56
かご枠の強度検証法	57
火災時管制運転	110

重ね配置	261
加速度曲線	156
片開き	64
カットオフ周波数	142
可動警告板	240
カードリーダー	155
ガバナー	78
壁とのすき間	25
可変速式の動く歩道	258
簡易リフト	299, 301
観光用エレベーター	15
緩衝器	75, 83, 84, 291
緩衝材	291
間接式	176
貫通二方向	26, 274, 286
管継ぎ手	184
管理人室との通信	31
完了検査	9, 263, 302, 345
機械室なし	167
機械室なしロープ式エレベーター	47, 49
機械室の換気	29
機械室の寸法	29
機械室の出入口の寸法	271
帰還（フィードバック）制御	142
気象庁震度階級	307
気象庁マグニチュード	307, 308
キースイッチ	298
既存不遡及の原則	346, 347
既存不適格エレベーター	346
基本構造	20, 21, 22, 23
逆止弁	199
吸音二重床	160
急行ゾーン	26
救出口	99
強制開離構造	92
強度検証法	186
空気流通口	194
楔式止め金具	41, 42
くし	222
駆動機	228
駆動装置	295
駆動チェーン安全装置	235
駆動方式	270
熊本地震	313

グランドメタル	182	三角ガード	240
クランプ止め	41, 42	敷居とのすき間	24
クリープ速度	202	地震	304
車いす	279	地震応答解析	316
車いす仕様のかご操作盤	102	地震時管制運転	110, 323, 324
車いす用ステップ付きエスカレーター	245	地震動	304
車止め	286	地震波	305
群管理方式	152	システムダウン	109
群乗合全自動方式	152	次第ぎき非常止め装置	81
		下枠	62
減速開始点制御	205	自動運転システム	231
建築確認	9, 345	自動車運搬用エレベーター	11, 65, 101
		自動車搬送用装置	212
高圧ゴムホース	184, 186	自動車用エレベーター	11
交差配置	261	斜行エレベーター	14
交差部の保護板	240	斜行型	278, 287
公称輸送能力	217, 255	斜行型段差解消機	277
高速エレベーター	12	遮断棒	286, 289
交通バリアフリー法	246	シャックルダンパー	144
光電装置	73	シャッター連動安全装置	239
勾配	215, 256	シャトルエレベーター	14
高揚程のエスカレーター	264	遮蔽板	195
交流一段速度制御	133	終端階強制減速装置	86
交流帰還制御	136	終端階停止装置	74, 85
交流二段速度制御	134	重力加速度	18
交流リアクトル	138	主索	35
故障率	108	主索の掛け方	119, 177
固定荷重	32, 47	主索の強度検証法	43
固定支持部	219	主索の種類	39
固定部分	334	主索の端部の構造	41
固定保護板	241	主索の直径	40
小荷物専用昇降機	12, 266, 299, 301	樹脂被覆ロープ	39
小荷物専用昇降機の操作方式	270	手動開閉方式	66
5分間輸送能力	147	障害物検知装置	288, 289, 292, 299
ゴムベルト式	253, 255	小規模共同住宅用エレベーター	16
コンバータ	137	上下戸	64, 272, 274
		昇降及び横行（水平移動）エレベーター	116

さ行

		昇降機	1
再起動の試み	109	昇降機市場	2
最大加速度	307	昇降機等検査員	339
サイドマシン式	28	昇降機の維持管理	338
サイレンサー	196	昇降機の適切な維持管理に関する指針	342
座屈の評価式	47	昇降行程	118
下げ戸	64	昇降路頂部	25
作動油	194	昇降路底部	25
サブマージ形油圧パワーユニット	191		

昇降路の構造	24, 287
乗降ロビーの必要床面積	164
常時作動型二重系ブレーキ	91
「使用上の注意」ステッカー	273
上昇用流量制御弁	199
使用中灯	108
上部駆動方式	218, 228, 229
消防運転	165
消防法	194
照明	226
照明電源	31
乗用エレベーター	10
所有者	342, 343, 344
シリンダー	186
シリンダーの構造	179
シール形	36
人荷共用エレベーター	10
シングルラップ	120
人工知能（AI）技術	154
伸縮戸	66
寝台用エレベーター	11
心綱	36
震度	307
震度法	317
侵入防止用仕切り板	241
心理的な待ち時間	153
スイッチボックス	98, 105
スイングドア	66
据え込み式止め金具	41, 42
スカートガード	289
スカートガード安全スイッチ	237, 238
スカートガードデフレクター	238
スクリューポンプ	193
スクレーパー	181
ステップ応答図	145
ステップ軸	222
ストッパー	297
ストップバルブ	197
ストランド	36
スラックロープセーフティー	82
静荷重	33
制御電源	31
制御盤	321
正弦波 PWM（パルス幅変調）制御	137

制止	92
制止信号	92
静止レオナード方式	139
製造業者	343
静的震度	317
静的震度法	316
制動装置	74, 75, 234, 291, 298
制動装置の方式	234
積載荷重	33, 47, 216, 220, 301
積載量	18
石油系作動油	194
セキュリティゲート	155
セキュリティシステム	154
施錠装置	71
設計方法	319
設計用鉛直地震力	318
設計用水平地震力	317
設計用層間変形角	334, 335
設置済マーク	347
設置台数	3, 173, 348
セーフティシュー	72
船舶用エレベーター	16
層間変位	334
即時到着予報システム	153
速度曲線	156
速度指令装置	137
速度発電機	136
側部救出口	99
素線	36
そらせ車	176
た行	
ダイオードコンバータ	138
待機型二重系ブレーキ	91
耐震基準	316
耐震クラス	316
耐震クラスと耐震性能	316
耐震性能	316
耐震設計	315, 316
大臣認定	8, 340
タイダウン非常止め装置	83
タイブラケット	46
対面配列	148
出し入れ口	267
出し入れ口の戸	272

ダストワイパー	181	出入口の数	100
脱落防止措置	335	出入口の戸	289
建物との関係寸法	263	出入口の戸の施錠装置	291
建物に備える安全装置	238	ディレーティング	109
たて枠	60	手すり入り込み口安全装置	257
ダブルデッキエレベーター	13	テーブルタイプ	268, 272
ダブルラップ	120	デマケーション	221
段差解消機	17, 277	電源系統	29
単式自動方式	150	点検用エレベーター	16
		電磁ブレーキ	76
チェックバルブ	199	天井救出口	99
チャイム	153	電動機	192
着脱式	279, 288	電動機の出力	230
中間踊り場付きエスカレーター	248, 264	展望用エレベーター	13
中間部駆動方式	218, 229	転落防止柵	241
中速エレベーター	12	転落防止せき	241
超高速エレベーター	13	電力回生	146
長尺物振れ管制運転	326		
長周期地震動	307, 310	ドアインターロック装置	71, 72
調速機	78, 79	ドア開閉装置	67, 69
頂部すき間	24	ドアクローザー	71
直接式	174	ドアスイッチ	71, 269, 290
直線配列	148	ドアロック	71
直角二方向	26, 274	ドアロック装置	269
		動荷重	33
通信系統	30	同期電動機	133
綱車の溝の形状	121	「搭乗禁止」ステッカー	273
つま先保護板	26	東北地方太平洋沖地震	310, 327
釣合おもりのブロックの脱落防止	323	動力電源	31
釣合鎖	124	戸開走行保護装置	89, 340, 346, 348
釣合ロープ	124	戸開閉ボタン	98, 103, 104
つるべ式	266	特定距離感知装置	92, 96
		閉じ込め	110
定員	18	ドッキング装置	110
定格積載量	17	トップクリアランス	24
定格速度	19, 215, 256	戸の形式	64
定期検査	345	トラクション式	270, 281
定期検査報告済証	339	トラクション式エレベーター	19
定期点検	341	トラクション式巻上機	126
定期報告	302	トラクション能力	121, 122
停止スイッチ	88, 291	トラクション比	122, 123
低昇降行程，小容量エレベーター	17	トラス	219
ディスク式	234	トラス等の圧縮実験	329
ディスク式電磁ブレーキ	76	ドラム式	234
低速エレベーター	12	ドラム式電磁ブレーキ	76
ディーバイディー	35	トランク付きエレベーター	14

トランジスタインバータ	138	非常用エレベーターの定格速度	162
トランジスタコンバータ	138	非常用エレベーターの必要台数	162
		非常用の昇降機	6, 160
な行		非常呼び戻し運転	165
内側板	224	1人あたりの体重	18
長待ち確率	148	兵庫県南部地震	308, 327
難燃系液体	194	開き戸	66, 289
二次消防運転	165	ファイナルリミットスイッチ	84, 85
二方向	275	フィードバック制御	142
荷物用エレベーター	11	フィードフォワード制御	142
		フィラー形	37
乗合全自動方式	151	フェッシャープレート	25, 290
乗心地	156	フェールセーフ	108
乗込率	217	フェールソフト	108
乗場行先階登録システム	153	複数台エレベーターの配列	148
乗場位置表示器	106, 107	普通より	37
乗場（の）操作盤	106, 290	フープ応力	186, 187
乗場ボタン乗場操作盤	107	踏板鎖安全スイッチ	257
		踏板の幅	253
は行		踏段	221
配線保護用遮断器	30	踏段チェーン	223
秤起動	156	踏段チェーン安全装置	236
歯車付き巻上機	126	踏段チェーン緊張装置	223
歯車なし巻上機	126	踏段チェーンの駆動	228
パタノスター	113	踏段の取付けピッチ	217
パッキン	181	踏段幅	215
バッキング	46	踏段面	221
ハートビル法	246	フライボール型調速機	79
ばね緩衝器	84	プランジャー	186
バビット詰め止め金具	41, 42	プランジャーの構造	182
早ぎき非常止め装置	82	ブリードオフ回路による運転制御	200
張り車ダンパー	144	フルメンテナンス契約	341
パルス発生器	138	ブレーキ	74
パレット式	253, 255	ブレーキパッドの動作感知装置	91
パンタグラフ式	177	プレリリーズ	157
		フロアタイプ	268, 272
引き戸	64, 289	ブロック線図	141
非固定支持部	219		
非固定部分	334	平均運転間隔	147
非常運転中灯	108	並列配置	261
非常解錠用鍵	71	ベースメント式	28
非常時かご外救出装置	292	ヘリカルギヤ式	126
非常停止スイッチ	233, 257	ヘリポート用エレベーター	15
非常止め装置	79, 81, 84, 296	ベルトコンベアー	212
非常用エレベーター	14, 161		

法定積載荷重	18	油面計	195
法定積載量	18		
法定耐用年数	108	要重点点検	340
法定の定期検査	338	要是正	340
保温装置	198	横引駆動方式	28
保護管	175	予備電源装置	166
保護等級 IPX2	170		
保護板	258	**ら行**	
保守台数	4	ライザー	222
保守点検	345	らせん形エスカレーター	247
保守点検業者	343	落下物防止網	241
保守点検業者の選定	345	ラックピニオン式	281
歩道橋用エレベーター	15	欄干	224
ボード線図	142	欄干の構造	224
ホームエレベーター	16	ラングより	37
ボールねじ式	284	ランディングオープン	90, 158
ホールランタン	107, 153		
		力行トルク	136
ま行		リトライ	108, 109
巻上機	321	リミットスイッチ	74, 85, 291, 297, 298
巻胴式	270, 283	流線型カバー	160
巻胴式エレベーター	21	流量制御装置	198
巻胴式駆動	131	流量制御弁による運転方式	198
マグニチュード	307	両端非固定	334
摩擦駆動式	295	両開き	64
丸溝	122	リリーフ弁	200
満員灯	108		
		冷却装置	197
みんなで手すりにつかまろう	243	レールブラケット	47
		連続配置	261
モーメントマグニチュード	313		
		ロックダウン非常止め装置	83
や行		ローピング	119, 177
油圧式	283	ロープ式エレベーター	112
油圧式エレベーター	22, 172	ロープのより方	37
油圧ジャッキ	178	ロープレスエレベーター	115
油圧パワーユニットの構造	190	論理判定装置	92
油圧ポンプ	193	論理プログラム	92
誘導手すり	242, 264		
誘導電動機	133	**わ行**	
油浸形エンコーダー	191	ワイヤグリップ	276
油浸形油圧パワーユニット	191	ワイヤロープの構造	35
油水分離装置	251	渡し板	286, 290
輸送能力	216	ワードレオナード方式	139
ユニバーサルデザイン	246	ワンシャフト・マルチカーエレベーター	115

【執筆者紹介】

藤田　聡（ふじた・さとし）　工学博士（東京大学）
学　歴　慶応義塾大学大学院工学研究科修士課程機械工学専攻修了
職　歴　東京大学　助手を経て講師（生産技術研究所）
　　　　イギリス Imperial College　客員研究員
現　在　東京電機大学工学部機械工学科　教授
　　　　国土交通省　社会資本整備審議会　委員
　　　　国土交通省　社会資本整備審議会　昇降機等事故調査部会　部会長
　　　　一般財団法人日本建築設備・昇降機センター　性能評価委員会　委員長
　　　　一般財団法人建築センター　性能評価委員会　委員長

釜池　宏（かまいけ・ひろし）
学　歴　大阪大学基礎工学部制御工学科卒
職　歴　三菱電機株式会社稲沢製作所　技術部長
　　　　三菱電機株式会社制御製作所　製造管理部長
　　　　三菱電機株式会社稲沢製作所　所長
　　　　三菱電機株式会社　役員理事　生産性本部副本部長
　　　　三菱電機ビルテクノサービス株式会社　取締役品質保証部長
現　在　一般財団法人ベターリビング　認定員・評価員
　　　　一般財団法人日本建築設備・昇降機センター　認定員・評価員
　　　　国土交通省　社会資本整備審議会　昇降機等事故調査部会　専門委員

下秋元雄（しもあき・もとお）
学　歴　神戸大学大学院工学研究科修士課程機械工学専攻修了
職　歴　三菱電機株式会社稲沢製作所技術部　油圧エレベーター課長
　　　　三菱電機株式会社ビル事業部　技術計画課長
　　　　三菱電機株式会社ビルシステム業務統括部　情報システム部長
　　　　三菱電機株式会社稲沢製作所　海外営業設計部長
　　　　Mitsubishi Elevator Asia 社　社長
　　　　一般社団法人日本エレベーター協会　専務理事
　　　　一般財団法人日本建築設備・昇降機センター　理事
現　在　NPO 法人日本防火技術者協会　エレベーター避難 WG　委員

皆川佳祐（みながわ・けいすけ）　博士（工学）
学　歴　東京電機大学大学院先端科学技術研究科先端技術創成専攻博士後期課程修了
職　歴　東京都立工業高等専門学校　非常勤講師
　　　　東京電機大学工学部機械工学科　助教
　　　　一般社団法人日本機械学会　昇降機・遊戯施設技術委員会　委員長
現　在　埼玉工業大学工学部機械工学科　准教授
　　　　イタリア Roma Tre University　客員教授
　　　　一般財団法人ベターリビング　評価員

昇降機工学

2019 年 11 月 10 日　第 1 版 1 刷発行　　　ISBN 978-4-501-42030-7 C3053
2024 年 9 月 20 日　第 1 版 2 刷発行

著　者　藤田　聡，釜池　宏，下秋元雄，皆川佳祐，
　　　　一般財団法人　日本建築設備・昇降機センター，
　　　　一般社団法人　日本エレベーター協会
　　　　© Fujita Satoshi,　Kamaike Hiroshi,　Shimoaki Motoo,　Minagawa
　　　　Keisuke,　The Japan Building Equipment and Elevator Center
　　　　Foundation,　JAPAN ELEVATOR ASSOCIATION 2019

発行所　学校法人 東京電機大学　〒120-8551　東京都足立区千住旭町 5 番
　　　　東京電機大学出版局　Tel. 03-5284-5386（営業）03-5284-5385（編集）
　　　　　　　　　　　　　　Fax. 03-5284-5387　振替口座 00160-5-71715
　　　　　　　　　　　　　　https://www.tdupress.jp/

[JCOPY] ＜（一社）出版者著作権管理機構　委託出版物＞
本書の全部または一部を無断で複写複製（コピーおよび電子化を含む）すること
は，著作権法上での例外を除いて禁じられています。本書からの複製を希望され
る場合は，そのつど事前に（一社）出版者著作権管理機構の許諾を得てください。
また，本書を代行業者等の第三者に依頼してスキャンやデジタル化をすることは
たとえ個人や家庭内での利用であっても，いっさい認められておりません。
[連絡先] Tel. 03-5244-5088,　Fax. 03-5244-5089,　E-mail : info@jcopy.or.jp

制作 :（株）チューリング　　印刷 : 三美印刷（株）　　製本 : 誠製本（株）
装丁 : 鎌田正志
落丁・乱丁本はお取り替えいたします。　　　　　　　　Printed in Japan